● 彩图 1 ● 番茄灰霉病

● 彩图 2 ● 番茄叶霉病

● 彩图 3 ● 番茄晚疫病

● 彩图 4 ● 番茄茎基腐病

● 彩图 5 ● 番茄灰叶斑病

● 彩图 6 ● 番茄根腐病

● 彩图 7 ● 番茄斑枯病

● 彩图 8 ● 番茄茎枯病

● 彩图 9 ● 黄瓜灰霉病

● 彩图 10 ● 黄瓜霜霉病

● 彩图 11 ● 黄瓜白粉病

● 彩图 12 ● 黄瓜靶斑病

● 彩图 13 ● 茄子灰霉病

● **彩图 15** ● 茄子绵疫病

● **彩图 14** ● 茄子菌核病

● **彩图 16** ● 茄子褐斑病

● **彩图 17** ● 辣椒灰霉病

● **彩图 18** ● 辣椒疫病

● **彩图 19** ● 辣椒炭疽病

● 彩图 21 ● 西瓜枯萎病

● 彩图 20 ● 辣椒果腐病

● 彩图 22 ● 西瓜炭疽病　　　　● 彩图 23 ● 香瓜菌核病

● 彩图 24 ● 香瓜蔓枯病　　　　● 彩图 25 ● 苦瓜白粉病

● 彩图 27 ● 芸豆锈病

● 彩图 26 ● 芸豆灰霉病

● 彩图 28 ● 甘蓝霜霉病

● 彩图 29 ● 苹果炭疽病

● 彩图 30 ● 水稻稻瘟病

● 彩图 31 ● 水稻纹枯病

● 彩图 32 ● 水稻稻曲病

● 彩图 33 ● 小麦白粉病

● 彩图 34 ● 小麦纹枯病

● 彩图 35 ● 小麦赤霉病

● 彩图 36 ● 小麦全蚀病

● 彩图 37 ● 小麦散黑穗病

● 彩图 38 ● 玉米大斑病

● **彩图 39** ● 玉米小斑病　　　　● **彩图 40** ● 玉米褐斑病

● **彩图 41** ● 玉米青枯病　　　　● **彩图 42** ● 玉米丝黑穗病

● **彩图 43** ● 玉米锈病　　　　● **彩图 44** ● 大豆根腐病

● 彩图 46 ● 大豆炭疽病

● 彩图 45 ● 大豆白绢病

● 彩图 47 ● 花生网斑病

● 彩图 48 ● 花生褐斑病

● 彩图 49 ● 花生茎腐病

● 彩图 50 ● 花生腐霉菌根腐病

● 彩图 51 ● 花生焦斑病

●**彩图 52**● 花生疮痂病

●**彩图 53**● 花生白绢病

●**彩图 54**● 甘薯黑斑病

●**彩图 55**● 黄瓜细菌性角斑病

●**彩图 56**● 番茄细菌性溃疡病

●**彩图 57**● 辣椒细菌性斑点病

● **彩图 58** ● 西葫芦软腐病

● **彩图 59** ● 西葫芦细菌性圆斑病

● **彩图 60** ● 西瓜细菌性果斑病

● **彩图 61** ● 玉米细菌性茎腐病

● **彩图 62** ● 棉花细菌性角斑病

● **彩图 63** ● 番茄根结线虫

● **彩图 64** ● 黄瓜根结线虫病

● **彩图 65** ● 苦瓜根结线虫病

● **彩图 66** ● 茄子根结线虫病 　 ● **彩图 67** ● 芹菜根结线虫病

● **彩图 68** ● 莴苣根结线虫病 　 ● **彩图 69** ● 胡萝卜根结线虫病

● **彩图 70** ● 甘蓝根结线虫病 　 ● **彩图 71** ● 豆角根结线虫病

● 彩图 72 ● 山药根结线虫病

● 彩图 73 ● 甜瓜根结线虫病

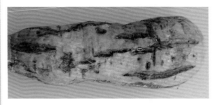

● 彩图 74 ● 甘薯茎线虫病

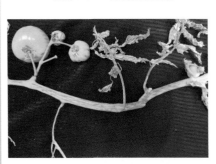

● 彩图 76 ● 番茄条斑病毒病

● 彩图 75 ● 番茄黄化曲叶病毒病

● 彩图 77 ● 茄子病毒病

● 彩图 78 ● 辣椒病毒病

● 彩图 79 ● 西葫芦病毒病

● 彩图 80 ● 丝瓜病毒病

● 彩图 81 ● 芸豆病毒病

● 彩图 82 ● 小麦黄花叶病

● 彩图 83 ● 玉米粗缩病

● 彩图 84 ● 大豆病毒病

● **彩图 85** ● 大豆菟丝子危害

● **彩图 86** ● 大蒜冻害

● **彩图 87** ● 辣椒高温障碍

● **彩图 88** ● 番茄空洞果

● **彩图 89** ● 番茄药害

● **彩图 90** ● 番茄脐腐病

现代
农药应用技术丛书

杀菌剂 卷

孙家隆　齐军山　主编

化学工业出版社
·北京·

作为丛书一分册，本书在简述杀菌剂相关常识与应用的基础上，详细介绍了当前广泛使用的 172 种杀菌剂品种，每个品种介绍了其中英文通用名称、结构式、分子式、相对分子质量、CAS 登录号、化学名称、其他名称、理化性质、毒性、作用特点、剂型与注意事项等，重点阐述了其作用特点与使用技术。内容力求通俗易懂，实用性强。

本书可供农业技术人员及农药经销人员阅读，也可供农药、植物保护专业研究生、企业基层技术人员及相关研究人员参考。

图书在版编目（CIP）数据

现代农药应用技术丛书 . 杀菌剂卷/孙家隆，齐军山主编 . —北京：化学工业出版社，2014.1（2023.9重印）
ISBN 978-7-122-18891-5

Ⅰ.①现… Ⅱ.①孙… ②齐… Ⅲ.①杀菌剂-农药施用 Ⅳ.①S48

中国版本图书馆 CIP 数据核字（2013）第 261684 号

责任编辑：刘　军　　　　　　　　　　文字编辑：刘　丹　昝景岩
责任校对：蒋　宇　　　　　　　　　　装帧设计：关　飞

出版发行：化学工业出版社（北京市东城区青年湖南街 13 号　邮政编码 100011）
印　　装：大厂聚鑫印刷有限责任公司
850mm×1168mm　1/32　印张 11¼　彩插 7　字数 312 千字
2023 年 9 月北京第 1 版第15次印刷

购书咨询：010-64518888　　　　　　售后服务：010-64518899
网　　址：http://www.cip.com.cn
凡购买本书，如有缺损质量问题，本社销售中心负责调换。

《现代农药应用技术丛书》编委会

本书编写人员名单

主　　编：孙家隆　齐军山

编写人员：（按姓名汉语拼音排序）

　　　　　陈业兵　齐军山　孙家隆

　　　　　张　博　张悦丽

前　言

近年来，随着栽培技术、种植模式及耕作制度的变化，病虫害种类及数量不断增加，传播速度加快，危害日益猖獗，严重影响了农产品的产量与质量。防治农业病虫草害目前仍然主要依赖农药的使用。当前生产上不仅普遍存在滥用、乱用、随意混用农药的现象，而且农药施用方法也不科学合理。采用大雾滴大容量喷药方法，不仅浪费农药、污染环境、增加农药残留，而且会导致农作物药害、有害生物耐药性增加、人畜中毒等。造成这些副作用的主要原因在于使用农药的人员对农药及病虫害的认识不够及不懂科学合理地使用农药，农药随意混配，随意增加施用剂量和施用次数，长期施用单一药剂等。要改变这些不合理现状，最主要的是推广、宣传、普及农药应用知识。只有切实提高了基层农技人员和农民的农药应用水平，在保证防治效果的前提下，降低农药的使用剂量和次数，做到药剂的科学轮换使用，才能有效避免病虫耐药性的产生，减少环境污染，提高农产品质量。

关于农药品种及应用技术的书籍国内外已经出版过很多部，例如《新编农药大全》、《世界农药大全》、《农药应用指南》、《The Pesticide Manual》等，但这些书籍主要是面向农药研制、开发、生产、营销和应用的科技工作者、企业家，或为科普读物及教材，针对基层农业科技人员的书籍不多。

本书正是为基层农业技术人员编写的。当然，从事农药生产、营销人员、企业基层技术人员和广大农民朋友也可以阅读，也可供农药、植物保护专业大学生和研究生及相关研究人员参考。本书简要介绍了各类杀菌剂的作用原理和作用机制，对常见杀菌剂品种尽可能地给出 CAS 登录号、中英文通用名称、其他名称、理化性质、毒性、剂型、作用特点、应用技术、注意事项，尤其对作用特点和作用机制及其田间具体应用技术进行了详细的介绍。同时，对杀菌剂的毒性、适宜农作物种类、使用剂量和注意事项进行了说明，为田间合理用药，减少药害和农药残留，避免人畜中毒提供参考。本书内容新颖，信息量大，实用性强，但由于杀菌剂品种众多，分类方式五花八门，本书选择性地收入了常见主要品种，分类也是按照化学结构来归类。限于时间和精力，杀菌剂品种的搜集并不全面。

由于我国地域辽阔，各地区农业病害发生差异较大，防治方法要因地制宜。书中内容仅供参考，切勿机械照搬。

本书的编写，得到了山东省农业科学院植物保护研究所、青岛农业大学领导和同事的支持和帮助。感谢公益性行业（农业）科研专项（201303025，201303018）、国家科技支撑计划(2012BAD19B06)和山东省现代农业产业技术体系小麦、花生创新团队的资助。另外，在本书编写过程中赵恭文、吴建挺、李晓洁、赵连仲、刘超及韩俊亮帮助收集整理资料，在此一并致谢。

因作者水平和经验所限，难免存在疏漏，衷心期待专家、同仁和广大读者批评指正。另诚恳希望国内外同行提供本书未收录的杀菌剂资料，以利后期完善。

编者

2013 年 9 月

目　录

第四章　六元杂环类杀菌剂 /111

第五章　五元杂环类杀菌剂 / 146

第六章　有机磷和甲氧基丙烯酸酯类杀菌剂 / 245

第七章　生物杀菌剂 / 265

第八章　其他类杀菌剂 / 288

参考文献 / 325

索引 / 326

第一章

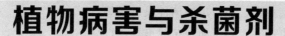

植物病害与杀菌剂

第一节　植物病害概述

一、植物病害的种类和诊断

1. 植物病害的概念

植物由于受到病原生物或不良环境条件的持续干扰，其干扰强度超过了植物能够忍受的程度，使植物正常的生理功能受到严重影响，在生理上和外观上表现出异常，这种偏离了正常状态的植物就是发生了病害。

植物病害对植物生理功能的影响主要有 7 个方面：①水分和矿物质的吸收与疏导；②光合作用；③养分的转移与运输；④生长与发育速度；⑤产物的积累与贮存（产量）；⑥产物的消化、水解与再利用（品质）；⑦呼吸作用。

2. 植物病害的类型

植物病害的种类很多，病因各不相同，造成的病害也多种多样。一种植物可以发生多种病害，同时每种病原微生物又能侵染几十种至几百种植物，引起不同症状的病害。最客观也最实用的是按照病因类型来分，既可以知道发病的原因，又可以知道病害发生特点和防治对策等。按照病因类型可将植物病害分为侵染性病害（又称传染性病害）和非侵染性病害（又称非传染性病害）。

侵染性病害按照病原微生物种类的不同，还可分为：

① 真菌病害，如番茄灰霉病等；

② 细菌病害，如西瓜细菌性果斑病等；

③ 线虫病害，如番茄根结线虫病等；

④ 病毒病害，如番茄黄化曲叶病毒病等；

⑤ 寄生植物病害，如菟丝子等；

非侵染性病害按病因可分为：

① 植物自身遗传因子或先天性缺陷引起的遗传性病害或生理病害；

② 物理因素恶化所致病害（包括大气温度过高或过低引起的灼伤与冻害；风、雨、雷电、冰雹对植物造成的伤害；大气与土壤水分和湿度的过多或过少，如旱、涝等对植物造成的伤害；农事操作不当所致病害，如密度过大、播种过早或过迟、杂草过多等造成的苗瘦发黄或矮化以及不实等各种病态）；

③ 化学因素恶化所致病害（包括肥料元素供应过多或不足，如缺素症或营养失调症；大气与土壤中有毒物质的污染与毒害；农药及化学制品使用不当造成的药害）。

植物病害还有多种分类方法，按照植物或作物类型分为果树病害、蔬菜病害、大田作物病害、牧草病害和森林病害等；按照寄主受害部位可分为根部病害、叶部病害和果实病害等；按照病害症状表现可分为腐烂型病害、斑点或坏死型病害、花叶或变色型病害等；按照病原微生物类型又分为真菌病害、细菌病害、病毒病害及线虫病害等；按照传播方式和介体来分，可分为种传病害、土传病害、气传病害和介体传播病害。

3. 植物病害的诊断　植物病害发生以后，首先要对有病植物做出准确的判断，才能提出适宜的防治措施，尽量减少植物病害所造成的损失。

植物病害诊断的程序一般包括：

① 植物病害症状的识别与描述；

② 询问病史及查阅有关档案；

③ 采样检查（镜检与剖检）；

④ 进行专项检测；

⑤ 利用逐步排除法得出结论。

侵染性病害的诊断与病原物的鉴定应遵循柯赫法则来验证，表现为：

① 在病植物上常伴随有一种病原微生物存在；

② 该微生物可以在离体的或人工培养基上分离纯化而得到纯培养；

③ 将纯培养接种到相同品种的健株上，出现症状相同的病害；

④ 从接种发病的植物上再分离得到纯培养，性状与接种物相同。

进行了这四步鉴定工作得到确实的证据，就可以确认该微生物即为其病原物。但有些专性寄生物如病毒、菌原体、霜霉菌、白粉菌和一些锈菌等，目前还不能在人工培养基上培养，可以采用其他实验方法来加以证明。

柯赫法则同样适用于非侵染性病害的诊断，只是以某种怀疑因子来代替病原物的作用，例如当判断是否缺乏某种元素而引起病害时，可以施补某种元素来缓解或消除其症状，即可确认是某元素的作用。

植物病害的诊断，首先要区分是属于侵染性病害还是非侵染性病害，具体诊断要点如下：

（1）侵染性病害　其有一个发生发展或传染的过程，品种或环境条件不同，病害发生的严重程度不同。在发病植株的表面或内部可以发现病原生物体，同时症状也具有一定的特征。各类侵染性病害的诊断要点如下。

① 真菌病害　真菌病害的主要症状是坏死、腐烂和萎蔫，少数为畸形，在病斑上常有霉状物、粉状物、粒状物及病原菌子实体，这是真菌病害区别其他病害的重要标志，也是进行田间诊断的主要依据。

低等鞭毛菌亚门的多种病原菌经常引起植物根部和茎基部的腐烂和苗期猝倒病，如腐霉菌、疫霉菌和绵霉菌，当湿度较大时，在病部易出现白色的棉絮状物。高等鞭毛菌一般危害植株的地上部，引起叶斑或花穗畸形。白锈菌形成白色的疱状突起，霜霉菌在病部表面形成霜状霉层。另外，鞭毛菌大多以厚壁的卵孢子或休眠孢子在土壤或病残体中度过不良环境，成为下次发病的菌源。

子囊菌亚门及半知菌亚门病原菌引起的病害，一般在叶、茎及果上形成明显的病斑，在病斑上形成各种颜色的霉状物或小黑点。多数子囊菌或半知菌的无性繁殖比较发达，在生长季节产生一次至多次的分生孢子，进行侵染和传播。子囊菌或半知菌常常在生长后期进行有性生殖，形成有性孢子，以度过不良环境，成为下一生长季节的初侵染源。

担子菌中黑粉菌和锈菌都是活体营养生物，在病斑上形成黑色或锈色的粉状物。黑粉菌多以冬孢子附着在种子表面、落入土壤中或在粪肥中越冬，有的以菌丝体在种子内越冬。越冬后的病菌可以从幼苗、植株或花期侵入，引起局部或系统侵染。锈菌形成大量的夏孢子，能够通过气流作远距离传播，所以锈病常大面积发生。

大多数真菌病害都产生病症，有时稍加保湿培养即可长出子实体，再经柯赫法则进行鉴定，这是做接种试验最基本、最可靠的一项。

② 细菌病害　大多数细菌病害的症状有一定特点，初期有水渍状或油渍状边缘，半透明。病斑上有菌脓外溢，斑点、腐烂、萎蔫、肿瘤大多数是细菌病害的症状，切片镜检有无喷菌现象是最简便易行又可靠的诊断技术。用选择性培养基来分离细菌，挑选出来再用过敏反应测定或接种也是常用方法，革兰染色、血清学检验和噬菌体反应是细菌病害诊断和鉴定中常用的快速方法。

诊断细菌性病害时，除了根据症状特点外，比较可靠的方法是观察是否有菌溢现象，具体做法是：切取小块病组织放在玻片上，加一滴清水，盖上盖玻片后立即置于显微镜下观察。若是细菌病害，则可见从病组织切口处有大量细菌呈云雾状流出，即菌溢现象。另外，也可用两块载玻片将小块病组织夹在其中，直接对光进行肉眼观察，若是细菌病害，也可见菌溢现象。

③ 线虫病害　在植物根表、根内、根际土壤、茎或籽粒（虫瘿）中有线虫寄生，或者发现有口针的线虫存在。线虫病害表现虫瘿或根结、胞囊、茎（芽、叶）坏死，植株矮化、黄化或类似缺肥的症状。

④ 病毒病害　症状以花叶矮缩、坏死多见。在田间，一般新叶首先出现症状，然后扩展至植株的其他部分。绝大多数病毒都是系统侵染，引起的坏死斑点通常比较均匀地分布在植株上，在高温条件下，植物病毒病有时会出现隐症现象。植物病毒主要通过昆虫等生物介体来传毒，所以植物病毒病的发生、流行及其在田间的分布往往与传毒昆虫密切相关，大多数真菌或细菌病害随着湿度的增加而加重，但病毒病害却常常在干燥时因有利于传毒昆虫的繁殖和活动，而加速病害的发展。

植物病毒病无病症，撕取表皮镜检，有时可见内含体。在电镜下可见病毒粒体和内含体。用血清学诊断技术可快速做出正确的诊断，必要时做进一步的鉴定试验。

⑤ 寄生植物引起的病害　在寄主植物上或根际可以看到寄生植物，如寄生藻、菟丝子和独脚金等。

⑥ 植原体病害　植原体病害的特点是植株矮缩、丛枝或扁枝、小叶与黄化，少数出现花变叶或花变绿。只有在电镜下才能看到植原体，注射四环素以后，初期病害的症状可以隐退消失或减轻，但对青霉素不敏感。

⑦ 复合侵染的诊断　当一株植物上有两种或两种以上的病原物侵染时，可能产生两种完全不同的症状，如花叶和斑点、肿瘤和坏死等。首先要确认或排除一种病原物，然后对第二种做鉴定。

（2）非侵染性病害　其发生也较为严重，约占植物病害总数的1/3，非侵染性病害在病株表面看不到任何病症，也分离不到病原物，且大面积发生同一症状，没有逐步传染扩散的现象。除了植物遗传性疾病之外，非侵染性病害主要是不良的环境因子所引起的。在诊断非侵染性病害时可借助以下几点：

① 病害突然大面积同时发生，发生时间短，只有几天。大多

是由于大气污染、三废污染或气候因子异常，如冻害、干热风和日灼。

② 病害只限于某一品种发生，多表现生长不良或表现有系统性的一致症状，多为遗传性障碍所致。

③ 有明显的枯斑或灼伤，且集中在植株顶部的叶或芽上，无既往病史，大多是农药或化肥所致。

④ 出现明显的缺素症状，多见于老叶或顶部新叶。

二、植物病害的防治策略

植物病害防治就是通过人为干预，改变植物、病原物与环境的相互关系，减少病原物数量，削弱其致病性，保持与提高植物的抗病性，优化生态环境，以达到控制病害的目的，从而减少植物因病害流行而蒙受的损害。有些病害只要一种防治方法就可以得到控制，但大多数病害都要几种措施相配合，才能得到较好的控制，过分依赖单一防治措施可能导致灾难性后果，例如长期使用单一的内吸性杀菌剂，因病原物耐药性的增强，常导致防治失败。早在20世纪70年代我国就提出了"预防为主，综合防治"的植保工作方针。在综合防治中，要以农业防治为基础，因时、因地制宜，合理综合运用植物检疫、抗病性利用、生物防治、物理防治和化学防治的措施，兼治多种有害生物。

第二节　杀菌剂及其作用机理

一、杀菌剂的种类

（1）按化学结构分为有机杀菌剂、无机杀菌剂；

（2）按杀菌剂的原料来源分为无机类杀菌剂、有机硫杀菌剂、有机磷有机砷杀菌剂、取代苯类杀菌剂、唑类杀菌剂、铜类杀菌剂、抗生素类杀菌剂、复配杀菌剂、其他杀菌剂；

（3）按杀菌剂的使用方式分为保护剂、治疗剂、铲除剂、内吸剂和防腐剂；

（4）按传导特性分为内吸性杀菌剂和非内吸性杀菌剂；

（5）按照作用专化性分为多位点（非专化性）杀菌剂和单一位点（专化性）杀菌剂；

（6）按作用方式不同分为保护性杀菌剂（接触性杀菌作用和残效性杀菌作用）和内吸性杀菌剂（向顶性传导和向基性传导）；

（7）按使用方法分为土壤处理剂、茎叶处理剂、种子处理剂；

（8）按化学成分不同分为无机类杀菌剂、有机类杀菌剂、生物类杀菌剂、农用抗生素杀菌剂和植物源杀菌剂；

（9）按化学结构类型不同分为氨基甲酸衍生物类杀菌剂、酰胺类杀菌剂、六元杂环类杀菌剂、五元杂环类杀菌剂、有机磷和甲氧基丙烯酸酯类杀菌剂、铜类杀菌剂、无机硫类杀菌剂、有机砷类杀菌剂、其他类杀菌剂。

二、杀菌剂的剂型

（1）粉剂　由农药原药和惰性填料按一定比例混合、粉碎后过筛而成的粉状物。生产上一般用于喷粉。

（2）可湿性粉剂　是农药原药、填充物和一定量的助剂，按比例经充分混合和粉碎，达到一定细度的粉末。可供喷雾使用。

（3）乳油　又称"乳剂"。由农药原药按照一定比例溶解在有机溶剂和乳化剂中，呈透明的油状液体。可供喷雾使用。乳剂容易渗透昆虫表皮，比可湿性粉剂效果好。

（4）水剂　有些农药易溶于水，不需要助剂即可加水使用。如晶体石硫合剂、杀虫双等。

（5）颗粒　用土粒、煤渣、砖渣、沙子吸附一定量的药剂制成。通常将填料和农药一起粉碎成一定细度的粉末，加水和辅助剂制成颗粒剂。可用手或机械撒施。

（6）胶悬剂　利用湿法进行超微粉碎，将农药细粉分散在水或油及表面活性剂中，形成黏稠状可流动液体制剂。胶悬剂与任意比例的水混合溶解，适用于各种方式喷雾。喷雾后因耐雨水冲刷，可节省农药原药 20%～50%。

（7）熏蒸剂　利用固体药剂同硫酸、水等物质起反应产生有毒气体，或利用低沸点液体药剂挥发出有毒气体，在密闭等特定环境下熏蒸杀害虫和病菌的制剂。

（8）气雾剂　气雾剂是液体或固体农药的油溶液，使用时利用热力或机械力，把药液分散成持久悬浮在空气中的微小雾滴，成为气溶液。

（9）烟剂　用在高温下易挥发的固体农药与氯酸钾、硝酸钾等助燃剂以及木炭粉、硫脲、尿素、蔗糖等，按一定比例配制成的粉状或片状制剂。使用时引燃烟剂，药物受热挥发到空气中，遇冷气凝集成细小类似烟状的颗粒，成为悬浮在空气中的气溶液。

三、杀菌剂的作用机理

杀菌药剂接触到病菌以后，要经过一系列的复杂过程，一般要经过渗透、运转、分布，最后才能达到作用部位，并且要达到一定的剂量水平才能产生某种生物学反应，致使病菌或病原体的重要生理过程受阻而死亡，在这一系列的过程中又伴随着活化和解毒代谢等机制。不同的杀菌剂具有不同的杀菌方式，有的杀菌剂对病原菌直接作用，如抑制毒素的产生、细胞外酶产生的调节、改变菌体内的代谢过程、对各种子实体的抑制作用等；有的杀菌剂则是作用于寄主作物，如诱导植物提高抗病性、降低植物对病菌毒素的敏感性、提高植物钝化毒素的能力等。

杀菌剂作用机理大致分为两个方面，干扰病菌的呼吸过程，抑制能量的产生和干扰菌体生命物质如蛋白质、核酸、甾醇等的生物合成。具体有如下几方面：

（1）影响细胞结构和功能　影响真菌细胞壁的形成和质膜的生物合成。

（2）影响细胞能量生成　通过巯基（—SH）抑制剂来影响生物氧化，通过糖酵解抑制剂来阻碍糖酵解最后一个阶段，通过脂肪酸 β-氧化抑制剂使酶失活，抑制了脂肪酸的 β-氧化。

（3）影响细胞代谢物质合成及其功能　影响真菌核酸的合成和功能、影响真菌蛋白质合成和能量、影响真菌体内酶的合成和活性以及影响真菌细胞有丝分裂。

（4）诱导植物自身调节　让寄主植物吸收或参与代谢，产生某种抗病原菌的特异性"免疫物质"，或者进入植物体内被选择性病原菌代谢，产生对病原菌有活性的物质来发挥杀菌作用。

第三节　病原菌耐药性及提高杀菌剂药效的方法

一、病原菌的耐药性

病原菌长期在单一药剂选择作用下，通过遗传、变异，对此杀菌剂获得的适应性称为病原菌的耐药性。近代农药应用时期，杀菌剂主要是传统的保护性杀菌剂，虽然长期使用，但病原菌对铜制剂、硫制剂等未产生严重的耐药性。随着高效、内吸、选择性强的现代杀菌剂的研究与应用，病原菌的耐药性越来越突出，常导致杀菌剂应用效果的大幅度降低。例如新近研究开发的甲氧基苯烯酸类杀菌剂在德国应用 2 年后，即检测到耐药性倍数高达 500 的耐药性个体，在我国的很多地方都检测到灰霉病菌核叶霉病菌对多菌灵的耐药性菌株。

病原菌对某种杀菌剂产生耐药性后，当再次施用同一种农药防治时，效果很差，甚至无效。

二、提高杀菌剂药效的方法。

提高杀菌剂药效的方法多种多样，可以从杀菌剂应用的各个环节寻找方法。

（1）轮换用药或混合用药　轮换使用作用机制不同的杀菌剂，以切断病原菌中抗性种群的繁殖和发展过程，或者使用两种作用方式和机制不同的药剂混合使用以延缓耐药性的形成和发展，同时可以暂停使用已有抗性的杀菌剂。

（2）改善喷雾器具和喷雾方法　传统的大容量喷雾方法，雾化性能差，不能充分发挥杀菌剂的药效。选择合适的杀菌剂雾滴有利于杀菌剂药效的发挥。

（3）添加喷雾助剂　在杀菌剂喷雾的过程中，药液表面张力、药液在生物靶标上的接触角等对其药效均有影响。在杀菌剂药液中添加合适的喷雾助剂，可以显著降低药液的表面张力，降低药液在靶标表面的接触角，提高药液在靶标表面的湿润性和渗透性，提高防治效果。

第四节　杀菌剂的应用技术

一、杀菌剂的施药方式

根据农药加工成的剂型不同，施药方法也不尽相同，目前有如下使用方法。

（1）喷粉法　利用机械所产生的风力将低浓度的农药粉剂吹送到作物和防治对象的表面上。其优点是操作方便；工作效率高；不需用水，即不受水源的限制，又不至于加大棚内的湿度；一般不易产生药害。其缺点是药粉易被风雨冲刷，降低了防治效果，容易污染环境，危及施药人员本身。

（2）喷雾法　将乳油、乳粉、胶悬剂、可溶性粉剂、水剂和可湿性粉剂等农药制剂，对入一定量的水混合调制后，即能成均匀的乳状液、溶液或悬浮液等，利用喷雾机具将药液喷洒成雾状分散体系。雾滴的大小，因喷雾水压的高低、喷头孔径的大小和形状、涡流室大小而不同。近10余年来，随着超低容量喷雾技术的推广，药液量向低容量趋势发展，每亩每次喷施药液量只有0.1～2L。

（3）烟雾法　利用专用的机具，把油状农药分散成为烟雾状态的施药方法。烟雾一般指直径为0.1～10μm的微粒在空气中的分散体系。微粒是固体的称为烟，是液体的称为雾。烟是液体微滴中的溶剂蒸发后留下的固体药粒。由于烟雾的粒子很小，在空气中悬浮的时间较长，沉积分布均匀，防效高于一般的喷雾法和喷粉法。

（4）种子处理　种子处理有浸种、拌种、闷种、包衣、种苗处理等几种方法。

①拌种法　用一种定量的药剂和定量的种子，同时装在拌种

器内，搅拌均匀，使种子表面均匀地沾着一层药粉，对种子表面携带的病菌以及种传病害效果很好，且用药量少。拌过的种子，一般闷上一两天后，使种子多吸收药剂，会提高防病效果。拌种使用的农药剂型多半选用粉剂和可湿性粉剂。

② 浸种法　把种子或种苗浸在一定浓度的药液里，经过一定的时间使种子或幼苗吸收药剂，然后取出晾干，以防治种子表面和内部携带的病原菌的方法。浸种法的防效与药液浓度、药液温度以及浸渍时间密切相关。

③ 闷种法　将一定量的药液均匀喷洒在种子上，待药液吸收后将种子堆闷一定时间。闷种是介于浸种与拌种之间的种子处理方法。

④ 种子包衣技术　是在种子上包上一层杀菌剂外衣，以保护种子和其后的生长发育不受病害的侵袭。

（5）土壤处理　土壤处理是用适当的方法将药剂施到土壤表面或者表层中对土壤进行药剂处理，以杀灭土壤中的病菌。药剂进入土壤后不仅可以直接杀灭土壤中的病原物，也可以杀灭种子带入土中的病原菌，还可以经过植物内吸后进入植物体防治地上部的病害。土壤处理药剂分熏蒸剂和非熏蒸剂，药剂可以通过覆膜熏蒸、浇灌以及土壤注射技术施入土壤中。

（6）熏蒸法　利用药剂产生有毒的气体，在密闭的条件下，用来消灭仓储粮棉中的有害生物。另外也可以应用熏蒸法处理土壤。

农药使用方法的发展，是农药剂型发展的反映。也就是说，一种新的使用方法的出现，一定是以新的农药剂型为依托，二者互相促进、相辅相成。

二、杀菌剂施药器械的选择

我国目前阶段，杀菌剂仍然以小型背负喷雾技术为主，考虑到我国农村土地承包责任制的长期性和现阶段我国经济的快速发展，在可预见的很长时期内，背负手动、电动喷雾器械（包括太阳能喷雾器）和喷雾技术仍将是各地非常重要的病虫害防治技术手段。

喷雾器械是使用最广泛的施药器械，其种类可再分为手动喷雾器、机动喷雾器、大田喷杆喷雾机等，其中背负式手动喷雾器、背负式机动喷雾喷粉机、担架式果园机动喷雾机、大田喷杆喷雾机是目前农业生产中应用最广的施药器械。

喷雾器械不仅与杀菌剂的药效相关，也与操作者人身安全、环境质量等密切相关，因此，国家要求喷雾器械要通过中国强制性认证。

三、杀菌剂的配制与混用

除了少数制剂外，大部分农药都要经过配制，加水稀释成分散体系后才能喷洒。根据农药手册或者农药包装上标注的推荐用量来确定用药量，一般用每公顷农田使用多少克有效成分来表示，再根据喷洒器械和喷洒方法确定用水量。因为不同人、不同器械、不同喷洒方法、不同作物及其不同生育期所需的水量不同，所以用药剂量不宜用稀释倍数来表示，应该用每公顷农田中所需要的药剂有效成分的量来表示。

配制农药一般用两步法。先用少量水把药剂配成较浓的母液，充分搅拌，然后把母液倒入药水桶中进行二次稀释。注意两步配制法两次用的水量之和应等于所需总水量。

农药的合理混用，不仅可以兼治多种有害生物，扩大适用范围，有时还可以提高药效、延缓耐药性。但是，农药的混用有其特定的适用范围，不应破坏药剂的物理性状和化学稳定性。有的农民为了省事，一次混入多种农药，以为这样可以一次防治多种病虫害。其实不然，因为每一种病虫害都有其特定的危害时期以及最适宜的防治时期。多种病虫害的最适防治时期集中在同一时间是极为罕见的，不合理地混用不可能发挥农药的防效，反而造成农药的浪费、环境的污染，导致环境污染甚至人畜中毒。

需要注意的是，混用农药配制时，各组分农药的取用量须分别计算，而水的用量需要合在一起计算。例如，用15％三唑酮可湿性粉剂防治小麦白粉病，每亩用量为有效成分10g，同时用10％吡虫啉可湿性粉剂防治小麦蚜虫，每亩用量为有效成分4g。小麦穗期手动喷雾器每亩用水量为60kg。配制方法为分别取15％三唑酮可湿性粉剂 66.7g 和 10％吡虫啉可湿性粉剂 40g，分别配成母液，再把这两种母液先后添加在药水桶中，水的总量补齐到 60kg，混匀即可。如果将 15％三唑酮可湿性粉剂 66.7g 添加到 60kg 水中，再将 10％吡虫啉可湿性粉剂 40g 添加到另外 60kg 水中，然后将这两个 60kg 药水混合，则两种药的浓度就会各降低一半，达不到预期的防治效果。

很多时候农民有个误解，认为只有把药液喷得到处淌水才有效。实际上常规大容量喷雾法有 70％以上的药液流失掉，加之用水量太大，如果没有相应加大农药用量势必导致浓度降低从而效果下降。相反，低容量和超低容量的细雾喷洒法效果较好。而产生细雾滴的关键是选用适当的喷雾器械，例如新型的手动或者电动吹雾器。

四、杀菌剂使用过程中的注意事项

在农药使用过程中，除了穿戴好防护服外，杀菌剂的安全使用必须遵循以下各方面的建议。

（1）准确计算施药量和施药液量　根据农田面积和作物种类预先准确计算施药量和施药液量，对高毒农药的施药量要格外注意计算的准确性，施药液量的大小取决于作物植株的生长状况。病害往往是在作物的不同生长时期发生的，因此，施药液量必然会相应地发生变化。施药液量的多少会直接影响到农药用量。用户对自己的农田情况最清楚，注意积累每次施药的经验即可掌握。

（2）注意配制药液时的安全性问题　施药者直接同尚未稀释的高浓度杀菌剂接触，是沾染杀菌剂风险性最大的时候，必须特别注意。首先开瓶取药时，要用专用的移取药液工具，避免药液流淌到喷雾器桶身所造成的高浓度药液同操作人员接触，这种接触容易造成污染和中毒；其次，取药时必须佩戴防护手套，避免农药原药同手接触。

（3）农药喷洒时的安全性问题　喷洒的农药是已经加水稀释后的稀释液，中高毒风险已大为降低，但高毒农药药雾喷洒到操作人员身上仍可能发生污染及中毒危险，所以喷洒高毒农药必须穿戴防护服，尤其是鼻、眼、口等特别敏感部位，必须加以防护。另外，喷雾时发生的药液滴淌问题也必须注意，背负式手动喷雾器目前在我国仍大量使用，这种喷雾器的握柄、开关、药液箱盖等部位容易发生药液渗漏现象，唧筒顶部也容易发生冒水现象。因此，在使用前，必须仔细检查喷雾器械，确保不会发生药液渗漏。操作人员应该从农田的上风头开始喷洒药液。在施药作业现场必须准备肥皂和足够的清水供清洗之用，并且不可与饮用水混放。

（4）施药作业结束后的处理

① 未用完的农药原药必须妥善恢复严密包装状态，密封带回。

② 空的农药包装袋，应带到离村镇较远的荒地挖坑深埋。挖坑后首先把粉状原药的空包装袋投入坑底彻底焚烧。

③ 用清水少量多次清洗喷雾器和配药用具，每次加入约 0.5L 清水于药桶中，晃动桶身以清洗药桶内壁，然后摇动摇柄加压，把桶中的水通过喷头喷出，这样可以清洗药桶的管路和喷头。喷出的清洗水全部喷在大田土壤中，如此反复清洗 3～4 次即可。喷雾器洗净后须悬挂放置一段时间，打开开关让喷管也倒挂，让喷雾器药桶和喷管中的水分完全排净、干燥，然后再收好。

④ 脱下的防护服及其他防护用具，应立即清洗 2～3 遍晾干存放，其他用具也应立即清洗，放归原处存放。

⑤ 有条件时，操作人员最好淋浴 1 次，特别是使用高毒农药后用肥皂洗澡淋浴比较好。

⑥ 喷洒农药的用具和防护设备等各种相关工具也要像保管农药一样，保存在专门的箱柜中加锁，不要与生活用具混放。

第五节　杀菌剂质量简易判别方法

杀菌剂质量的好坏主要受两方面因素的影响：①杀菌剂有效成分的质和量；②农药加工技术的水平，即农药制剂的理化性能。目前，市场上经常出现伪劣农药产品，这些产品往往达不到包装上所宣称的效果。因此，购买杀菌剂时可以从以下几个方面入手甄别杀菌剂质量的好坏。

（1）杀菌剂商品包装物及标签的好坏在一定程度上反映出农药质量的高低　优质杀菌剂的包装物往往也是由质地优良的材料制成的，包装容器的做工比较精细，容器的封口严密整齐。另外，杀菌剂包装物上的标签也是判断杀菌剂质量优劣的依据之一。杀菌剂包装物上没有标签，标签破损模糊不清，或虽有标签但不像正规印刷品，这样的农药最好不要购买。如果标签外观很好，还要看标签上所注的内容，进一步判断农药质量。合格的标签上至少应该标明如下几项内容：农药名称、规格、登记号、生产许可证号、净重、生产厂家、类别、使用说明、毒性标志、注意事项、生产日期及批号等。

（2）从制剂的理化性能看杀菌剂的质量　市场上销售的杀菌剂有各种剂型，常用的有乳油、可湿性粉剂、粉剂、颗粒剂、悬浮剂等。不同杀菌剂剂型其组成、理化性能、使用方法都不相同。为判断它们的质量，首先要了解它们的性质和质量标准，并据此对其质量优劣做出判断。

①乳油、油剂、乳化剂稳定剂等液体制剂。

a. 乳油。乳油的外观应该是透明油状液体，无沉淀。但有些乳油如 2,4-滴丁酯可以呈不透明状态，有些乳油易出现结晶，但稍微加热或摇动后结晶即可溶解，也是可以的。另外，乳油稳定性和湿润展着性也是可以考察的指标。乳油对水稀释一定的倍数（200 倍、500 倍、1000 倍）后于室温下静止 30～60min，上无浮油，下无沉淀即可为稳定性合格。乳油按规定的施用浓度对水稀释成乳状液后喷洒于作物叶片上，能很好地湿润作物叶片即可认为湿润性良好。至于乳油质量的其他标准，如酸度、水分含量及有效成分含量等，须有专门的实验室才能测定。

b. 水剂。杀菌剂如果出现明显的浑浊或加热后仍不能溶解的沉淀，即可视为劣质品。水剂农药往往有一定的颜色，如果颜色相差太远，其质量应受到怀疑。水剂对水后出现浑浊或沉淀也说明水剂质量差。

c. 油剂。油剂是透明的单相液体，一般仅为超低容量喷雾用或飞机喷雾用。真正的油剂加水后不形成乳状液，与水分层，否则就是质量不合格的油剂或其他类型的制剂。

② 粉剂、可湿性粉剂和颗粒剂等固体制剂。

a. 粉剂。质量好的粉剂其粉末应该具有一定的细度，而且细度一定要均匀。不同的粉剂也有不同的颜色，合格的干粉剂还要有良好的流动性，不结块，不结絮。用手用力抓粉剂时，如果能形成粉团，说明粉剂含水量太大，分散性或流动性差。另外，把少量的粉末撒在水面上后，应该不能很快被水湿润，或仅有极少量的被水湿润，但以粉末状沉淀多。

b. 可湿性粉剂。最重要的质量要求是被水湿润性能和悬浮率。将少量的可湿性粉剂撒到水面上后，应该很快被水湿润，形成悬浮液，并在短时间内不会出现沉淀；湿润时间太长，或很快沉淀的可湿性粉剂质量较差。对可湿性粉剂其他方面的质量要求与粉剂相同。

c. 颗粒剂。要求颗粒均匀，粉末少，颗粒完整。崩解性颗粒剂遇水后能在一定时间内崩解，反之，非崩解性颗粒剂遇水后应在一定的时间内继续保持完整。水田颗粒剂在水中要有良好的分散性和较快的溶解速率。

总之，农药制剂的理化性质包括许多方面，前面的各种性质是最容易检验的，其他一些理化性质如水分含量、酸碱度、某些特殊成分或杂质的含量等都需要用专门的技术或设备来检验，才能得到准确的结果，而且不同的农药其质量标准也不尽相同，必要时可由专门的部门来检验。

第二章
氨基甲酸衍生物类杀菌剂

氨基甲酸衍生物类杀菌剂是最早大量广泛用于防治植物病害的一类有机化合物，结构特征是分子中含有—CO(S)—基团，可以看作是氨基甲酸衍生物，但结构差异较大，本大类杀菌剂包括二硫代氨基甲酸衍生物类杀菌剂和氨基甲酸酯类杀菌剂，结构特点如下。

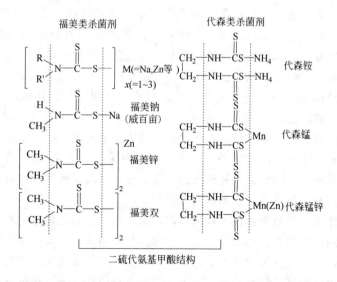

二硫代氨基甲酸结构

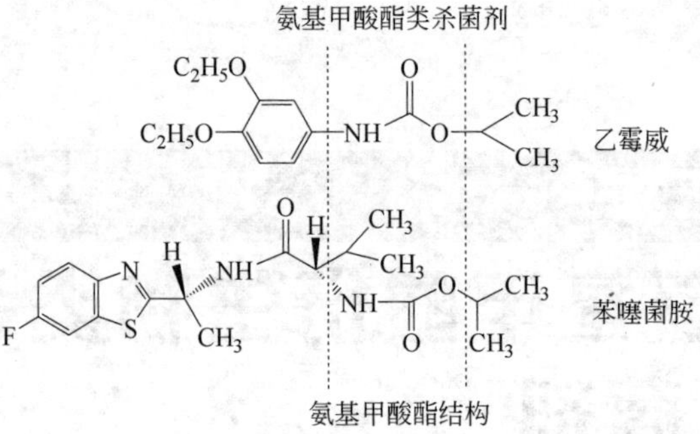

氨基甲酸酯类杀菌剂

乙霉威

苯噻菌胺

氨基甲酸酯结构

福美双（thiram）

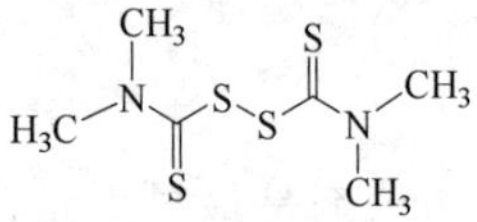

$C_6H_{12}N_2S_4$，240.44，137-26-8

化学名称　双（二甲基硫代氨基甲酰基）二硫物。

其他名称　秋兰姆，阿锐生，赛欧散，Mercuam，Nomersan，Tersan，Thiosan，Thirasan，Pomarsol，Arasan。

理化性质　纯品福美双为白色结晶，熔点 155～156℃，溶解性（25℃，g/L）：水 0.3，乙醇 10，丙酮 80；在有还原剂的酸性介质中分解，可被氯气分解；工业品为白色或淡黄色粉末。

毒性　福美双原药急性 LD_{50}（mg/kg）：大鼠经口 378～865，小鼠经口 1500～2000；对皮肤黏膜有刺激作用，长期接触的人饮酒有过敏反应。

作用特点　是一种具有保护作用的广谱杀菌剂。主要用来处理种子和土壤，以防治禾谷类作物的黑穗病和多种作物的苗期立枯病，也可用于防治果树和蔬菜的部分病害。可与多种内吸性杀菌剂复配，并可与其他保护剂杀菌剂复配混用。

适宜作物与安全性　抗菌谱广，保护作用强。处理种子和土壤可以防治禾谷类作物的黑穗病和多种作物的苗期立枯病。用于喷雾也可以防治一些果树、蔬菜的病害，对多种作物霜霉病、疫病、炭疽病也有较好的防治效果。对人、畜的毒性较低，推荐剂量下对作物无药害。

防治对象 可用于喷洒防治果树、蔬菜的多种病害，例如苗期立枯病，多种作物霜霉病、疫病、炭疽病以及禾谷类作物的黑穗病等。

使用方法 一般用于叶面喷雾，也可以用来处理种子和土壤，对种传病害和苗期土传病害有较好的防治效果。

（1）防治小麦腥黑穗病、根腐病、秆枯病，大麦坚黑穗病，每50kg种子用50%可湿性粉剂150g拌种；小麦赤霉病、雪腐叶枯病、根腐病的叶腐和穗腐、白粉病，在发病初期，用50%可湿性粉剂500～1000倍液喷雾。

（2）防治梅灰霉病，开花和幼果期喷50%可湿性粉剂500～800倍液各1次；防治柑橘等果树树苗的立枯病，每平方米苗床用50%可湿性粉剂8～10g，与细土10～15kg拌匀，1/3作垫土，2/3用于播种后覆土；防治苹果树腐烂病，刮去病斑，用10%膏剂30～40g/m² 涂抹病部；防治苹果树炭疽病，发病初期，用80%可湿性粉剂1000～1200倍液喷雾；防治梨黑星病，发病初期，用50%可湿性粉剂500～1000倍液喷雾；防治葡萄白腐病，当下部果穗发病初期，用50%可湿性粉剂500～1000倍液喷雾，隔12～15天喷1次，至采收前半个月为止，注意使用浓度过高易产生药害；防治葡萄炭疽病，于发病初期，用50%可湿性粉剂500～750倍液喷雾。

（3）防治稻瘟病，稻胡麻叶斑病，稻秧苗立枯病，大、小麦黑穗病，玉米黑穗病，用50%可湿性粉剂0.5kg拌种100kg；防治玉米黑粉病、高粱炭疽病，每50kg种子用50%可湿性粉剂250g拌种；防治谷子黑穗病，每50kg种子用50%可湿性粉剂150g拌种。

（4）防治大豆立枯病、黑点病、褐斑病、紫斑病，每50kg种子用50%可湿性粉剂150g拌种；防治大豆霜霉病、褐斑病，发病初期开始喷50%可湿性粉剂500～1000倍液，每亩喷药液量50L，隔15天喷1次，共喷2～3次；防治花生冠腐病，每50kg种子用50%可湿性粉剂150g拌种；防治豌豆褐斑病、立枯病，用50%可湿性粉剂0.8kg拌种100kg。

（5）防治黄瓜霜霉病、白粉病，发病初期用80％可湿性粉剂50～100g/亩对水40～50kg喷雾；防治黄瓜褐斑病，发病初期用50％可湿性粉剂500～1000倍液喷雾；防治黄瓜和葱立枯病，用50％可湿性粉剂0.3～0.8kg拌种100kg。

（6）防治辣椒立枯病，发病初期用50％可湿性粉剂800倍液喷雾；防治辣椒炭疽病，发病初期用50％可湿性粉剂500倍液喷雾。

（7）防治种子传播的苗期病害，如十字花科、茄果类、瓜类等蔬菜苗期立枯病、猝倒病以及白菜黑斑病、瓜类黑星病、莴苣霜霉病、菜豆炭疽病、豌豆褐纹病、大葱紫斑病和黑粉病等，用种子量的0.3％～0.4％的50％可湿性粉剂拌种（用50％可湿性粉剂0.3～0.4kg拌种100kg）；处理苗床土壤防治苗期病害，如番茄、瓜类幼苗立枯病和猝倒病，每平方米用50％可湿性粉剂8g或者每平方米苗床用50％可湿性粉剂4～5g加70％五氯硝基苯可湿性粉剂4g，与细土20kg拌匀，播种时用1/3毒土下垫，播种后用余下的2/3毒土覆盖；防治大葱、洋葱黑粉病，在拔除病株后，用50％可湿性粉剂与80～100倍细土拌匀的毒土，撒施于病穴；用50％可湿性粉剂500～800倍液喷雾，可防治白菜、瓜类的霜霉病、白粉病、炭疽病，番茄晚疫病、早疫病、叶霉病，蔬菜灰霉病等。

（8）防治松树苗立枯病，每50kg种子用50％可湿性粉剂250g拌种。

（9）防治烟草炭疽病，发病初期用50％可湿性粉剂500倍液常规喷雾；防治烟草根腐病，发病初期用50％可湿性粉剂500倍液浇灌，每株灌药液100～200mL；防治烟草根腐病，每500kg苗床土用50％可湿性粉剂500g处理土壤。

（10）防治亚麻、胡麻枯萎病，每50kg种子用50％可湿性粉剂100g拌种。

注意事项

（1）冬瓜幼苗对福美双敏感，忌用；

（2）应存置于阴凉干燥处，并远离火源，防止燃烧，对皮肤及人体黏膜有刺激作用，皮肤沾染后，常会发生接触性皮炎，出现皮疹斑，甚至有水光、糜烂等现象，并且裸露部位皮肤会发生瘙痒，操作时应做好防护，工作完毕应及时清洗裸露部位；

（3）不能与铜、汞制剂及碱性药剂混用或前后紧接使用；

（4）误服可引起强烈的消化道症状，如恶心、呕吐、腹痛、腹泻等，严重时可导致循环、呼吸衰竭，误服者迅速催吐、洗胃，并对症治疗，清洗后的污水和废药液应妥善处理，拌过药的种子禁止饲喂家禽、家畜，施药后各种工具要注意清洗，不得与食物日用品一起运输和储存，应有专门的车皮和仓库。

福美双可以和多种杀菌剂混用，相关复配制剂如下。

① 福美双＋萎锈灵：防治水稻恶苗病、水稻苗期立枯病、小麦散黑穗病。

② 福美双＋多菌灵：防治梨树黑星病。

③ 福美双＋甲基硫菌灵：防治苹果树轮纹病。

④ 福美双＋三唑酮＋多菌灵：防治小麦白粉病、小麦赤霉病、棉花红腐病。

⑤ 福美双＋拌种灵：防治花生锈病。

⑥ 福美双＋代森锰锌：防治苹果树轮纹病。

⑦ 福美双＋甲基硫菌灵＋硫黄：防治小麦赤霉病。

⑧ 福美双＋百菌清：防治葡萄霜霉病。

⑨ 福美双＋多菌灵＋硫黄：防治小麦赤霉病。

⑩ 福美双＋腐霉利：防治番茄灰霉病。

⑪ 福美双＋三唑酮：防治苹果树炭疽病、黄瓜白粉病。

⑫ 福美双＋多菌灵＋代森锰锌：防治苹果树轮纹病。

⑬ 福美双＋烯酰吗啉：防治黄瓜霜霉病。

⑭ 福美双＋腈菌唑：防治黄瓜黑星病。

⑮ 福美双＋异菌脲：防治番茄灰霉病。

⑯ 福美双＋三乙膦酸铝：防治黄瓜霜霉病。

⑰ 福美双＋百菌清＋多菌灵：防治苹果树轮纹病。

⑱ 福美双＋福美锌：防治苹果树炭疽病。

⑲ 福美双＋甲霜灵：防治水稻立枯病。

⑳ 福美双＋噁霉灵：防治黄瓜枯萎病。

㉑ 福美双＋多菌灵＋咪酰胺：防治水稻恶苗病。

㉒ 福美双＋甲基立枯磷：防治棉花苗期立枯病、棉花炭疽病。

福美锌（ziram）

$$C_6H_{12}N_2S_4Zn, 305.8, 137-30-4$$

化学名称 二甲基二硫代氨基甲酸锌。

其他名称 锌来特，什来特，Fuklasin，Nibam，Milbam，Zerlate，Cuman。

理化性质 无色固体粉末，纯品为白色粉末，熔点250℃，无气味，相对密度2.00。25℃时蒸气压很小。能溶于丙酮、二硫化碳、氨水和稀碱溶液；难溶于一般有机溶剂；常温下水中溶解度为65mg/L。在空气中易吸潮分解，但速度缓慢，高温和酸性加速分解，长期贮存或与铁接触会分解而降低药效。

毒性 大白鼠急性经口 LD_{50} 1400mg/kg，对皮肤和黏膜有刺激作用。鲤鱼 TLm（48h）为0.075mg/L。ADI 为0.02mg/kg。

作用特点 该药作为杀菌剂主要是叶面喷雾保护作用，主要作用机制是抑制含 Cu^{2+} 或 HS—基团的酶活性。

适宜作物与安全性 本药为保护性杀菌剂和促进作物生长早熟剂，对多种真菌引起的病害有抑制和预防作用，可用于防治苹果、柿、桃、杏、柑橘和葡萄等多种果树的炭疽、疮痂等病，防效明显。

防治对象 防治苹果花腐病、炭疽病、黑点病、白粉病、赤星病，桃疮痂病、炭疽病、缩叶病，梨黑斑病、赤星病、黑星病，葡萄疫病、褐斑病、炭疽病、白粉病，柑橘溃疡病、疮痂病等。

使用方法 主要用于对水喷雾。对苹果腐烂病有特效。对各种作物的白粉病、水稻稻瘟病、玉米大斑病、大豆灰斑病、葡萄白腐病、梨黑星病也有一定防治作用。该药残效期较长，具有保护和治疗作用。

一般在发病前或发病初期，用65％可湿性粉剂300～500倍液进行喷雾，能起到良好的预防作用，在发病期间每隔5～7天喷雾1次，根据病害不同，用药次数和药量也不同，一般连用2～4次。

（1）防治柑橘疮痂病、溃疡病，葡萄白腐病、疫病、白粉病、褐斑病，杏菌核病，苹果白粉病、赤星病、花腐病、炭疽病、黑点病等，应在发病初期，用65％可湿性粉剂600～800倍液喷雾，连喷2～5次。

（2）防治水稻恶苗病、稻瘟病时，麦类锈病、白粉病，马铃薯黑斑病、晚疫病时可以用65％可湿性粉剂300～500倍液，在发病初期进行喷雾，每隔5～7天喷药1次，一般喷2～3次。

（3）防治黄瓜、西瓜炭疽病，每亩用80％福美锌可湿性粉剂125～150g，对水喷雾；防治棉花立枯病，用80％福美锌可湿性粉剂160倍液，进行浸种；防治杉木炭疽病、橡胶树炭疽病，用80％福美锌可湿性粉剂500～600倍液喷雾。

注意事项

（1）不能与砷酸铅、铜制剂、石灰和硫黄混用；

（2）烟草和葫芦对锌敏感，因此使用时需注意；

（3）福美锌以预防为主，应该早期使用，药剂应储存在阴凉、干燥的地方。

福美锌可以和多种杀菌剂混用，相关复配制剂如下：

① 福美锌＋福美双：防治苹果树炭疽病。

② 福美锌＋多菌灵＋福美双：防治苹果树轮纹病、苹果树炭疽病。

③ 福美锌＋百菌清＋福美双：防治黄瓜霜霉病。

④ 福美锌＋甲霜灵：防治黄瓜霜霉病。

⑤ 福美锌＋氢氧化铜：防治番茄早疫病。

⑥ 福美锌＋多菌灵：防治苹果树炭疽病。

⑦ 福美锌＋福美甲胂＋福美双：防治大白菜霜霉病、葡萄黑痘病、葡萄炭疽病、苹果树炭疽病、梨树黑星病、烟草炭疽病、芝麻疫病、水稻纹枯病。

代森锌（zineb）

$C_4H_6N_2S_4Zn$，275.76，12122-67-7

化学名称 亚乙基双-（二硫代氨基甲酸）锌。

其他名称 锌乃浦，培金，Parzate Zineb，Aspor，ZEB，Dipher。

理化性质 纯品代森锌为白色粉末，工业品为灰白色或淡黄色粉末，有臭鸡蛋味；难溶于水，除吡啶外，不溶于大多数有机溶剂；对光、热、潮湿不稳定，易分解放出二氧化碳；在温度高于100℃时分解自燃，在酸、碱性介质中易分解，在空气中缓慢分解。

毒性 代森锌原药急性 LD_{50}（mg/kg）：大鼠经口＞5000、经皮＞2500；对皮肤黏膜有刺激作用；以 2000mg/kg 剂量饲喂狗一年，未发现异常现象；对动物无致畸、致突变、致癌作用（简称"三致"）；对植物安全，不易引起药害。

作用特点 代森锌属于低毒、广谱性的杀菌剂。代森锌的有效成分化学性质比较活泼，在水中容易氧化成异硫氰化合物，该化合物对病原菌体内含有—SH基的酶具有很强的抑制作用，并能直接杀死病原菌孢子并抑制孢子的发芽，阻止病菌侵入植物体内，但对已侵入植物体内的病原菌丝体的杀伤作用很小。因此，使用代森锌防治植物病害，应在病害始见期使用才能取得较好的防治效果。

适宜作物与安全性 光照下容易分解，持效期约 7 天，可以用于防治粮、果、菜等作物的真菌病害。对植物较安全，一般无药害，但烟草及葫芦科植物对锌较敏感，施药时应注意，避免发生药害。

防治对象 代森锌属于广谱性、低毒类杀菌剂，是叶面喷洒时用的保护剂。可用于防治麦类、水稻、蔬菜、果树、烟草等作物的病害，如马铃薯早疫病、晚疫病、麦类锈病、玉米大斑病、白菜、黄瓜霜霉病、番茄炭疽病、早疫病、晚疫病、灰霉病、茄子绵疫病、褐纹病，萝卜、甘蓝霜霉病、黑斑病、白斑病、软腐病、黑腐病，苹果、梨黑星病、黑斑病，菠菜霜霉病、白锈病，莴苣霜霉病等，但对白粉病作用差。

使用方法　代森锌主要用于叶面喷洒。作为保护剂，可用于粮、果、菜等作物防治由真菌引起的大多数病害。对许多病原菌如霜霉病菌、晚疫病菌以及炭疽病菌等防治效果显著，一般用80%可湿性粉剂500～800倍液喷雾。

（1）防治麦类锈病，用80%代森锌可湿性粉剂500倍药液，在发病初期开始喷药，每隔7～16天喷药1次，一般喷2～3次；防治玉米大斑病，应在发病初期，用65%可湿性粉剂500倍液喷雾。

（2）防治蔬菜病害，防治蔬菜叶部病害，应在发病初期，用80%代森锌可湿性粉剂500倍液喷雾。一般在发病前或发病初期开始喷第1次药，以后每隔7～10天喷1次，连续2～3次，可以防治番茄早疫病、晚疫病、叶霉病、斑枯病、炭疽病，白菜、萝卜、甘蓝霜霉病、黑斑病、白斑病、软腐病、黑腐病，油菜霜霉病、软腐病、黑斑病、白锈病，马铃薯早疫病、晚疫病，黄瓜黑星病、葱紫斑病、霜霉病，茄子绵疫病、褐纹病，芹菜疫病、斑枯病，菠菜霜霉病、白锈病等。

（3）防治蔬菜苗期病害，防治蔬菜苗期立枯病、猝倒病、灰霉病、炭疽病，用80%可湿性粉剂500倍液在苗期喷雾，连喷1～2次，也可以用代森锌和五氯硝基苯做成"五代合剂"处理土壤，即用五氯硝基苯和代森锌等量混合后，按每平方米育苗床面用混合制剂8～10g。用前将药剂与适量的细土混匀，取三分之一药土撒在床面做垫土，播种后用剩下的三分之二药土作播后覆盖土用，而后用塑料薄膜覆盖床面，保持床面湿润，直到幼苗出土后揭膜。

（4）防治烟草立枯病、炭疽病，用80%代森锌可湿性粉剂400倍药液喷雾，3～5天1次，在定植后每隔10天喷1次，连喷3～4次。

（5）防治花卉病害及观赏植物叶部病害，如锈病、霜霉病、炭疽病和叶斑病，应在发病前或初期用80%代森锌可湿性粉剂500～600倍药液喷雾，每隔7～10天喷1次。

（6）防治茶的黑点病、炭疽病和茶饼病，在发病初期，用80%代森锌可湿性粉剂600～800倍液喷雾，每隔7～10天1次，连喷 3 次。

注意事项

（1）本品为保护性杀菌剂，应在病害发生初期使用，效果最佳；

（2）葫芦科蔬菜对锌敏感，用药时要严格掌握浓度，不能过高；

（3）不能与铜制剂碱性农药混用，以免降低药效；

（4）应放在阴凉、干燥通风处，雨淋、光照容易造成有效成分分解；

（5）使用时注意不让药液溅入眼、鼻、口等，用药后要用肥皂洗净脸和手。

相关复配制剂如下。

① 代森锌＋中生菌素：防治番茄早疫病。

② 代森锌＋甲霜灵：防治黄瓜霜霉病。

③ 代森锌＋甲霜灵＋三乙膦酸铝：防治黄瓜霜霉病。

④ 代森锌＋王铜：防治柑橘树溃疡病。

代森锰锌 （mancozeb）

$$\left[\begin{array}{c} CH_2NH-C-S \\ | \\ CH_2NH-C-S \\ S \end{array} Mn \right]_x Zn_y$$

$[C_4H_6N_2S_4Mn]_x Zn_y$，$138x+65y$，12427-38-2

化学名称　1,2-亚乙基双二硫代氨基甲酰锰和锌离子的配位络合物。

其他名称　叶斑青，百乐，大生，Manzeb，Carmazine，Dumate，Trimanin Dithane M 45。

理化性质　纯品代森锰锌为灰黄色粉末，熔点 192℃（分解），分解时放出二硫化碳等有毒气体；不溶于水和一般溶剂，遇酸性气体或在高温、高潮湿条件下以及在空气中易分解，分解时可引起燃烧。

毒性　代森锰锌原药急性 LD_{50}（mg/kg）：大鼠经口 10000

（雄），小鼠经口＞7000；对皮肤黏膜有刺激作用；以 16mg/kg 剂量饲喂大鼠 90 天，未发现异常现象；对动物无致畸、致突变、致癌作用。

作用特点　代森锰锌是高效、低毒、广谱的保护性杀菌剂。其作用机制主要是和参与丙酮酸氧化过程的二硫辛酸脱氢酶中的硫氢基结合，从而抑制菌体内丙酮酸的氧化。可以与内吸性杀菌剂混配使用，来延缓耐药性的产生。对果树、蔬菜上的炭疽病和早疫病等有效。

适宜作物与安全性　番茄、菠菜、白菜、甜菜、辣椒、芹菜、菜豆、茄子、莴苣，瓜类如西瓜等，棉花、花生、麦类、水稻、玉米、啤酒花、橡胶，茶、荔枝、樱桃、草莓、葡萄、芒果、香蕉、苹果、梨树，烟草，玫瑰花、月季花等。在推荐剂量下对作物安全。

防治对象　代森锰锌是广谱的保护性杀菌剂，对藻菌纲的疫霉属、半知菌类的尾孢属、壳二孢属等引起的多种作物病害均有较好的防效。代森锰锌对多种果树、蔬菜病害有效，如可防治疫病、霜霉病、灰霉病，瓜类炭疽病、黑星病、赤星病等。

使用方法　用于玉米、麦类、花生、高粱、水稻、番茄等作物的种子包衣、浸种和拌种等，可以防治种传病害和苗期的土传病害。对于大田作物、蔬菜喷药量，人工喷洒一般每亩 40～50L 药液，拖拉机喷洒则每亩 7～10L 药液，飞机喷洒则每亩 1～2L 药液；果树每亩人工喷药量为 200～300L。除防治病害外，还具有刺激植物生长的作用。一般用 75％可湿性粉剂 600～800 倍液喷洒。

（1）防治苹果、梨、桃等轮纹病、炭疽病、黑星病、赤星病、叶斑病，用 80％代森锰锌可湿性粉剂 600～800 倍稀释液，在发病初期喷雾；防治葡萄黑痘病和霜霉病，用 80％代森锰锌可湿性粉剂 600～800 倍稀释液，在幼果期及发病初期喷雾，隔 7～10 天喷 1 次，连喷 4～6 次；防治香蕉叶斑病，用 80％代森锰锌可湿性粉剂 400 倍稀释液喷雾，雨季每月施药 2 次，旱季每月 1 次；防治柑橘疮痂病、炭疽病，用 80％代森锰锌可湿性粉剂 400～600 倍稀释液喷雾。

（2）防治花生黑斑病、褐斑病、灰斑病，于病害发病初期开始施药，用80％可湿性粉剂每亩200g对水40～50kg均匀喷雾，每隔10天喷药1次，连续2～3次。

（3）防治番茄早疫病、晚疫病、霜霉病，在病害发病初期或在植株苗期进行施药，用80％代森锰锌可湿性粉剂300～400倍液喷雾，每隔10天施用1次，连续3～4次。

（4）防治大豆锈病，于初花期施药，每亩用80％代森锰锌可湿性粉剂200～300倍稀释液，均匀喷雾，每隔7～10天施用1次，连续4次。

（5）防治橡胶树炭疽病、甜菜褐斑病、人参叶斑病、玉米大斑病，用80％代森锰锌可湿性粉剂400～600倍稀释液，在发病初期喷雾，隔8～10天喷1次，连喷3～5次。

（6）防治烟草赤星病，于发病初期，用80％代森锰锌可湿性粉剂600～800倍稀释液喷雾；防治烟草黑胫病，于发病初期，用43％悬浮剂400～600倍液喷雾。

（7）防治水稻稻瘟病，当叶瘟病时，于发病初期，穗瘟时，于麦穗末期至抽穗期，用80％可湿性粉剂喷雾。

注意事项

（1）施用时注意查看说明书，贮藏时，应干燥、避光，以免成分分解，降低药效。

（2）为提高防治效果，可与多种农药、化肥混合使用，但不能与铜制剂和喊性药剂混用，如喷过铜制剂和碱性药剂后要间隔一周后才能喷此药。

（3）代森锰锌只有预防作用，不具有治疗作用，应在发病前期或初期施用。

（4）应在作物采收前2～4周停止用药，中午、高温时避免用药。

代森锰锌可以和多种杀菌剂混用，相关复配制剂如下。

① 代森锰锌＋烯酰吗啉：防治黄瓜霜霉病。

② 代森锰锌＋苯醚甲环唑：防治苹果树斑点落叶病。

③ 代森锰锌＋氟硅唑：防治梨树黑星病。

④ 代森锰锌＋戊唑醇：防治苹果树褐斑病。

⑤ 代森锰锌＋噁霜灵：防治黄瓜霜霉病、烟草黑胫病。

⑥ 代森锰锌＋多菌灵：防治梨树黑星病。

⑦ 代森锰锌＋霜脲氰：防治黄瓜霜霉病、荔枝树霜疫霉病、番茄晚疫病。

⑧ 代森锰锌＋氟吗啉：防治黄瓜霜霉病

⑨ 代森锰锌＋福美双：防治苹果树轮纹病。

⑩ 代森锰锌＋甲霜灵：防治黄瓜霜霉病。

⑪ 代森锰锌＋三唑酮：防治黄瓜白粉病。

⑫ 代森锰锌＋三乙膦酸铝：防治黄瓜霜霉病。

⑬ 代森锰锌＋百菌清：防治番茄早疫病。

⑭ 代森锰锌＋多菌灵＋福美双：防治苹果树轮纹病。

⑮ 代森锰锌＋精甲霜灵：防治番茄晚疫病、黄瓜霜霉病、花椰菜霜霉病、辣椒疫病、西瓜疫病、葡萄霜霉病、荔枝霜疫霉病、烟草黑胫病、马铃薯晚疫病。

⑯ 代森锰锌＋异菌脲＋多菌灵：防治番茄灰霉病。

⑰ 代森锰锌＋硫黄：防治豇豆锈病。

⑱ 代森锰锌＋异菌脲：防治苹果树斑点落叶病。

⑲ 代森锰锌＋腈菌唑：防治黄瓜白粉病。

⑳ 代森锰锌＋波尔多液：防治番茄早疫病、黄瓜霜霉病、柑橘溃疡病、葡萄白腐病、葡萄霜霉病、苹果树斑点落叶病、苹果树轮纹病。

㉑ 代森锰锌＋噁唑菌酮：防治葡萄霜霉病、白菜黑斑病、西瓜炭疽病、苹果树轮纹病、番茄早疫病、柑橘树疮痂病、苹果树斑点落叶病。

丙森锌（propineb）

$[C_6H_{10}S_4N_2Zn]_x$，303.5，12071-83-9

化学名称 多亚丙基双（二硫代氨基甲酸）锌。

其他名称 安泰生。

理化性质 白色或微黄色粉末。160℃以上分解。蒸气压＜1mPa（20℃）。相对密度1.813。溶解性（20℃）：水0.01g/L，一般溶剂中＜0.1g/L。在冷、干燥条件下贮存时稳定，在潮湿强酸、强碱介质中分解。

毒性 大鼠急性经口 LD_{50}＞5000mg/kg，大鼠急性经皮 LD_{50}＞5000mg/kg。对兔眼睛和兔皮肤无刺激，无"三致"。

作用特点 丙森锌是一种持效期长、速效性好、广谱的保护性杀菌剂，其作用机制主要是作用于真菌细胞壁和蛋白质的合成，并抑制病原菌体内丙酮酸的氧化，从而抑制病菌孢子的侵染和萌发以及菌丝体的生长。该药含有易于被作物吸收的锌元素，可以促进作物生长、提高果实品质。

适宜作物与安全性 水稻、马铃薯、番茄、白菜、苹果、黄瓜、芒果、葡萄、梨、茶、烟草和啤酒花等。推荐剂量下对作物安全。

防治对象 丙森锌对蔬菜、烟草、葡萄等作物的霜霉病以及马铃薯和番茄的早、晚疫病均有良好作用，对白粉病、葡萄孢属的病害和锈病有一定的抑制作用，如白菜霜霉病、苹果斑点落叶病、葡萄霜霉病、黄瓜霜霉病、烟草赤星病等。

使用方法 丙森锌是保护性杀菌剂，须在发病前或初期用药，且不能与碱性药剂和铜制剂混合使用，若喷了碱性药剂或铜制剂，应1周后再使用丙森锌。主要用作茎叶处理。

（1）果树病害 防治苹果斑点落叶病，应在苹果春梢或秋梢开始发病时，用70%可湿性粉剂600~700倍液喷雾，每隔7~10天喷1次，连喷3~4次；防治苹果烂果病，应在发病前或初期，用70%可湿性粉剂800倍液喷雾；防治芒果炭疽病，在芒果开花期，雨水较多易发病时开始用70%可湿性粉剂500倍液喷雾，间隔10天喷药1次，共喷4次；防治葡萄霜霉病，应在发病初期，用70%可湿性粉剂500~700倍液喷雾，每隔7天喷1次，连喷3次；防治柑橘炭疽病，应在发病前或初期，用70%可湿性粉剂600~800倍液喷雾。

（2）蔬菜病害　防治黄瓜霜霉病，应在发病前或初期，用70％可湿性粉剂500～700倍液，以后每隔5～7天喷药1次，连喷3次；防治大白菜霜霉病，在发病初期，用70％可湿性粉剂500～700倍液喷雾，每隔5～7天喷药1次，连喷3次；防治番茄早疫病，在初期尚未发病时开始喷药保护，用70％可湿性粉剂500～700倍液喷雾，每隔5～7天喷药1次，连喷3次；防治番茄晚疫病，发现中心病株时先摘除病株，用70％可湿性粉剂500～700倍液喷雾，每隔5～7天喷药1次，连喷3次。

（3）烟草病害　防治烟草赤星病，应在病害初期，用70％可湿性粉剂500～700倍液喷雾，每隔7～10天喷1次，连喷3次。

注意事项

（1）丙森锌是保护性杀菌剂，必须在病害发生前或始发期喷药，不可与铜制剂和碱性药剂混用，如两药连用，需间隔1周后再使用。

（2）施药前请详细阅读产品标签，按说明使用，防止发生药害，避免药物中的有效成分分解。

（3）中毒解救：丙森锌属低毒杀菌剂，如果不慎接触皮肤或眼睛，应用大量清水冲洗；不慎误服，应立即送医院诊治。

丙森锌可以和多种杀菌剂混用，相关复配制剂如下。

① 丙森锌+苯醚甲环唑：防治苹果树斑点落叶病。

② 丙森锌+戊唑醇：防治苹果树斑点落叶病。

③ 丙森锌+烯酰吗啉：防治黄瓜霜霉病。

④ 丙森锌+咪鲜胺锰盐：防治黄瓜炭疽病。

⑤ 丙森锌+醚菌酯：防治苹果树斑点落叶病。

⑥ 丙森锌+己唑醇：防治苹果树斑点落叶病。

⑦ 丙森锌+腈菌唑：防治苹果树斑点落叶病。

⑧ 丙森锌+缬霉威：防治黄瓜霜霉病、葡萄霜霉病。

⑨ 丙森锌+多菌灵：防治苹果树斑点落叶病。

⑩ 丙森锌+霜脲腈：防治黄瓜霜霉病。

⑪ 丙森锌+甲霜灵：防治烟草黑胫病。

⑫ 丙森锌+三乙膦酸铝：防治黄瓜霜霉病。

代森铵 （amobam）

$$H_4NS-C(S)-NH-CH_2CH_2-NH-C(S)-SNH_4$$

$C_4H_{14}N_4S_4$，246.47，3566-10-7

化学名称 1,2-亚乙基双二硫代氨基甲酸铵。

其他名称 铵乃浦，Dithane，Stainless，Amoban，Chem-o-Bam。

理化性质 纯品为无色结晶，工业品为淡黄色液体，呈中性或弱碱性，有臭鸡蛋味。无色结晶，熔点 72.5～72.8℃。易溶于水，微溶于乙醇、丙酮，不溶于苯等。化学性质较稳定，超过 40℃ 以后易分解。

毒性 LD_{50}（mg/kg）：大鼠经口 450。鱼毒 TLm（48h）：鲤鱼＞40mg/L，水虱 8.7mg/L。允许残留：果实 0.4mg/kg，茶 2.0mg/kg。对人的皮肤有刺激性。对人畜低毒。

作用特点 代森铵是具有治疗与保护作用的广谱内吸性杀菌剂。代森铵水溶液呈弱碱性，能渗入植物组织，所以杀菌能力强。代森铵能防治多种作物病害，对植物安全，在植物体内分解后还有肥效作用。

适宜作物与安全性 代森铵可以防治水稻、棉花、蔬菜和果树病害。当代森铵施用浓度在 1000 倍以内时，对有些作物可能会产生药害。高温时代森铵对豆类植物易产生药害。

防治对象 主要用于防治水稻白叶枯病、纹枯病，黄瓜、白菜、莴苣霜霉病，谷子白发病，烟草霜霉病、赤星病、黑胫病，棉花立枯病、炭疽病、黄萎病，黄瓜白粉病、炭疽病，甘蔗黑斑病，棉花炭疽病以及蔬菜、果树病害等。

使用方法 可用作叶面喷雾、种子处理、土壤消毒及农用器材消毒。一般可用 45％ 水剂 1000 倍液喷雾或 200～400 倍液浸种。不宜与碱性农药混配，以免其成分分解而失效。

（1）种子处理 用 45％ 水剂对水 200～400 倍药液浸薯块 10min，可以防治甘薯黑斑病。

（2）土壤处理　用45％水剂对水200～400倍药液，浇灌播种沟内，每平方米灌药液2～4kg，可以防治棉花立枯病等土传病害。

（3）喷雾　用45％水剂对水1000倍药液喷雾，每亩喷药量为75kg，可以防治芹菜晚疫病、豆类白粉病、黄瓜霜霉病、黄瓜白粉病和水稻白叶枯病。

① 果树病害　防治苹果花腐病，于春季苹果树展叶时，用45％可湿性粉剂1000倍液喷雾；防治苹果树根腐病，可以在秋收后，用45％水剂300～400倍液灌根，每株需灌药液50～200kg；防治苹果树枝干轮纹病，用45％水剂100～200倍液涂抹患病部位；防治葡萄霜霉病，于发病初期，用45％水剂1000倍液喷雾，每隔10～15天喷1次，连喷3～4次；防治柑橘立枯病，用45％水剂200～400倍液浸种1h；防治柑橘炭疽病、溃疡病、白粉病，用45％水剂600～800倍液喷雾；防治桃树褐斑病，谢花10天后，开始喷洒45％水剂1000倍液，每隔10～15天喷1次。

② 蔬菜病害　对多种蔬菜的真菌和细菌病害均有良好效果。防治瓜类苗期病害，用45％水剂200～400倍液进行浇灌，处理苗床土壤；防治白菜、甘蓝、花椰菜黑茎病，白菜黑斑病，于播种前用45％水剂200～400倍液浸种15min，再用清水洗净，晾干播种；防治白菜、甘蓝软腐病，发病初期及时清除腐烂病株，用45％水剂1000倍液喷洒全田；防治黄瓜霜霉病，应在发病初期，用45％水剂500～800倍液喷雾；防治黄瓜灰霉病、炭疽病、白粉病、黑星病，番茄叶霉病，茄子绵疫病、斑枯病，莴苣和菠菜霜霉病，菜豆炭疽病、白粉病，魔芋细菌性叶枯病和软腐病等，用45％水剂1000倍液喷雾；防治芹菜斑枯病，发病前或发病初期，用45％水剂1000倍液喷洒；防治胡萝卜软腐病、黑腐病，发病初期，用45％水剂800～1000倍液喷洒。

③ 粮食作物病害　防治玉米大、小斑病，用45％水剂78～100mL，对水喷雾；防治水稻白叶枯病、纹枯病、稻瘟病，用45％水剂1000倍液喷雾；防治谷子白发病，播种前，用45％水剂180～350倍液浸种。

④ 防治落叶松早期落叶病，用45％水剂600～800倍液喷雾；

防治红麻炭疽病，用 45％水剂 125 倍液于水温 18～24℃下浸种 24h，捞出即可播种；防治桑赤锈病，用 45％水剂 1000 倍液喷雾，隔 7～10 天喷 1 次，连续喷 2～3 次，喷药 7 天后可采叶喂蚕；防治棉花苗期立枯病、炭疽病、黄萎病时，可以用 45％水剂 200 倍液浸种。

注意事项

（1）45％水剂对水稀释倍数低于 1000 倍时，对有些作物可能会出现药害，尤其是高温时对豆类植物易产生药害。

（2）代森铵不宜与高浓度的其他农药混用，高温或者过量、重复喷药容易出现药害。

（3）不能与碱性和含铜农药及含有游离酸的物质混用，如多硫化钡、波尔多液、石硫合剂和松脂合剂等。

（4）代森铵对皮肤具有刺激性，应注意自我防护，施用后，工具要注意清洗。

相关复配制剂如下。

代森铵＋多菌灵：防治水稻恶苗病。

代森环（milneb）

$C_{12}H_{22}N_4S_4$，350.598，3773-49-7

化学名称 3,3′-亚乙基-双（四氢-4,6-二甲基-2H-1,3,5-硫二氮苯-2-硫酮）

理化性质 纯品为无色结晶，原药为黄色或灰白色粉末，在 160℃以上分解。溶解度（20℃）：水＜0.1mg/L，二氯甲烷、己烷、甲苯＜0.1mg/L。干燥、低温条件储存稳定。

毒性 大鼠急性经口 LD_{50} 5000mg/kg。

适宜物与安全性 代森环对多种果树、蔬菜病害有效，对瓜类和白菜的霜霉病及小麦锈病效果显著。与其他有机硫药剂相比，该药剂使用浓度低，对作物影响小，对叶、果无污染。

防治对象 马铃薯疫病，番茄叶霉病、疫病、轮纹病、灰霉病，瓜类霜霉病、炭疽病，苹果、梨黑星病、豆锈病等。代森环不仅对病害具有防治效果，还能刺激植物生长。

应用技术 对马铃薯疫病，瓜类霜霉病、炭疽病，番茄叶霉病、疫病、灰霉病、轮纹病，苹果、梨黑星病、豆锈病等，在发病初期，用75％可湿性粉剂600～800倍液喷雾。

使用方法 代森环主要用于叶面喷布。

注意事项

（1）不可与碱性、含铜农药及含有游离酸的物质混用，以免降低药效；

（2）应贮存于阴凉干燥处，防止有效成分分解；

（3）对皮肤有刺激性，使用时应注意保护。

甲基硫菌灵 （thiophanate-methyl）

$C_{12}H_{14}N_4O_4S_2$，342.39，23564-05-8

化学名称 1,2-二（3-甲氧羰基-2-硫脲基）苯。

其他名称 甲基托布津，托布津 M，桑菲纳（制剂），Topsin-M，Midothane，Cercobin-M。

理化性质 纯品为无色结晶固体，原粉（含量约93％）为微黄色结晶。熔点172℃（分解），相对密度（d^{20}）1.5。在水和有机溶剂中的溶解度很低，易溶于二甲基甲酰胺，溶于二氧六环、氯仿，亦可溶于丙酮、甲醇、乙醇、乙酸乙酯等溶剂。对酸、碱稳定。

毒性 急性经口毒性 LD_{50}（mg/kg）：大白鼠7500，小白鼠3514，兔2270。大白鼠、土拨鼠、兔的急性经皮毒性 LD_{50} 在10000mg/kg以上。鲤鱼 TLm（48h）为11mg/L。允许残留量：米2.0mg/kg，麦、甘薯、豆类、甜菜1.0mg/kg，果实、蔬菜为5.0mg/kg，茶20mg/kg。

作用特点 主要干扰病原菌菌丝的形成。在植物体内先转化为多菌灵，影响病菌细胞的分裂，使孢子萌发长出的芽管畸形，从而杀死病菌。

适宜作物与安全性 广泛应用于防治粮、棉、油、蔬菜、花卉、果树等多种病害。

防治对象 对稻瘟病、稻纹枯病、小麦锈病和白粉病、麦类赤霉病、麦类黑穗病、油菜菌核病、番茄叶霉病、蔬菜炭疽病、蔬菜褐斑病、蔬菜灰霉病、花生疮痂病、果树白粉病、果树炭疽病等病害均有效。

使用方法 拌种、喷雾。

（1）防治麦类黑穗病：50％可湿性粉剂 200g 加水 4kg 拌种 100kg，然后闷种 6h。

（2）防治水稻稻瘟病、菌核病、纹枯病：每亩用 70％可湿性粉剂 70～100g，加水 40～50kg 喷雾，隔 7～10 天再施药一次。

（3）防治棉花苗期病害：每 100kg 棉种用 70％可湿性粉剂 700g 拌种。

（4）防治麦类赤霉病：每亩用湿性粉剂 70～100g，加水 40～50kg，于破口期喷雾，隔 7 天再施药一次。

（5）防治花生疮痂病：用 70％可湿性粉剂 500 倍液于发病初期喷雾。

（6）防治油菜菌核病、霜霉病：每亩用 70％可湿性粉剂 100～150g，加水 50kg，于油菜盛花期喷雾，隔 7～10 天再施药一次。

（7）防治蔬菜白粉病、炭疽病、灰霉病等：70％可湿性粉剂 800～1000 倍液于发病初期喷雾，隔 7～10 天再施药 1 次。

（8）防治柑橘疮痂病、炭疽病，梨黑星病、白粉病、锈病、黑斑病、轮纹病，葡萄白粉病、炭疽病等：用 70％可湿性粉剂 1000～1500 倍液喷雾，隔 10 天再施药 1 次，连续 2～3 次。

（9）防治柑橘储藏期青、绿霉病：用 70％可湿性粉剂 500～700 倍液于采收后浸果。

注意事项

（1）不能与含铜制剂、碱性药剂混用。

（2）甲基硫菌灵与多菌灵、苯菌灵有交互抗性，不能与之交替使用或混用。

（3）病原菌对该药容易产生抗性，不能长期单一使用，应与其他类杀菌剂轮换使用或混用。

（4）作物收获前2周必须停止使用。

（5）应该储存于阴凉、干燥处，严格防潮湿和日晒。

甲基硫菌灵可以和多种杀菌剂混用，相关复配制剂如下。

① 甲基硫菌灵＋灵氟环唑：防治小麦白粉病。

② 甲基硫菌灵＋己唑醇：防治水稻纹枯病。

③ 甲基硫菌灵＋苯醚甲环唑：防治梨树黑星病。

④ 甲基硫菌灵＋醚菌酯：防治苹果树轮纹病。

⑤ 甲基硫菌灵＋氟硅唑：防治梨树黑星病。

⑥ 甲基硫菌灵＋腈菌唑：防治苹果树轮纹病、苹果树炭疽病。

⑦ 甲基硫菌灵＋甲霜灵＋嘧菌酯：防治水稻恶苗病。

⑧ 甲基硫菌灵＋福美双：防治苹果树轮纹病。

⑨ 甲基硫菌灵＋乙霉威：防治番茄灰霉病。

⑩ 甲基硫菌灵＋福美双＋硫黄：防治小麦赤霉病。

⑪ 甲基硫菌灵＋代森锰锌：防治梨树黑星病。

⑫ 甲基硫菌灵＋硫黄：防治黄瓜白粉病。

⑬ 甲基硫菌灵＋三唑酮：防治小麦白粉病。

⑭ 甲基硫菌灵＋百菌清：防治黄瓜白粉病。

⑮ 甲基硫菌灵＋噁霉灵：防治西瓜枯萎病。

⑯ 甲基硫菌灵＋三环唑：防治水稻稻瘟病。

⑰ 甲基硫菌灵＋戊唑醇：防治水稻纹枯病。

乙霉威（diethofencarb）

$$C_2H_5O$$
$$C_2H_5O \quad \text{—NHCOCH} \quad CH_3 \quad CH_3$$

$C_{14}H_{21}NO_4$，267.3，87130-20-9

化学名称　N-（3，4-二乙氧基苯基）氨基甲酸异丙酯。

其他名称　保灭灵，硫菌霉威，抑菌灵，抑菌威，万霉灵，

Sumico，Powmyl，S 1605，S 165，S 32165。

理化性质 纯品乙霉威为白色结晶，熔点 100.3℃，原药为灰白色或褐红色固体；溶解性（20℃，g/L）：水 0.0266，己烷 1.3，甲醇 103，二甲苯 30。

毒性 乙霉威原药急性 LD_{50}（mg/kg）：大、小鼠经口＞5000；对动物无致畸、致突变、致癌作用。

作用特点 具有保护和治疗作用的内吸性杀菌剂。通过抑制病菌芽孢纺锤体的形成来抑制病菌。乙霉威对抗性病菌有较强的杀菌作用，尤其对苯并咪唑类如多菌灵或二甲酰亚胺类如腐霉利和异菌脲等产生抗性的灰霉菌有特效。

适宜作物与安全性 黄瓜、莴苣、番茄、洋葱、草莓、甜菜、葡萄等。

防治对象 防治甜菜叶斑病，黄瓜茎腐病、灰霉病。能有效防治对多菌灵、腐霉利产生抗性的灰葡萄孢病菌引起的葡萄和蔬菜灰霉病。

使用方法 茎叶喷雾，剂量通常为 16.7～33.3g（a.i.）/亩或 250～500g（a.i.）/L。

（1）防治黄瓜灰霉病、茎腐病，12.5mg（a.i.）/L 喷雾；防治甜菜叶斑病，50mg（a.i.）/L 喷雾；防治番茄灰霉病，25％可湿性粉剂，用量为 125mg（a.i.）/L；

（2）用于水果保鲜防治苹果青霉病时，加入 500mg/L 硫酸链霉素和展着剂浸泡 1min，用量为 500～1000mg/L。

注意事项

（1）不得与食物、种子、饲料等混储，运输储存时应严格防潮湿和日晒。

（2）在一个生长季节里使用次数不宜超过 3 次，最好与腐霉利交替使用，以免诱发抗性。

（3）不能与铜制剂及酸碱性较强的农药混用，避免大量地过度连续使用。

（4）喷药时要做好防护，避免药液接触皮肤，一旦沾染应立即用清水反复清洗，并到医院对症治疗。

乙霉威可以和多种杀菌剂混用，相关复配制剂如下。

① 乙霉威＋甲基硫菌灵：防治黄瓜灰霉病。

② 乙霉威＋多菌灵：防治番茄灰霉病。

③ 乙霉威＋多菌灵＋福美双：防治番茄灰霉病。

④ 乙霉威＋嘧霉胺：防治黄瓜灰霉病。

霜霉威（propamocarb）

$C_9H_{20}N_2O_2$，188.27，24579-73-5

化学名称 N-［3-（二甲基氨基）丙基］氨基甲酸正丙酯及其盐酸盐。

其他名称 普立克，普力克，丙酰胺，Previcur N，Prevex，Tuco，Banol Turf Fungicide，NOR-AM，SN 66752。

理化性质 纯品霜霉威盐酸盐为无色带有淡淡芳香气味的吸湿性晶体，熔点 45～55℃；溶解性（20℃，g/kg）：水 1005，正己烷＜0.01，甲醇 656，二氯甲烷＞626，甲苯 0.41，丙酮 560，乙酸乙酯 4.34。

毒性 霜霉威（盐酸盐）原药急性 LD_{50}（mg/kg）：大鼠经口 2000～2900，小鼠经口 2650～2800，大、小鼠经皮＞3000；对皮肤和眼睛无刺激作用；以 1000mg/kg 剂量饲喂大鼠两年，未发现异常现象；对动物无致畸、致突变、致癌作用。

作用特点 抑制病菌细胞膜成分中的磷脂和脂肪酸的生物合成，抑制菌丝生长、孢子囊的形成和萌发。由于其作用机理与其他杀菌剂不同，与其他药剂无交互抗性，因此对于对常用杀菌剂产生耐药性的病菌效果尤其明显。

适宜作物与安全性 主要用于黄瓜、甜椒、番茄、莴苣、马铃薯等蔬菜以及烟草、草莓、草坪、花卉等。在合适剂量下，对作物生长十分安全，并且对植物根、茎、叶的生长有明显促进作用。

防治对象 可有效防治卵菌纲真菌引起的病害如霜霉病、疫病、猝倒病等。

使用方法 灌根、喷雾。

(1) 防治苗期猝倒病和疫病：播种前后或移栽前后均可施用，每平方米用 72.2%水剂 5~7.5mL 加 2~3L 水稀释灌根。

(2) 防治霜霉病、疫病等：每亩用 72.2%水剂 60~100mL 加 30~50L 水于发病前或初期喷雾，每隔 7~10d 喷药 1 次。

注意事项

(1) 应与其他农药交替使用，每季喷洒次数不要超过 3 次。

(2) 该药在碱性条件下易分解，不可与碱性物质混用，以免失效。

(3) 孕妇及哺乳期妇女应避免接触。

相关复配制剂如下。

① 霜霉威＋甲霜灵：防治黄瓜霜霉病。

② 霜霉威＋络氨铜：防治烟草黑胫病。

苯噻菌胺酯 （benthiavalicarb-isopropyl）

$C_{18}H_{24}N_3SO_3F$，381.47，177406-68-7

化学名称 [(S)-1-[(R)-1-(6-氟苯并噻唑-2-基) 乙基氨基甲酰基] -2-甲基丙基] 氨基甲酸异丙酯。

理化性质 纯品苯噻菌胺酯为白色粉状固体，熔点 152℃；溶解性 （20℃，g/L）：水 0.01314。

毒性 原药急性 LD_{50} （mg/kg）：大、小鼠经口＞5000，大鼠经皮＞2000；对兔眼睛和皮肤没有刺激性；对动物无致畸、致突变、致癌作用。

作用特点 该药不影响核酸和蛋白质的氧化、合成，其确切的作用机理仍需进一步的研究，可能是抑制细胞壁的合成。苯噻菌胺酯具有很好的预防、治疗作用并且有很好的持效性和耐雨水冲刷性。

适宜作物与安全性　马铃薯、番茄、葡萄等。苯噻菌胺酯在有效控制病菌的剂量范围内对许多作物都具有安全性。

防治对象　葡萄及其他作物的霜霉病、马铃薯和番茄的晚疫病。

使用方法　在田间试验中，以较低的剂量（1.7～5g/亩）就能够很好地控制马铃薯和番茄的晚疫病、葡萄和其他作物的霜霉病。

注意事项　为了达到广谱活性和低残留，应将苯噻菌胺酯与其他杀菌剂配成混剂施用。

第三章
酰胺类杀菌剂

酰胺类杀菌剂包括酰苯胺类杀菌剂、丁烯酰胺衍生物类杀菌剂、三氯乙基酰胺衍生物类杀菌剂等。本类杀菌剂在杀菌剂领域中是品种较多的一类，有几十年的历史，仍在发展，近期又有许多新颖化合物商品化。

酰胺类杀菌剂通过抑制琥珀酸脱氢酶破坏病菌呼吸而起到杀菌作用，分子结构特征是分子中含有—CO—N═基团，如下所示：

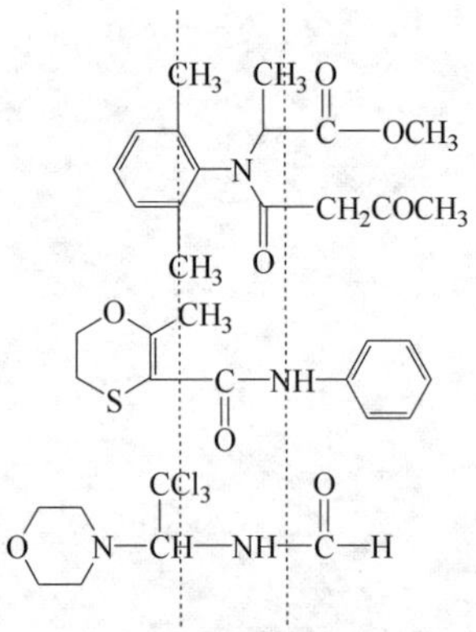

酰苯胺类：甲霜灵

丁烯酰胺类：萎锈灵

三氯乙基酰胺类：吗胺灵

酰胺结构

甲霜灵 （methalaxyl）

$$C_{15}H_{21}NO_4, 279.35, 57837-19-1$$

化学名称 N-（2,6-二甲苯基）-N-（2-甲氧基乙酰基）-DL-α-氨基丙酸甲酯。

其他名称 瑞毒霉，立达霉，甲霜安，灭达乐，雷多米尔，灭霜灵，阿普隆，氨丙灵，瑞毒霜，Apron，Acylon，Fubol，Bleu，Ridomil，CGA 48988，Apron 35SD。

理化性质 纯品甲霜灵为白色固体结晶，熔点71～72℃，具有轻度挥发性；溶解性（25℃）：水0.7%，甲醇65%，易溶于大多数有机溶剂；在酸性及中性介质中稳定，遇强碱分解。

毒性 甲霜灵原药急性LD_{50}（mg/kg）：大白鼠经口＞669，经皮＞3100；对兔眼睛有轻微刺激性，对兔皮肤没有刺激性；以250mg/kg剂量饲喂大鼠两年，未发现异常现象；对动物无致畸、致突变、致癌作用。对蜜蜂无毒，对鸟类低毒。

作用特点 甲霜灵属低毒农药，是一种具有保护、治疗作用的内吸性杀菌剂。有效成分在水中迅速溶解，被植物绿色部分（茎、叶）迅速吸收，并随植物体内水分快速运转到各个部位，因而耐雨水冲刷。施药后持效期长，在推荐用量下可维持药效14d左右。土壤处理持效期可超过2个月。对甲霜灵作用方式的大量研究认为，甲霜灵最初的作用方式是抑制rRNA生物合成。若甲霜灵作用靶标的rRNA聚合酶发生突变，靶标病原菌将对甲霜灵产生高水平的耐药性。不同的苯基酰胺类杀菌剂及具有抗菌活性的氯乙酰替苯胺类除草剂之间存在正交互耐药性。甲霜灵单独使用极易导致靶标病原菌产生耐药性，生产上除了单独处理土壤外，一般与其他杀虫剂和杀菌剂混用，或制成复配制剂。甲霜灵是控制疫病较为有效的杀菌剂，其粉剂可用于叶部喷雾、土壤处理和浸种。

适宜作物与安全性　谷子、马铃薯、葡萄、烟草、柑橘、啤酒花、蔬菜等。

防治对象　几乎对所有霜霉目的病原菌都有抗菌活性。甲霜灵对霜霉菌、疫霉菌、腐霉菌引起多种蔬菜的霜霉病、早疫病、晚疫病、猝倒病效果好。蔬菜生产中多用甲霜灵防治黄瓜霜霉病、白菜霜霉病、莴苣霜霉病、白萝卜霜霉病、番茄晚疫病、辣椒疫病、马铃薯晚疫病、茄子绵疫病、油菜白锈病、谷子白发病等。

使用方法　甲霜灵属低毒农药，可以作种子和土壤处理及茎叶喷雾。

（1）防治谷子白发病，采用拌种方法，该方法分为干拌和湿拌。干拌时，用35％种子处理干粉200～300g干拌100kg种子；湿拌时，先将100kg种子用500mL水将种皮湿润，然后加药拌匀，即可播种。

（2）防治黄瓜、白菜霜霉病，发病前至发病初期，用25％可湿性粉剂30～60g/亩对水50kg喷雾。防治烟草黑胫病包括苗床处理和大田防治两种。苗床处理，播种后2天，用25％可湿性粉剂130g/亩对水喷淋苗床；大田防治，移植后一周开始喷药，每隔10～14天喷药1次，用药次数最多3次，用药量为每次用25％可湿性粉剂150～200g/亩，对水喷雾。

（3）防治大豆霜霉病时用于拌种，100kg大豆种子用35％拌种剂300g（有效成分105g）干拌种子之后，直接播种。

（4）防治马铃薯晚疫病，叶片上刚开始出现病斑时用药，具体用药方法为每隔2周用药一次，最多用药3次，用药量为每次用25％可湿性粉剂150～200g/亩，对水喷雾。

（5）防治啤酒花霜霉病，春季剪枝后马上喷药1次，用25％可湿性粉剂600～1000倍液喷雾。

注意事项

（1）严格按照农药安全规定使用此药，避免药液或药粉直接接触身体，如果药液不小心溅入眼睛，应立即用清水冲洗干净并携带此药标签去医院就医。

（2）此药应储存在阴凉和儿童接触不到的地方。

（3）如果误服要立即送往医院治疗；施药后各种工具要认真清洗，污水和剩余药液要妥善处理保存，不得任意倾倒，以免污染鱼塘、水源及土壤；搬运时应注意轻拿轻放，以免破损污染环境，运输和储存时应有专门的车皮和仓库，不得与食物和日用品一起运输，应储存在干燥和通风良好的仓库中。

（4）该药单独喷雾时病菌容易产生耐药性，应与其他杀菌剂混合使用，该药剂可与多种杀菌剂、杀虫剂混用。

（5）该药常规施药量不会产生药害，也不会影响烟及果蔬等的风味品质。

甲霜灵可以和多种杀菌剂混用，相关复配制剂如下。

① 甲霜灵＋醚菌酯：防治黄瓜霜霉病。

② 甲霜灵＋噁霉灵＋咪酰胺：防治水稻恶苗病、立枯病。

③ 甲霜灵＋甲基硫菌灵＋嘧菌酯：防治水稻恶苗病。

④ 甲霜灵＋代森锰锌：防治黄瓜霜霉病。

⑤ 甲霜灵＋福美双：防治水稻立枯病、青枯病。

⑥ 甲霜灵＋噁霉灵：防治水稻苗床立枯病。

⑦ 甲霜灵＋代森锌：防治黄瓜霜霉病。

⑧ 甲霜灵＋百菌清：防治黄瓜霜霉病。

⑨ 甲霜灵＋三乙膦酸铝：防治葡萄霜霉病。

⑩ 甲霜灵＋福美双＋代森锰锌：防治辣椒疫病。

⑪ 甲霜灵＋霜霉威：防治黄瓜霜霉病。

⑫ 甲霜灵＋咪酰胺：防治水稻恶苗病、立枯病。

⑬ 甲霜灵＋稻瘟灵＋福美双：防治水稻秧田立枯病。

⑭ 甲霜灵＋代森锰锌＋三乙膦酸铝：防治黄瓜霜霉病。

⑮ 甲霜灵＋福美双＋杀虫单：防治水稻苗床苗期立枯病、蝼蛄。

⑯ 甲霜灵＋福美双＋敌磺钠：防治水稻苗床立枯病。

⑰ 甲霜灵＋福美锌：防治黄瓜霜霉病。

⑱ 甲霜灵＋三乙膦酸铝＋琥胶肥酸铜：防治黄瓜角斑病。

⑲ 甲霜灵＋波尔多液：防治黄瓜霜霉病。

⑳ 甲霜灵＋琥胶肥酸铜：防治番茄早疫病，黄瓜细菌性角斑

病、霜霉病。

㉑ 甲霜灵＋王铜：防治黄瓜霜霉病。

㉒ 甲霜灵＋福美双＋咪酰胺：防治水稻恶苗病、立枯病。

㉓ 甲霜灵＋霜脲氰：防治辣椒疫病。

㉔ 甲霜灵＋咪鲜胺锰盐：防治水稻立枯病。

㉕ 甲霜灵＋多菌灵：防治大豆根腐病。

㉖ 甲霜灵＋种菌唑：防治棉花立枯病，玉米茎基腐病、丝黑穗病。

㉗ 甲霜灵＋丙森锌：防治烟草黑胫病。

㉘ 甲霜灵＋多菌灵＋咪酰胺：防治水稻立枯病。

㉙ 甲霜灵＋醚菌酯：防治黄瓜霜霉病。

㉚ 甲霜灵＋烯酰吗啉：防治黄瓜霜霉病。

高效甲霜灵 （metalaxyl-M）

$C_{15}H_{21}NO_4$，279.35，70630-17-0

化学名称　N-(2,6-二甲苯基)-N-(2-甲氧基乙酰基)-D-α-氨基丙酸甲酯或 (R)-2-{[(2,6-二甲苯基）甲氧乙酰基] 氨基} 丙酸甲酯。

其他名称　mefenoxam，R-metalaxyl，Ridomil Gold，Apron XL，Folio Gold，Santhal。

理化性质　纯品高效甲霜灵为淡黄色或浅棕色黏稠液体，熔点 -38.7℃，沸点 270℃ （分解）。

毒性　高效甲霜灵原药急性 LD_{50} （mg/kg）：大白鼠经口＞669；经皮＞3100；对兔眼睛有轻微刺激性，对兔皮肤没有刺激性；以 250mg/kg 剂量饲喂大鼠两年，未发现异常现象；对动物无致畸、致突变、致癌作用。对蜜蜂无毒，对鸟类低毒。

作用特点　高效甲霜灵属低毒农药，是一种具有保护、治疗作用的内吸性杀菌剂。核糖体 RNA I 的合成抑制剂，可被植物的根、茎、叶吸收，并随植物体内水分运转而转移到植物的各个器官。

适宜作物 棉花、水稻、玉米、甜玉米、高粱、甜菜、向日葵、苹果、柑橘、葡萄、牧草、草坪、观赏植物、辣椒、胡椒、马铃薯、番茄、草莓、胡萝卜、洋葱、南瓜、黄瓜、西瓜、花生等，豆科作物如豌豆、大豆、苜蓿等。

防治对象 可以防治霜霉菌、疫霉菌、腐霉菌所引起的病害，如马铃薯晚疫病、啤酒花霜霉病、黄瓜霜霉病、烟草黑胫病、稻苗软腐病、葡萄霜霉病、白菜霜霉病等。

使用方法 高效甲霜灵可用于种子处理、土壤处理及茎叶处理。

（1）茎叶处理使用剂量为 6.7～9.3g（a.i.）/亩，视作物用量有所差别；

（2）土壤处理使用量为 16.7～66.7g（a.i.）/亩，视作物用量有所差别，如辣椒 66.7g（a.i.）/亩等；

（3）种子处理使用量为 8～300g（a.i.）/100kg 种子，视作物用量有所差别，如棉花 15g（a.i.）/100kg 种子，玉米 70g（a.i.）/100kg 种子，向日葵 105g/100kg 种子等，用于防治软腐病时使用量为 8.25～17.5g（a.i.）/100kg 种子；

（4）另外，有剂型 35% 种子处理乳剂处理种子时，视作物用量有所差别，如防治谷子白发病，用量为 70～100mL/100kg 种子，防治向日葵霜霉病，用量为 35～100mL/100kg 种子，防治水稻烂秧病用量为 5～8mL/100kg 种子，防治棉花猝倒病用量为 15～30mL/100kg 种子，防治花生根腐病用量为 15～30mL/100kg 种子，晾干后播种；

（5）防治花生根腐病，按 35% 精甲霜灵种子处理乳剂 40mL 拌 100kg 花生种子比例量取药剂，并且加入种子重量 1.5% 的清水将药剂混匀后拌对应量种子，晾干后拌种。

注意事项

（1）严格按照农药安全规定使用此药，避免药液或药粉直接接触身体，如果药液不小心溅入眼睛，应立即用清水冲洗干净并携带此药标签去医院就医；

（2）此药应储存在阴凉和儿童接触不到的地方；

（3）如果误服要立即送往医院治疗；

（4）施药后各种工具要认真清洗，污水和剩余药液要妥善处理保存，不得任意倾倒，以免污染鱼塘、水源及土壤；

（5）搬运时应注意轻拿轻放，以免破损污染环境，运输和储存时应有专门的车皮和仓库，不得与食物和日用品一起运输，应储存在干燥和通风良好的仓库中；

（6）该药常规施药量不会产生药害，也不会影响烟及果蔬等的风味品质。

苯霜灵 （benalaxyl）

$C_{20}H_{23}NO_3$，325.00，71626-11-4

化学名称 N-(2,6-二甲苯基)-N-(2-苯乙酰基)-DL-α-氨基丙酸甲酯。

理化性质 纯品苯霜灵为无色固体粉末，熔点 78～80℃，具有轻度挥发性；溶解性（25℃，g/L）：水 0.037，易溶于丙酮、氯仿、二氯甲烷、DMF、二甲苯等大多数有机溶剂；在酸性及中性介质中稳定，遇强碱分解。

毒性 苯霜灵原药急性 LD_{50} （mg/kg）：大白鼠经口 3500（雄）、2600（雌），小鼠经口＞5000，大鼠经皮＞5000；对兔眼睛和皮肤有中度刺激性；以 2.5mg/（kg·d）剂量饲喂大鼠两年，未发现异常现象；对动物无致畸、致突变、致癌作用。对蜜蜂无毒。

作用特点 苯霜灵是一种高效、低毒、药效期长的内吸性杀菌剂，对作物安全，兼具有治疗和保护作用。可被植物根、茎、叶迅速吸收，并迅速被运转到植物体内的各个部位，因而耐雨水冲刷。对由霜霉病菌、腐霉病菌和疫霉病菌引起的病害有效果。

适宜作物 马铃薯、葡萄、草莓、观赏植物、番茄、烟草、大豆、洋葱、黄瓜、莴苣、白菜、啤酒花、棉花、果树及草皮等多种作物，可有效地防治霜霉病、早疫病、晚疫病、烟草霉病等。

防治对象 对霜霉病菌、疫霉病菌和腐霉病菌引起的病害有效。如马铃薯霜霉病，葡萄霜霉病，烟草、大豆和洋葱上的霜霉病，黄瓜和观赏植物上的霜霉病，草莓、观赏植物和番茄上的疫霉病，莴苣上的莴苣盘梗霉菌，以及观赏植物上的丝囊霉菌和腐霉菌等引起的病害。

使用方法 喷雾。

（1）苯霜灵可以单用，也可以与保护剂代森锰锌、灭菌丹混用。

（2）室内毒力测定和田间药效试验表明，苯霜灵既能防治导致多种蔬菜早衰、减产的霜霉病，又能控制引起蔬菜死苗的疫病，并且能提高产量。

（3）田间用药时，第一次喷药宜在发病前或发病初期使用，连喷 3 次，用药间隔 10 天左右，也可与其他农药混合使用。

（4）防治黄瓜霜霉病，发病初期，用 20%苯霜灵乳油 300～400 倍液喷雾。

（5）防治番茄晚疫病，发病初期用 20%乳油 100～125mL 对水 40～50kg 喷雾。

（6）防治辣椒疫病，在发病前或发病初期，用 20%苯霜灵乳油 500～700 倍喷雾，连续施药 3 次。

注意事项

（1）严格按照农药安全规定使用此药，避免药液或药粉直接接触身体，如果药液不小心溅入眼睛，应立即用清水冲洗干净并携带此药标签去医院就医；

（2）此药应储存在阴凉和儿童接触不到的地方；

（3）如果误服要立即送往医院治疗；

（4）施药后各种工具要认真清洗，污水和剩余药液要妥善处理保存，不得任意倾倒，以免污染鱼塘、水源及土壤；

（5）搬运时应注意轻拿轻放，以免破损污染环境，运输和储存时应有专门的车皮和仓库，不得与食物和日用品一起运输，应储存在干燥和通风良好的仓库中；

（6）苯霜灵适宜在发病初期使用，最好与百菌清等保护剂混用；

（7）长期单一地使用该杀菌剂，病菌易产生耐药性，宜与其他杀菌机理的杀菌剂混用、轮用。

高效苯霜灵 （benalaxyl-M）

$C_{20}H_{23}NO_3$，325.0，98243-83-5

化学名称　N-（2,6-二甲苯基）-N-（2-苯乙酰基）-D-α-氨基丙酸甲酯。

作用特点　高效内吸性杀菌剂，具有较好的治疗作用。可被植物根、茎、叶迅速吸收，并迅速被运转到植物体内的各个部位，因而耐雨水冲刷。

适宜作物　草莓、番茄、观赏植物、马铃薯、洋葱、烟草、大豆、莴苣、黄瓜等。

防治对象　主要用于防治各种卵菌病原菌引起的病害，如葡萄霜霉病、观赏植物上疫霉菌引起的晚疫病、马铃薯晚疫病、草莓上疫霉菌引起的晚疫病、番茄上疫霉菌引起的晚疫病、烟草上霜霉菌引起的霜霉病、洋葱上霜霉菌引起的霜霉病、大豆上霜霉菌引起的霜霉病、黄瓜等的瓜类霜霉病、莴苣上的莴苣盘梗霉引起的病害，以及观赏植物上的丝囊菌和腐霉菌等引起的病害。

注意事项

（1）严格按照农药安全规定使用此药，避免药液或药粉直接接触身体，如果药液不小心溅入眼睛，应立即用清水冲洗干净并携带此药标签去医院就医；

（2）此药应储存在阴凉和儿童接触不到的地方；

（3）如果误服要立即送往医院治疗；

（4）施药后各种工具要认真清洗，污水和剩余药液要妥善处理保存，不得任意倾倒，以免污染鱼塘、水源及土壤；

（5）搬运时应注意轻拿轻放，以免破损污染环境，运输和储存时应有专门的车皮和仓库，不得与食物和日用品一起运输，应储存在干燥和通风良好的仓库中。

噁霜灵 （oxadixyl）

$C_{14}H_{18}N_2O_4$，278.3，77732-09-3

化学名称 N-(2-甲氧基-甲基-羰基) -N-(2-氧代-1,3-噁唑烷-3-基)-2,6-二甲基苯胺。

其他名称 杀毒矾，噁唑烷酮，噁酰胺，Anchor，Sandofan，M 10797，ASN 371-F。

理化性质 纯品噁霜灵为无色晶体，熔点 104～105℃；溶解性（25℃，g/L）：水 3.4，丙酮、氯仿 344，DMSO 390，乙醇 50，甲醇 112。

毒性 噁霜灵原药急性 LD_{50} （mg/kg）：大鼠经口 3380，雄大鼠经皮＞2000；对兔眼睛和皮肤无刺激性；对动物无致畸、致突变、致癌作用。对蜜蜂无毒。

作用特点 噁霜灵具有接触杀菌和内吸传导活性，具有治疗和保护作用，被植物内吸后，能在植株根、茎、叶内部随着汁液流动向四周传导，噁霜灵在植物体内的移动性稍次于甲霜灵。具有双向传导作用，但是以向上传导为主，也具有跨层转移作用，有效期长，药效快，对各种作物的霜霉病具有预防、治疗、根除三大功效。

防治对象 抗菌谱与甲霜灵相似，对指疫霉菌、疫霉菌、腐霉菌、指霜霉菌、指梗霜霉菌、白锈菌、葡萄生轴霜霉菌等具有较高的抗菌活性。主要用于防治霜霉目真菌引起的植物霜霉病、疫病等，另外，还对烟草黑胫病、猝倒病，葡萄的褐斑病、黑腐病、蔓割病等具有良好的防效。

适宜作物 葡萄、烟草、玉米、棉花，蔬菜如黄瓜、茄子、白菜、辣椒、马铃薯等。

使用方法 既可作茎叶喷雾，也可作种子处理。施用浓度为 400～500 倍，间隔 10～15 天喷 1 次，连喷 2～3 次，每次每亩用药 150g。

（1）茎叶喷雾使用剂量为 200～300g（a.i.）/km^2，每亩用 64％杀毒矾（有效成分为 56％的代森锰锌与 8％噁唑烷酮）可湿性粉剂 120～170g（有效成分 76.8～108.8g），加水喷雾，或每 100L 水加 135～250g（有效浓度为 853.3～1280mg/L）。剂量与有效期的关系为：若以 250mg/L 均匀喷雾，则持效期 9～10 天，对病害的治疗作用达 3 天以上；若以 500mg/L 有效浓度均匀喷雾，可防治葡萄霜霉病，持效期 16 天以上；若以 8mg/L 有效浓度均匀喷雾，则持效期为 2 天；若以 30～120mg/L 有效浓度均匀喷雾，则持效期为 7～11 天。

（2）防治黄瓜霜霉病，用 64％杀毒矾 M$_8$ 可湿性粉剂 500 倍液，在发病初期第 1 次喷药，间隔 7～10 天再喷第 2 次，连续用药 2～3 次。

（3）防治烟草黑胫病，施用杀毒矾 200～250g/亩，间隔 10～15 天，对病害有较好的防治作用。

（4）防治马铃薯病害，可用 64％杀毒矾 0.5kg＋农用链霉素 10～30g 拌种薯 1000kg。

（5）利用杀毒矾防治瓜菜病害应在作物发病前或发病初期喷药，用药量为 64％杀毒矾可湿性粉剂 120～150g/亩，对水稀释 500～750 倍液喷雾，每亩用水量为 60～100kg，使用间隔期视病害轻重一般间隔 10～14 天喷雾 1 次，连续 2～3 次。若病情较严重，应适当提高用药量，缩短用药间隔期。

注意事项

（1）严格按照农药安全规定使用此药，避免药液或药粉直接接

触身体，如果药液不小心溅入眼睛，应立即用清水冲洗干净并携带此药标签去医院就医；

（2）此药应储存在阴凉和儿童接触不到的地方；

（3）如果误服要立即送往医院治疗；

（4）施药后各种工具要认真清洗，污水和剩余药液要妥善处理保存，不得任意倾倒，以免污染鱼塘、水源及土壤；

（5）搬运时应注意轻拿轻放，以免破损污染环境，运输和储存时应有专门的车皮和仓库，不得与食物和日用品一起运输，应储存在干燥和通风良好的仓库中；

（6）在发病初期用药才能达到较好的防治效果，间隔 $10\sim12$ 天再喷一次，以彻底防治病害，施药应选择早晚风小、气温较低时施药；

（7）不宜与碱性农药混用，施药时要遵守其他农药的操作规程，以防中毒。

相关复配制剂如下。

噁霜灵＋代森锰锌：防治黄瓜霜霉病、烟草黑胫病。

呋酰胺（ofurac）

$C_{14}H_{16}ClNO_3$，281.74，58810-48-3

化学名称　(RS)-α-(2-氯-N-2,6-二甲基乙酰胺基)-γ-丁内酯。

其他名称　Vamin，Patafol。

理化性质　无色晶体，熔点 $145\sim146$℃。相对密度 1.366。蒸气压＜0.13mPa（20℃）。溶解性（21℃）：水 140mg/kg，氯仿 255g/kg，环己酮 141g/kg，二甲基甲酰胺 336g/kg，乙酸乙酯 44g/kg，丙二醇 5.6g/kg。碱性条件下水解。

毒性　急性经口 LD_{50}（mg/kg）：雄大鼠 3500，雌大鼠 2600，小鼠＞5000，兔＞5000；大鼠急性经皮 LD_{50}＞5000mg/kg。对兔皮肤和眼睛有中度刺激作用，对豚鼠皮肤无致敏性。

作用特点　通过干扰核糖体 RNA 的合成，抑制真菌蛋白质合成，内吸性杀菌剂，具有保护和治疗作用。可被植物的根、茎、叶迅速吸收，并在植物体内运转到各个部位，因而耐雨水冲刷。

防治对象　主要用于由霜霉菌、疫霉菌、腐霉菌等卵菌纲病原菌引起的病害，如烟草霜霉病、向日葵霜霉病、番茄晚疫病、葡萄霜霉病及观赏植物、十字花科蔬菜上霜霉病等。

使用方法　在发病前期，用 50% 可湿性粉剂 800～1000 倍液均匀喷雾，间隔 20 天再喷一次，可有效控制病害的危害。

注意事项

（1）严格按照农药安全规定使用此药，避免药液或药粉直接接触身体，如果药液不小心溅入眼睛，应立即用清水冲洗干净并携带此药标签去医院就医；

（2）此药应储存在阴凉和儿童接触不到的地方；

（3）如果误服要立即送往医院治疗；

（4）施药后各种工具要认真清洗，污水和剩余药液要妥善处理保存，不得任意倾倒，以免污染鱼塘、水源及土壤；

（5）搬运时应注意轻拿轻放，以免破损污染环境，运输和储存时应有专门的车皮和仓库，不得与食物和日用品一起运输，应储存在干燥和通风良好的仓库中。

灭锈胺（mepronil）

$C_{17}H_{19}NO_2$，269.34，55814-41-0

化学名称　3′-异丙氧基-2-甲基苯甲酰苯胺。

其他名称　丙邻胺，灭普宁，纹达克，担菌宁，Basitac。

理化性质　纯品为白色结晶，熔点 92～93℃，20℃时蒸气压 $5.6×10^{-5}$ Pa（$4.2×10^{-7}$ mmHg）。闪点 225℃。溶解度（g/L）：水 12.7，苯 28.2，丙酮＞50，甲醇＞50，正己烷 0.11。pH＝5～9 时对酸、碱、热和紫外线稳定。

毒性　大鼠急性经口 LD_{50} 10000mg/kg，兔急性经皮 LD_{50}

10000mg/kg，对兔皮肤和眼睛无刺激作用。雄性大鼠亚急性无作用剂量为每天 43mg/kg，雌性为每天 5.2mg/kg。慢性无作用剂量：雄性大鼠 5.9mg/kg，雌性大鼠 72.9mg/kg；雄狗 50mg/kg，雌狗 5.2mg/kg。鳄鱼 LC_{50} 8.6mg/L（48h）、8.0mg/L（96h），青鱼 LC_{50} 10mg/L。蜜蜂急性经口 LD_{50} ＞0.1mg/只。

作用特点　20％灭锈胺是一种高效、低毒、广谱的内吸性杀菌剂，能有效防治多种作物的重要病害，而且有效期长、不易产生药害、耐雨水冲刷，对由担子菌引起的病害有特效。灭锈胺通过抑制复合体Ⅱ的琥珀酸脱氢酶从而阻碍病原菌的呼吸。具有抑制和阻止纹枯病菌侵入寄主，达到预防和治疗作用。对水稻纹枯病，小麦根腐病和锈病，梨树锈病，棉花立枯病有效。耐雨水冲刷，对人、畜、鱼类安全。

适宜作物与安全性　水稻、黄瓜、马铃薯、小麦、梨和棉花等。

防治对象　用于防治由担子菌引起的病害，如小麦上的隐匿柄锈菌和肉孢核盘菌，水稻、黄瓜和马铃薯上的立枯丝核菌。

使用方法　可在水面、土壤中使用，也可用于种子处理，该杀菌剂还是良好的木材防腐、防霉剂。

（1）防治黄瓜立枯病，发病初期，用 20％乳油 150～200mL/亩对水 40～50kg 喷雾；

（2）防治棉花立枯病，发病初期，用 20％悬浮剂 150～200mL/亩对水 40～50kg 喷雾；

（3）防治水稻纹枯病，一般在水稻分蘖期和孕穗期各喷一次，75％可湿性粉剂 67～83g/亩对水 40～50kg 喷雾，如果水稻生长旺盛，遇高温高湿，有利病害发生时，可增加施药次数，间隔 7～10 天 1 次，水稻纹枯病盛发初期施药，对水喷雾，重点喷施茎基部，发病严重的田块，在水稻分蘖末期和孕穗末期各施药 1 次，发生特别严重的田块，齐穗期可再喷药 1 次，安全性好，常规用量不会产生药害。

注意事项

（1）严格按照农药安全规定使用此药，避免药液或药粉直接接

触身体，如果药液不小心溅入眼睛，应立即用清水冲洗干净并携带此药标签去医院就医；

（2）此药应储存在阴凉和儿童接触不到的地方；

（3）如果误服，应设法使其呕吐并立即送往医院治疗；

（4）施药后各种工具要认真清洗，污水和剩余药液要妥善处理保存，不得任意倾倒，以免污染鱼塘、水源及土壤，搬运时应注意轻拿轻放，以免破损污染环境，运输和储存时应有专门的车皮和仓库，不得与食物和日用品一起运输，应储存在干燥和通风良好的仓库中；

（5）储存时瓶子密封，置于干燥阴凉处；

（6）喷洒人员应佩戴口罩等防护用具，结束后，用清水洗手和身体其他裸露部位，并漱口；

（7）该杀菌剂不能用于桑树上。

氰菌胺（zarilamid）

$C_{11}H_{11}ClN_2O_2$，238.67，84527-51-5

化学名称　(RS)-4-氯-N-[氰基（乙氧基）甲基]苯甲酰胺。

其他名称　氰酰胺。

理化性质　浅褐色结晶固体，熔点 111℃，20℃溶解度（g/L）：水 0.167（pH=5.3），甲醇 272，丙酮＞500，二氯甲烷 271，二甲苯 26，乙酸乙酯 336，己烷 0.12，常温下贮存至少 9 个月内稳定。

毒性　大鼠急性经口 LD_{50} ＞526mg/kg（雄）、775mg/kg（雌），大鼠急性经皮 LD_{50}（雄和雌）＞2000mg/kg，对兔眼睛和皮肤无刺激性、无"三致"。

作用特点　氰菌胺是一个具有内吸传导作用的稻瘟病防治剂，通过抑制附着胞的渗透从而阻止稻瘟病致病菌（*Pyricularia oryzae*）的侵染，实验表明氰菌胺是黑色素（melanin）生物合成抑制剂，具体而言是脱氢酶抑制剂，与其他的诸如环丙酰菌胺等稻瘟病黑色素合成抑制剂一样，在黑色素合成体系中对从小柱孢酮生化合成中的有关脱氢酶——小柱孢酮脱氢酶（SDH）具有抑制作用。氰菌胺在叶面和水下施用时防治稻瘟病效果更佳，且持效显著，具有内吸和残留活性。

适宜作物与安全性　水稻。对作物、哺乳动物、环境安全。

防治对象　稻瘟病。

使用方法　茎叶处理。每亩使用剂量为 6.45～25.8g（a.i.）。

注意事项

（1）严格按照农药安全规定使用此药，避免药液或药粉直接接触身体，如果药液不小心溅入眼睛，应立即用清水冲洗干净并携带此药标签去医院就医；

（2）此药应储存在阴凉和儿童接触不到的地方；

（3）如果误服要立即送往医院治疗；

（4）施药后各种工具要认真清洗，污水和剩余药液要妥善处理保存，不得任意倾倒，以免污染鱼塘、水源及土壤；

（5）搬运时应注意轻拿轻放，以免破损污染环境，运输和储存时应有专门的车皮和仓库，不得与食物和日用品一起运输，应储存在干燥和通风良好的仓库中。

烯酰吗啉　（dimethomorph）

$C_{21}H_{22}ClNO_4$，387.86，110488-70-5

化学名称　(Z,E)-4-[3-(4-氯苯基)-3-(3,4-二甲氧基苯基）丙烯酰]吗啉。

其他名称　安克，Acrobat，Forum，Festival，Paraat，CME 151，WL 127294，AC 336379，CL 336379。

理化性质　纯品烯酰吗啉为无色晶体，顺反比例约为 1∶1，熔点 127～128℃；混合体溶解性（20℃，g/L）：水 0.018，正己烷 0.11，甲醇 39，乙酸乙酯 48.3，甲苯 49.5，丙酮 100，二氯甲烷 461。

毒性　烯酰吗啉原药急性 LD_{50}（mg/kg）：大鼠经口 4300（雄）、3500（雌），小鼠经口＞5000（雄）、3700（雌），大鼠经皮＞5000；对兔眼睛和皮肤无刺激性；以 200mg/kg 剂量饲喂大鼠两年，未发现异常现象；对动物无致畸、致突变、致癌作用。对蜜蜂无毒。

作用特点　烯酰吗啉是一种内吸性杀菌剂，具有保护和抑制孢子萌发活性，通过破坏卵菌细胞壁的形成而起作用。在卵菌生活史的各个阶段都发挥作用，孢子囊梗和卵孢子的形成阶段尤为敏感，烯酰吗啉与苯酰胺类杀菌剂如瑞毒霉、甲霜灵、霜脲氰等没有交互抗性，可以迅速杀死对这些杀菌剂产生抗性的病菌，保证药效的稳定发挥。

适宜作物与安全性　十字花科蔬菜、葡萄、黄瓜、荔枝、马铃薯、烟草、苦瓜等。

防治对象　马铃薯晚疫病、葡萄霜霉病、烟草黑胫病、辣椒疫病、黄瓜霜霉病、甜瓜霜霉病、十字花科蔬菜的霜霉病、水稻霜霉病、芋头疫病等。

使用方法　茎叶喷雾和灌根。

（1）防治黄瓜等的霜霉病，在发病初期，用 50% 可湿性粉剂 2500 倍液喷雾，间隔 7～10 天再喷 1 次，连续喷 4 次能控制住病害；

（2）防治烟草黑胫病，发病初期，用 50% 可湿性粉剂 30～40g/亩对水 40～50kg 喷雾；

（3）防治辣椒疫病，发病初期，用 50% 可湿性粉剂 40～60g/亩对水 40～50kg 喷雾；

（4）防治番茄晚疫病，发病初期，用 50% 可湿性粉剂 30～40g/亩对水 40～50kg 喷雾；

（5）防治葡萄霜霉病，发病早期，用 50% 可湿性粉剂 2000～3000 倍液喷雾；

（6）防治荔枝霜霉病，在荔枝小果期、中果期和果实转熟期，用 40％水分散粒剂 1000～1500 倍液喷雾。

注意事项

（1）严格按照农药安全规定使用此药，避免药液或药粉直接接触身体，如果药液不小心溅入眼睛，应立即用清水冲洗干净并携带此药标签去医院就医；

（2）此药应储存在阴凉和儿童接触不到的地方；

（3）施药后各种工具要认真清洗，污水和剩余药液要妥善处理保存，不得任意倾倒，以免污染鱼塘、水源及土壤；

（4）搬运时应注意轻拿轻放，以免破损污染环境，运输和储存时应有专门的车皮和仓库，不得与食物和日用品一起运输，应储存在干燥和通风良好的仓库中；

（5）该药没有解毒剂，如有误服，千万不要引吐，尽快送往医院治疗；

（6）如果皮肤上沾上了该药剂，用肥皂和清水冲洗；

（7）该药应贮存在阴凉干燥处，黄瓜、辣椒、十字花科蔬菜等幼苗期喷药时，用药量低；

（8）烯酰吗啉应与不同作用机制的杀菌剂轮流使用，避免产生耐药性。

烯酰吗啉可以和多种杀菌剂混用，相关复配制剂如下。

① 烯酰吗啉＋代森锰锌：防治黄瓜霜霉病。

② 烯酰吗啉＋三乙膦酸铝：防治黄瓜霜霉病。

③ 烯酰吗啉＋丙森锌：防治黄瓜霜霉病。

④ 烯酰吗啉＋醚菌酯：防治黄瓜霜霉病。

⑤ 烯酰吗啉＋百菌清：防治黄瓜霜霉病。

⑥ 烯酰吗啉＋霜脲氰：防治黄瓜霜霉病。

⑦ 烯酰吗啉＋异菌脲：防治黄瓜霜霉病。

⑧ 烯酰吗啉＋唑嘧菌胺：防治马铃薯晚疫病、黄瓜霜霉病、葡萄霜霉病。

⑨ 烯酰吗啉＋中生菌素：防治黄瓜霜霉病。

⑩ 烯酰吗啉＋嘧菌酯：防治黄瓜霜霉病。

⑪ 烯酰吗啉＋霜脲氰＋代森锰锌：防治黄瓜霜霉病。

⑫ 烯酰吗啉＋福美双：防治黄瓜霜霉病。

⑬ 烯酰吗啉＋吡唑醚菌酯：防治甘蓝霜霉病，黄瓜霜霉病，甜瓜霜霉病，马铃薯晚疫病、早疫病，辣椒疫病。

⑭ 烯酰吗啉＋王铜：防治黄瓜霜霉病。

⑮ 烯酰吗啉＋氨基寡糖素：防治黄瓜霜霉病。

⑯ 烯酰吗啉＋咪酰胺：防治荔枝树霜疫霉病。

⑰ 烯酰吗啉＋甲霜灵：防治黄瓜霜霉病。

氟吗啉 （flumorph）

$C_{21}H_{22}FNO_4$，271.4，211867-47-9

化学名称 (E,Z)-4-[3-(4-氟苯基)3-(3,4-二甲氧基苯基) 丙酰] 吗啉或 (E,Z)3-(4-氟苯基)-3-(3,4-二甲氧基苯基)-1-吗啉丙烯酮。

理化性质 原药为棕色固体。纯品为白色固体，熔点 110～115℃。微溶于己烷，易溶于甲醇、甲苯、丙酮、乙酸乙酯、乙腈、二氯甲烷。

毒性 大鼠急性经口 LD_{50}（mg/kg）：＞2710（雄），＞3160（雌）。大鼠急性经皮 LD_{50}＞2150mg/kg（雌，雄）。对兔皮肤和兔眼睛无刺激性，无致畸、致突变、致癌作用。环境毒性评价结果表明对鱼、蜂、鸟安全。

作用特点 氟原子特有的性能如模拟效应、电子效应、渗透效应，使含有氟原子的氟吗啉的防病杀菌效果倍增，活性显著高于烯酰吗啉。氟吗啉为高效杀菌剂，具有很好的保护、治疗、铲除、渗透和内吸活性。氟吗啉是卵菌纲病害防治剂，对孢子囊萌发的抑制作用显著。另外还具有治疗活性高、抗风险低、持效期长、用药次数少、农用成本低、增长效果显著等特点。不仅对孢子萌发的抑制作用显著，而且治疗活性突出。氟吗啉对甲霜灵产生抗性的菌株仍有很好的活性，氟吗啉持效期为 16 天，推荐用药间隔时间为10～13 天。由于持效期长，在同样生长季内用药次数较少，从而减少劳动量，降低了农用成本。

适宜作物　花生、大豆、马铃薯、番茄、黄瓜、白菜、南瓜、甘蓝、大蒜、葡萄、板蓝根、烟草、啤酒花、谷子、甜菜、大葱、辣椒及其他蔬菜，菠萝、荔枝、橡胶、柑橘、鳄梨、可可、玫瑰、麝香、石竹等。推荐剂量下对作物安全、无药害。对地下水、环境安全。

防治对象　氟吗啉主要用于防治卵菌纲病原菌产生的病害如辣椒疫病、番茄晚疫病、葡萄霜霉病、黄瓜霜霉病、白菜霜霉病、荔枝霜疫病、马铃薯晚疫病、大豆疫霉根腐病等。

使用方法　主要用于茎叶喷雾。①在发病初期或根据农时经验在中心病株发生前 7～10 天进行施药，可有效地预防上述病害的发生，病害大发生后使用灭克进行防治也可迅速控制病害的再度发生和蔓延；②在作为保护剂使用时一般稀释 1000～1200 倍，在作为治疗剂使用时稀释 800 倍左右，施药间隔期依照病害发生的程度及田间的实际情况而定，一般为 9～13 天；③对于辣椒疫病等也可采用灌根、喷淋、苗床处理等方法，为了减缓耐药性等问题的发生每季作物在灭克使用次数上不应该超过 4 次；④使用时最好和其他类型的杀菌剂轮换使用。

（1）防治辣椒疫病、番茄晚疫病、葡萄霜霉病、黄瓜霜霉病、白菜霜霉病、荔枝霜疫病、马铃薯晚疫病、大豆疫霉根腐病等，在发病初期，用 50％可湿性粉剂 30～40g/亩对水 40～50kg 喷雾。

（2）防治大白菜制种田霜霉病，用 60％灭克可湿性粉剂 500倍液，在白菜霜霉病发病初期开始喷药，间隔 7 天喷 1 次，连续喷3 次。

（3）防治辣椒疫病，用 60％灭克（有效成分为氟吗啉）750～1000 倍液，在辣椒移栽时开始第一次喷药，间隔 7～10 天喷 1 次，连续喷 2～3 次。

（4）防治马铃薯晚疫病，防效好、增产显著、效益好的药剂组合有：①嘧菌酯 32mL/亩、氟吗锰锌 100g/亩、甲霜灵锰锌 150g/亩，按序分 3 次喷施；②氟吗锰锌 120g/亩和甲霜灵锰锌 150g/亩两者交替使用；③60％氟吗锰锌可湿性粉剂 120g/亩；④克露 133g/亩和甲霜灵锰锌 150g/亩两者交替使用。施药方法：在马铃薯发病初期叶面喷洒，7～10 天 1 次，早熟品种连喷 3 次，施药期间根据降雨量、降雨天数而定，雨日多、湿度大可缩短到每 5 天 1 次。

（5）防治黄瓜霜霉病，在发病初期，用 60％灭克可湿性粉剂 500～1000 倍液第 1 次喷药，间隔 7 天，连续用药 2 次。

（6）防治蔬菜的霜霉病、晚疫病，在发病初期用 60％灭克可湿性粉剂 1 袋 25g 对水 14kg 进行叶面喷雾，每隔 5～7 天喷 1 次，连喷 2～3 次，对于无病区，每隔 10～15 天喷 1 次，可预防病害的发生。

（7）防治日光温室西红柿灰霉病，用 10％灭克粉剂或 5％百菌清粉剂或 10％杀霉灵粉尘剂，每亩每次用药 1kg，9～11 天 1 次，连续用药 2～3 次。

注意事项

（1）严格按照农药安全规定使用此药，避免药液或药粉直接接触身体，如果药液不小心溅入眼睛，应立即用清水冲洗干净并携带此药标签去医院就医；

（2）此药应储存在阴凉和儿童接触不到的地方；

（3）如果误服要立即送往医院治疗；

（4）施药后各种工具要认真清洗，污水和剩余药液要妥善处理保存，不得任意倾倒，以免污染鱼塘、水源及土壤；

（5）搬运时应注意轻拿轻放，以免破损污染环境，运输和储存时应有专门的车皮和仓库，不得与食物和日用品一起运输，应储存在干燥和通风良好的仓库中。

相关复配制剂如下。

① 氟吗啉＋唑菌酯：防治黄瓜霜霉病。

② 氟吗啉＋代森锰锌：防治黄瓜霜霉病。

③ 氟吗啉＋三乙膦酸铝：防治葡萄霜霉病、烟草黑胫病。

噻氟菌胺 （thifluzamide）

$$C_{13}H_6Br_2F_6N_2O_2S，528.06，130000-40-7$$

化学名称 $2',6'$-二溴-2-甲基-$4'$-三氟甲氧基-4-三氟甲基-1,3-噻二唑-5-羧酰苯胺。

其他名称 宝穗，满穗，噻呋菌胺，Greatam，Granual，Pulsor，MON 2400，RH 130753。

理化性质 纯品噻氟菌胺为白色至浅棕色固体，熔点 177.9～178.6℃；溶解性（20℃，mg/L）：水 1.6。

毒性 噻氟菌胺原药大鼠急性 LD_{50}（mg/kg）：经口＞5000，兔经皮＞5000；对兔眼睛有中度刺激，对兔皮肤有轻微刺激性；对动物无致畸、致突变、致癌作用。

作用特点 琥珀酸酯脱氢酶抑制剂，是一种新的噻唑羧基-N-苯酰胺类杀菌剂，具有广谱杀菌活性，可防治多种植物病害，特别是担子菌、丝核菌属真菌所引起的病害，同时具有很强的内吸传导性。

适宜作物与安全性 水稻等禾谷类作物、其他大田作物，如水稻、花生、棉花、马铃薯和草坪等。推荐剂量下对作物安全，不产生药害。

防治对象 噻氟菌胺对黑粉菌、腥黑粉菌、伏革菌、丝核菌、柄锈菌、核腔菌等担子菌纲致病菌有特效。

使用方法 噻氟菌胺可用于水稻等禾谷类作物的茎叶处理、种子处理和土壤处理。叶面喷雾可有效防治丝核菌、锈菌和白绢病菌引起的病害。种子处理在防治系统性病害方面发挥更大作用。处理种子可有效防治黑粉菌、腥黑粉菌和条纹病菌引起的病害。

（1）禾谷类锈病发病初期，用 23％悬浮剂 35～70g/亩对水 40～60kg 喷雾；

（2）用 23％悬浮剂 30～130g/100kg 种子进行种子处理，对黑粉菌属和小麦网腥黑粉菌亦有很好的防效；

（3）花生白绢病发生早期，用 23％悬浮剂 18.6g 对水 40～60kg 喷雾 1 次，可以抑制整个生育期的白绢病；

（4）防治花生冠腐病时，播种后 45 天施用 23％悬浮剂 15～20g/亩对水 40～60kg 喷雾，并在 60 天时再喷一次；

（5）以 23％悬浮剂 280～560g/100kg 处理种子，对花生枝腐病和锈病有很好的效果；

（6）防治水稻纹枯病，用 23％胶悬剂 15mL/亩，间隔 10～15天，连喷 3 次。

注意事项

（1）严格按照农药安全规定使用此药，避免药液或药粉直接接触身体，如果药液不小心溅入眼睛，应立即用清水冲洗干净并携带此药标签去医院就医；

（2）此药应储存在阴凉和儿童接触不到的地方；

（3）如果不小心误食该药，喝几杯清水并携带此药标签去医院就医；

（4）施药后各种工具要认真清洗，污水和剩余药液要妥善处理保存，不得任意倾倒，以免污染鱼塘、水源及土壤；

（5）搬运时应注意轻拿轻放，以免破损污染环境，运输和储存时应有专门的车皮和仓库，不得与食物和日用品一起运输，应储存在干燥和通风良好的仓库中；

（6）如果溅到皮肤上，立即用肥皂水冲洗，若刺激性还在，立即去医院就医；

（7）搬药、混药和喷药过程中，要带好防护面具，注意不要吸入口中，过后要立即用肥皂洗净脸、手、脚。

噻酰菌胺（tiadinil）

$C_{11}H_{10}ClN_3OS$, 267.51, 223580-51-6

化学名称 3′-氯-4′,4′-二甲基-1,2,3-噻二唑-5-甲酰苯胺。

理化性质　纯品噻酰菌胺为白色固体，熔点 116℃。

毒性　噻酰菌胺原药大鼠急性 LD_{50}（mg/kg）：经口＞5000，兔经皮＞5000；对兔眼睛无刺激；对动物无致畸、致突变、致癌作用。

作用特点　该药剂本身对病菌的抑制活性较差，其作用机理主要是阻止病原菌菌丝侵入邻近的健康细胞，并能诱导健康细胞产生抗病基因。叶鞘鉴定法计算稻瘟病菌对水稻叶鞘细胞侵入菌丝的伸展度和叶鞘细胞实验可以明显观察到该药剂对已经侵入细胞的病原菌抑制作用并不明显，但病原菌的菌丝很难侵入到邻近的健康细胞，说明该药剂对稻瘟病病原菌的抑制活性较弱，但可以有效地阻止病原菌菌丝对邻近健康细胞的侵害，从而阻止了病斑的形成。进一步的研究表明，水面施药 7 天时，发现噻酰菌胺可以诱导邻近细胞产生很多的抗病基因，噻酰菌胺可以提高水稻本身的抗病能力。该药使用越早，诱导抗病性的效果越明显。

适宜作物与安全性　水稻、小麦等。

防治对象　该药主要用于防治水稻稻瘟病。另外，对水稻褐斑病、白叶枯病，芝麻叶枯病，小麦白粉病、锈病、晚疫病，黄瓜霜霉病等也有一定的防效。

使用方法　噻酰菌胺具有很好的内吸活性，可以通过根部吸收，并迅速传导到其他部位，适合于水面使用。另外，该药剂受环境因素影响较小，如移植深度、水深、气温、水温、土壤、光照、施肥和漏水条件等，用药期长，在发病前 7～12 天均可使用。

（1）防治稻瘟病，发病早期用药效果更好，用 24％悬浮剂 12～20mL/亩对水 40～50kg 喷雾；

（2）防治水稻纹枯病，在发病前，用 24％悬浮剂 12～20mL/亩对水 40～50kg 喷雾；

（3）防治黄瓜霜霉病，发病前期，用 24％悬浮剂 1200 倍液喷雾；

（4）防治小麦白粉病，发病前期，用 24％悬浮剂 600 倍液喷雾。

注意事项

（1）严格按照农药安全规定使用此药，避免药液或药粉直接接

触身体，如果该药不小心溅入眼中，立即用清水冲洗 15 分钟，如果刺激性还在，立即到医院就医；

（2）此药应储存在阴凉和儿童接触不到的地方，如果误服要立即送往医院治疗，施药后各种工具要认真清洗，污水和剩余药液要妥善处理保存，不得任意倾倒，以免污染鱼塘、水源及土壤；

（3）搬运时应注意轻拿轻放，以免破损污染环境，运输和储存时应有专门的车皮和仓库，不得与食物和日用品一起运输，应储存在干燥和通风良好的仓库中；

（4）如果溅到皮肤上，立即用肥皂水冲洗，如果刺激性还在，立即去医院就医；

（5）施药后务必用肥皂洗净脸、手、脚；

（6）该药在病害发生初期使用，使用越早，效果越好。

氟酰胺 （flutolanil）

$C_{17}H_{16}F_3NO_2$，323.31，66332-96-5

化学名称　$3'$-异丙氧基-2-(三氟甲基) 苯甲酰苯胺或 α,α,α-三氟-$3'$-异丙氧基邻甲苯甲酰胺。

其他名称　望佳多，氟纹胺，Moncut。

理化性质　纯品氟酰胺为无色晶体，熔点 104～105℃；溶解性（20℃，g/L）：水 0.00653，丙酮 1439，甲醇 832，乙醇 374，氯仿 674，苯 135，二甲苯 29。

毒性　氟酰胺原药急性 LD_{50}（mg/kg）：大、小鼠经口＞10000，大、小鼠经皮＞5000；对兔眼睛有轻微刺激性，对兔皮肤无刺激性；对动物无致畸、致突变、致癌作用。对蜜蜂无毒。

作用特点　该药剂是琥珀酸脱氢酶抑制剂，抑制天冬氨酸盐和谷氨酸盐的合成，该药剂具有保护和治疗活性，能够阻止病原菌的生长和穿透，主要防治担子菌亚门的病原菌引起的病害。

适宜作物与安全性　水稻、观赏植物、甜菜、马铃薯、谷类、蔬菜、花生、水果等，推荐剂量下对水稻、谷类、水果和蔬菜安全。

防治对象　水稻纹枯病、蔬菜幼苗立枯病、禾谷类雪腐病和锈病。

使用方法　茎叶处理。

（1）防治水稻纹枯病，在发病初期使用，用20％可湿性粉剂 $100\sim120g$/亩对水 $40\sim50kg$ 喷雾，可以长期抑制病害的发展，溶于灌溉水中，能被水稻根系吸收，并且向上转移到水稻的茎叶，以达到较好的防治效果；

（2）该药剂还用于防治马铃薯的疮痂病，用20％可湿性粉剂 $225g$/100kg 种薯，可以达到较好的防治效果。

注意事项

（1）氟酰胺可以与其他杀菌剂混用，使用时应注意勿污染其他水源，谨防对鱼的毒害；

（2）严格按照农药安全规定使用此药，避免药液或药粉直接接触身体，如果药液不小心溅入眼睛，应立即用清水冲洗干净并携带此药标签去医院就医；

（3）此药应储存在阴凉和儿童接触不到的地方；

（4）如果误服要立即送往医院治疗；

（5）施药后各种工具要认真清洗，污水和剩余药液要妥善处理保存，不得任意倾倒，以免污染鱼塘、水源及土壤；

（6）搬运时应注意轻拿轻放，以免破损污染环境，运输和储存时应有专门的车皮和仓库，不得与食物和日用品一起运输，应储存在干燥和通风良好的仓库中。

硅噻菌胺（silthiopham）

$$\text{H}_3\text{C}\quad\text{CONHCH}_2\text{CH}=\text{CH}_2$$
$$\text{H}_3\text{C}\quad\begin{matrix}\\ \text{S}\end{matrix}\quad\text{Si(CH}_3)_3$$

$C_{13}H_{21}NOSSi$，267.22，175217-20-6

化学名称　N-烯丙基-4,5-二甲基-2-(三甲基硅烷基）噻吩-3-甲酰胺。

其他名称　silthiofam，Latitude。

理化性质　纯品硅噻菌胺为白色颗粒状固体，熔点 86.1～88.3℃；溶解性（20℃，g/L）：水 0.0353。

毒性　硅噻菌胺原药急性 LD_{50}（mg/kg）：大鼠经口＞5000，大鼠经皮＞5000；对兔眼睛和皮肤无刺激性；对动物无致畸、致突变、致癌作用。

作用特点　该药剂具体的作用机理尚不清楚，与甲氧基丙烯酸酯类的作用机理不同。研究表明硅噻菌胺是能量抑制剂，可能是ATP抑制剂，具有良好的保护活性，残效期长。该药剂主要用于小麦拌种，防治小麦全蚀病，具体的作用是小麦种子经该药剂拌种后，在其周围形成药剂保护圈，随着种子生长发育，保护圈向种子的四周扩大，小麦根系始终处在保护圈内，保护根系不被病菌侵染，以达到防治小麦全蚀病的目的。

适宜作物与安全性　小麦。对作物、哺乳动物和环境安全。

防治对象　小麦全蚀病。

使用方法　种子处理。

（1）轻病田：用 125g/L 悬浮剂 20mL 拌种 10kg；

（2）重病田：用 125g/L 悬浮剂 30mL 拌种 10kg；

（3）试验表明，硅噻菌胺拌种除有一定的除菌作用外，主要是调节小麦根系生长，刺激小麦根系发育，从而弥补因根部感病造成根部死亡对小麦生长造成的损失。

注意事项

（1）严格按照农药安全规定使用此药，避免药液或药粉直接接触身体，如果药液不小心溅入眼睛，应立即用清水冲洗干净并携带此药标签去医院就医；

（2）此药应储存在阴凉和儿童接触不到的地方；

（3）如果误服要立即送往医院治疗，施药后各种工具要认真清洗，污水和剩余药液要妥善处理保存，不得任意倾倒，以免污染鱼塘、水源及土壤；

（4）搬运时应注意轻拿轻放，以免破损污染环境，运输和储存时应有专门的车皮和仓库，不得与食物和日用品一起运输，应储存在干燥和通风良好的仓库中。

呋吡菌胺（furametpyr）

$C_{17}H_{20}O_2N_3Cl$，333.81，123572-88-3

化学名称 （RS）-5-氯-N-（1,3-二氢-1,1,3-三甲基异苯并呋喃-4-基）-1,3-二甲基吡唑-4-甲酰胺或 N-（1,1,3-三甲基-2-氧-4-二氢化茚基）-5-氯-1,3-二甲基吡唑-4-甲酰胺。

其他名称 氟吡酰胺，Limber。

理化性质 纯品呋吡菌胺为无色或浅棕色固体，熔点150.2℃；溶解性（25℃，g/L）：水 0.225；在太阳光下分解较迅速；在加热条件下，在碳酸钠介质中易分解。

毒性 呋吡菌胺原药急性 LD_{50}（mg/kg）：大鼠经口 640（雄）、590（雌），大鼠经皮＞2000；对兔眼睛有轻微刺激，对兔皮肤无刺激性；对动物无致畸、致突变、致癌作用。

作用特点 呋吡菌胺对电子传递系统中作为真菌线粒体还原型烟酰胺腺嘌呤二核苷酸（NADH）基质的电子传递系统并无影响，而对琥珀酸基质的电子传递系统，具有强烈的抑制作用，即呋吡酰胺对光合作用Ⅱ产生影响，通过影响琥珀酸的组分及 TCA 回路，使生物体所需的养料减少，也就是说抑制真菌线粒体中琥珀酸的氧化作用，从而避免立枯丝核菌菌丝体分离，而对还原型烟酰胺腺嘌呤二核苷酸（NADH）的氧化作用无影响。呋吡菌胺具有内吸活性，且传导性能优良，具有很好的预防和治疗效果。

适宜作物与安全性 水稻。呋吡菌胺在推荐剂量下对水稻安全，无药害，对环境中的非靶标生物影响小，较为安全，对哺乳动物、水生生物和有益昆虫低毒。该药剂在河水中、土表遇光照迅速分解，土壤中的微生物也能使呋吡菌胺分解，故对环境安全。

防治对象 对担子菌菌纲的大多数病原菌有很好的活性，如水稻纹枯病、水稻菌核病、水稻白绢病等。

使用方法　以颗粒剂于水稻田淹灌施药防治水稻纹枯病等。大田防治水稻纹枯病的剂量为 30～40g（a.i.）/亩。

注意事项

（1）严格按照农药安全规定使用此药，避免药液或药粉直接接触身体，如果药液不小心溅入眼睛，应立即用清水冲洗干净并携带此药标签去医院就医；

（2）此药应储存在阴凉和儿童接触不到的地方；

（3）如果误服要立即送往医院治疗；

（4）施药后各种工具要认真清洗，污水和剩余药液要妥善处理保存，不得任意倾倒，以免污染鱼塘、水源及土壤；

（5）搬运时应注意轻拿轻放，以免破损污染环境，运输和储存时应有专门的车皮和仓库，不得与食物和日用品一起运输，应储存在干燥和通风良好的仓库中。

萎锈灵（cardboxin）

$C_{12}H_{13}NO_2S$，235.31，5234-68-4

化学名称　5，6-二氢-2-甲基-1，4-氧硫环己烯-3-甲酰苯胺。

其他名称　卫福，Vitavax，Kemikar，Kisrax，Oxatin，Fol ProV。

理化性质　纯品萎锈灵为白色固体，两种异构体熔点 91.5～92.5℃、98～100℃；溶解性（20℃，mg/L）：水 199，丙酮 177，二氯甲烷 353，甲醇 88，乙酸乙酯 93。

毒性　萎锈灵原药急性 LD_{50}（mg/kg）：大鼠经口 3820，兔经皮＞4000；对兔眼睛有刺激性；以 600mg/kg 剂量饲喂大鼠两年，未发现异常现象；对动物无致畸、致突变、致癌作用。

作用特点　该药剂为选择性内吸杀菌剂，它能渗入萌芽的种子从而杀死种子内的病原菌。萎锈灵对植物生长有刺激作用，能使小麦增产。

适宜作物与安全性 水稻、棉花、花生、小麦、大麦、燕麦、大豆、蔬菜、玉米、高粱等多种作物以及草坪。

防治对象 萎锈灵为选择性内吸杀菌剂，主要用于防治由锈菌和黑粉菌在多种作物上引起的锈病和黑粉病、黑穗病，如高粱散黑穗病、丝黑穗病、玉米丝黑穗病、麦类黑穗病、麦类锈病、豆锈病、水稻纹枯病、苹果腐烂病、粟瘟病、油菜菌核病、谷子黑穗病以及棉花苗期病害，对棉花立枯病、黄萎病也有效。

使用方法 主要用于拌种，也可用于喷雾或灌根。

（1）20%萎锈灵乳油800～1250g拌种或闷种100kg，可有效防治谷子黑穗病；

（2）20%萎锈灵乳油500mL拌种100kg，可有效防治麦类黑穗病；

（3）20%萎锈灵乳油500～1000mL拌种100kg，可有效防治高粱散黑穗病、丝黑穗病、玉米丝黑穗病；

（4）20%萎锈灵乳油875mL拌种100kg，可有效防治棉花苗期病害；

（5）防治棉花黄萎病，发病早期，可用20%萎锈灵乳油800倍液灌根，每株灌药液500mL；

（6）防治麦类锈病，发病前至发病初期，用20%萎锈灵乳油187.5～375mL/亩对水40～50kg喷雾，间隔10～15天1次；

（7）另外，50%氧化萎锈灵1000倍液对咖啡锈病有内吸治疗效果，残效期长达2个多月，能铲除病组织内菌丝和抑制夏孢子的产生，但黏着力差，常被雨水冲洗；

（8）防治梨锈病，用20%萎锈灵乳剂200～400倍液，在梨二叉蚜与锈病同时发生时，用20%萎锈灵乳剂200倍与40%乐果乳剂2000倍的混合液防治1次或2次，不仅能抑制锈病的发生，还能有效抑制梨二叉蚜的发展。

注意事项

（1）严格按照农药安全规定使用此药，避免药液或药粉直接接触身体，如果药液不小心溅入眼睛，应立即用清水冲洗干净并携带

此药标签去医院就医；

（2）此药应储存在阴凉和儿童接触不到的地方；

（3）如果误服要立即送往医院治疗；

（4）施药后各种工具要认真清洗，污水和剩余药液要妥善处理保存，不得任意倾倒，以免污染鱼塘、水源及土壤；

（5）搬运时应注意轻拿轻放，以免破损污染环境，运输和储存时应有专门的车皮和仓库，不得与食物和日用品一起运输，应储存在干燥和通风良好的仓库中，并注意防火；

（6）20％萎锈灵乳油 100 倍液对麦类可能有轻微的危害，药剂处理过的种子不可食用或作饲料，勿与碱性或酸性药品接触；

（7）操作时，不要抽烟喝水吃东西，如遇中毒事故，应立即到医院就医。

相关复配制剂如下。

萎锈灵＋福美双：防治小麦散黑穗病，水稻恶苗病、苗期立枯病。

环酰菌胺 （fenhexamid）

$C_{14}H_{17}Cl_2NO_2$，301.9，126833-17-8

化学名称 N-(2,3-二氯-4-羟基苯基)-1-甲基环己基甲酰胺。

其他名称 Decree，Elevate，Password，Telder。

理化性质 纯品为白色粉状固体，熔点153℃。相对密度1.34（20℃）。水中溶解度20mg/L（pH＝5～7，20℃）。在25℃pH为5、7、9水溶液中放置30d稳定。

毒性 大鼠急性 LD_{50}（mg/kg）：＞5000（经口），＞5000（经皮）。大鼠急性吸入 LC_{50}（4h）＞5057mg/L。对兔眼睛和皮肤无刺激性。无致畸、致癌、致突变作用。山齿鹑急性经口 LD_{50}＞2000mg/kg。鱼毒 LC_{50}（96h，mg/L）虹鳟鱼＞1.34，大翻车鱼＞3.42。蜜蜂 LD_{50}（48h）＞100μg/只（经口和接触）。蚯蚓 LC_{50}

（14d）＞1000mg/kg 土壤。

作用特点　具体作用机理尚不清楚。大量的研究表明其具有独特的作用机理，与已有杀菌剂苯并咪唑类、二羧酰亚胺类、三唑类、苯胺嘧啶类、N-苯基氨基甲酸酯类等无交互抗性。

适宜作物与安全性　柑橘、草莓、蔬菜、葡萄、蔬菜、观赏植物等。对作物、人类、环境安全，是理想的综合有害生物治理药物。

防治对象　各种灰霉病及相关的菌核病、黑斑病等。

使用方法　叶面喷雾。防治灰霉病，每亩剂量为 33.3～66.7g（a.i.）。

注意事项

（1）严格按照农药安全规定使用此药，避免药液或药粉直接接触身体，如果药液不小心溅入眼睛，应立即用清水冲洗干净并携带此药标签去医院就医；

（2）此药应储存在阴凉和儿童接触不到的地方；

（3）如果误服要立即送往医院治疗；

（4）施药后各种工具要认真清洗，污水和剩余药液要妥善处理保存，不得任意倾倒，以免污染鱼塘、水源及土壤；

（5）搬运时应注意轻拿轻放，以免破损污染环境，运输和储存时应有专门的车皮和仓库，不得与食物和日用品一起运输，应储存在干燥和通风良好的仓库中。

腐霉利（procymidone）

$C_{13}H_{11}Cl_2NO_2$，284.06，32809-16-8

化学名称　*N*-(3,5-二氯苯基)-1,2-二甲基环丙烷-1,2-二羧基亚胺。

其他名称　速克灵，二甲菌核利，杀力利，杀霉利，扑灭宁，Sunilex，Sumisclex，procymidox，S 7131。

理化性质 纯品腐霉利为白色或棕色结晶，熔点 164～166.5℃；溶解性（25℃，g/L）：水 0.0045，易溶于丙酮、二甲苯，微溶于乙醇。

毒性 腐霉利原药急性 LD_{50}（mg/kg）：大、小鼠经口＞5000；对兔眼睛和皮肤没有刺激性；以 300～1000mg/kg 剂量饲喂大鼠两年，未发现异常现象；对动物无致畸、致突变、致癌作用。

作用特点 抑制病原菌体内甘油三酯的合成，主要作用于细胞膜，阻碍菌丝顶端正常细胞壁的合成，抑制病原菌菌丝生长发育。腐霉利为保护性、治疗性和持效性杀菌剂，兼有中等内吸活性，具有保护和治疗作用，持效期 7 天以上，能阻止病斑的发展。故发病前或发病早期使用有很好的效果。腐霉利在植物体内具有传导性，因此没有直接喷洒到药剂部分的病害也能得到较好的控制。另外，腐霉利和苯并咪唑类药剂的作用机理不同，因此，苯并咪唑类药剂的防治效果不理想的情况下，使用腐霉利可获得很好的防效。

适宜作物与安全性 番茄、油菜、黄瓜、葱类、玉米、葡萄、桃、草莓和樱桃等。

防治对象 腐霉利能有效地防治核盘菌、葡萄孢菌和旋孢腔菌引起的病害，如洋葱灰霉病、花卉的灰霉病、草莓灰霉病、黄瓜灰霉病、番茄灰霉病、葡萄灰霉病、大豆茎腐病、莴苣茎腐病、辣椒茎腐病和桃褐腐病等，另外，腐霉利对桃、樱桃等核果类的灰星病、苹果花腐病、洋葱灰腐病等均有良好的效果。对水稻胡麻斑病、大麦条纹病、瓜类蔓枯病等也有较好的防效。

使用方法 茎叶处理。

（1）防治番茄早疫病，建议 50％腐霉利可湿性粉剂可与 70％代森锰锌可湿性粉剂轮换使用，腐霉利的使用浓度为 1000～1500 倍喷雾，在发病初期施药，早疫病发生严重的情况下，间隔 10～14 天再喷药 1 次，具体喷药次数根据病害发生严重程度而定；

（2）防治韭菜灰霉病，用 50％可湿性粉剂，韭菜 3～4 叶期，在发病初期，用 50％可湿性粉剂 40～60g/亩，使用后药效迅速，药剂持效期长，可根据病情发展，建议增加施药次数 1～2 次；

（3）防治保护地番茄灰霉病，用 10％腐霉利烟剂，在发病初期使用的适宜剂量为 $200\sim250g$/亩，在发病中后期适宜用药量为 $30g$（a. i.）/亩，持效期为 7 天，还可用 20% 百·腐烟剂，在病害初期使用可有效减轻病害的危害，用量为 $200\sim250g$/亩，在番茄灰霉病侵染初期连续使用 $3\sim4$ 次，每次间隔 7 天左右；

（4）防治黄瓜菌核病，用 20% 腐霉利悬浮剂 $600\sim800$ 倍液喷雾，连续喷药 3 次，间隔 8 天，可有效控制黄瓜菌核病的蔓延；

（5）防治日光温室蔬菜菌核病，可用 15% 腐霉利烟熏剂，傍晚进行密闭烟熏，每亩每次用 250g，隔 7 天熏 1 次，连熏 $3\sim4$ 次。

注意事项

（1）腐霉利不要与碱性药剂混用，亦不宜与有机磷农药混配，为确保药效及其经济性，要按规定的浓度范围喷药，不应超量使用；

（2）严格按照农药安全规定使用此药，避免药液或药粉直接接触身体，如果药液不小心溅入眼睛，应立即用清水冲洗干净并携带此药标签去医院就医；

（3）此药应储存在阴凉和儿童接触不到的地方；

（4）如果误服要立即送往医院治疗；

（5）施药后各种工具要认真清洗，污水和剩余药液要妥善处理保存，不得任意倾倒，以免污染鱼塘、水源及土壤；

（6）搬运时应注意轻拿轻放，以免破损污染环境，运输和储存时应有专门的车皮和仓库，不得与食物和日用品一起运输，应储存在干燥和通风良好的仓库中。

腐霉利可以和多种杀菌剂混用，相关复配制剂如下。

① 腐霉利＋异菌脲：防治番茄灰霉病。

② 腐霉利＋戊唑醇：防治番茄灰霉病。

③ 腐霉利＋嘧菌酯：防治番茄灰霉病。

④ 腐霉利＋福美双：防治番茄灰霉病。

⑤ 腐霉利＋多菌灵：防治油菜菌核病。

⑥ 腐霉利＋百菌清：防治番茄灰霉病。

⑦ 腐霉利＋己唑醇：防治番茄灰霉病。

异菌脲 (iprodione)

$C_{13}H_{13}Cl_2N_3O_3$，330.16，36734-19-7

化学名称 3-(3,5-二氯苯基)-N-异丙基-2,4-氧代咪唑啉-1-羧酰胺。

其他名称 扑海因，依扑同，咪唑霉，异丙定，异菌咪，Kidan，Rovral，Glycophene，FA 2071，RP 26019，ROP 500F，NRC 910，LFA 2043。

理化性质 纯品异菌脲为白色结晶，熔点136℃，工业品熔点126～130℃；溶解性（25℃，g/L）：乙醇20，乙腈150，丙酮300，苯200，二氯甲烷500，在酸性及中性介质中稳定，遇强碱分解。

毒性 异菌脲原药急性LD_{50}（mg/kg）：大白鼠经口3500，小白鼠经口4000；对兔眼睛和皮肤没有刺激性；对动物无致畸、致突变、致癌作用。

作用特点 异菌脲主要抑制蛋白激酶，控制许多细胞功能的细胞内信号，包括碳水化合物结合进入真菌细胞组分的干扰作用。属广谱、触杀型保护性杀菌剂，具有一定的治疗作用。它既可抑制真菌孢子萌发及产生，又可抑制菌丝生长，也就是说对病原菌生活史中的各发育阶段均有影响。

适宜作物与安全性 大豆、豌豆、茄子、番茄、辣椒、马铃薯、萝卜、块根芹菜、芹菜、野莴苣、草莓、大蒜、葱、柑橘、玉米、小麦、大麦、水稻、甜瓜、黄瓜、香瓜、西瓜、苹果、梨、杏、樱桃、桃、李、葡萄、园林花卉、草坪等，也用于柑橘、香蕉、苹果、梨、桃等水果储存期的防腐保鲜。

防治对象 异菌脲杀菌谱广，对葡萄孢属、链孢霉属、核盘菌属、小菌核属等具有较好的杀菌效果，对链格孢属、蠕孢霉属、丝核菌属、镰刀菌属、伏革菌属等真菌也有杀菌效果。异菌脲对多种作物的病原真菌均有效，可以在多种作物上防治多种病害，如马铃薯立枯病、蔬菜和草莓灰霉病、葡萄灰霉病、核果类果树上的菌核病、苹果斑点落叶病、梨黑星病等。异菌脲和苯并咪唑类杀菌剂作用机理不同，对苯并咪唑类杀菌剂有抗性的病害，异菌脲可以取得较好的防治效果。

使用方法　主要用于茎叶喷雾。

（1）防治番茄早疫病、灰霉病，在番茄移植后约 10 天开始喷药，用 50% 可湿性粉剂 30～60g/亩对水 60kg 喷雾，间隔 8～14 天再喷一次，共喷 3～4 次；

（2）防治水稻胡麻斑病、纹枯病、菌核病，发病初期，用 50% 可湿性粉剂 40～70mL/亩对水 40～60kg 喷雾，连续 2～3 次；

（3）防治花生冠腐病，用 50% 可湿性粉剂 100～300g 拌种 100kg；

（4）防治黄瓜灰霉病、菌核病，发病初期，用 50% 悬浮剂 40～80mL/亩对水 50～75kg 喷雾，间隔 7～10 天，全生育期施药 2～3 次；

（5）防治油菜菌核病，在油菜初花期或盛花期，用 50% 可湿性粉剂 1000～2000 倍液喷雾；

（6）防治豌豆、西瓜、甜瓜、大白菜、甘蓝、菜豆、大蒜、韭菜、芦笋等作物的灰霉病、菌核病、黑斑病、斑点病、茎枯病，均在发病初期开始施药，用 50% 悬浮剂 50～100mL/亩对水 50～75kg 喷雾；

（7）防治玉米小斑病，发病初期用药，用 50% 可湿性粉剂 40～80g/亩对水 40～60kg 喷雾，间隔 15 天再喷一次，共喷 2 次；

（8）防治杏、樱桃、李等花腐病、灰星病、灰霉病，果树始花期和盛花期用 50% 可湿性粉剂 65～100mL/亩对水 75～100kg 喷雾，各喷施药 1 次；

（9）防治人参、西洋参、三七黑斑病，用 50% 可湿性粉剂 800～1000 倍液喷雾，可使叶片浓绿，有明显刺激增产作用，对人参、西洋参、三七安全无药害；

（10）防治烟草赤星病，用 50% 可湿性粉剂，在发病初期，用药量为 50～75g/亩，对水量为 40～50kg/亩，均匀喷雾植株正反面，根据病情指数确定用药次数，一般为 2～3 次，施药间隔期为 7～10 天；

（11）防治观赏植物花卉叶斑病、灰霉病、菌核病、根腐病，发病初期，用 50％可湿性粉剂 40～80g/亩对水 40～50kg 喷雾，间隔 7～14 天，再喷 1 次，连喷 2～3 次；

（12）防治葡萄灰霉病，发病初期，用 50％可湿性粉剂 30～60g/亩对水 60kg 喷雾，间隔 7～14 天再喷一次，共喷 3～4 次；

（13）防治柑橘贮藏期病害，柑橘采收后，用清水将果实洗干净，选取没有破损的柑橘，用 50％可湿性粉剂 1000mg/L 药液浸果 1 分钟，晾干后，室温下保存，可以控制柑橘青、绿霉菌的危害，有条件的放在冷库内保存，可以延长保存时间；

（14）用于香蕉的保鲜，具体做法：对采收后的香蕉果实及时进行去轴分梳，洗去香蕉表面的尘土和抹掉果指上残留的花器，及时用 255g/L 异菌脲悬浮剂 1500～2000mg/L，浸果 1 分钟捞起晾干，然后进行包装、运输。

注意事项

（1）异菌脲避免与腐霉利、乙烯菌核利等作用方式相同的杀菌剂混用。

（2）不能与强碱性或强酸性的药剂混用。

（3）为预防抗性菌株的产生，作物全生育期异菌脲的使用次数控制在 3 次以内，在病害发生初期和高峰使用，可获得最佳效果。一般叶部病害两次喷药间隔 7～10 天，根茎部病害间隔 10～15 天，都在发病初期用药。使用可湿性粉剂时，应加少量水搅拌成糊状后，再加水至所需水量。最后一次喷药距收获天数不得少于 7 天。

（4）严格按照农药安全规定使用此药，避免药液或药粉直接接触身体，如果药液不小心溅入眼睛，应立即用清水冲洗干净并携带此药标签去医院就医。

（5）此药应储存在阴凉和儿童接触不到的地方。

（6）如果误服要立即送往医院治疗。

（7）施药后各种工具要认真清洗，污水和剩余药液要妥善处理保存，不得任意倾倒，以免污染鱼塘、水源及土壤。

（8）搬运时应注意轻拿轻放，以免破损污染环境，运输和储存时应有专门的车皮和仓库，不得与食物和日用品一起运输，应储存在干燥和通风良好的仓库中。

异菌脲可以和多种杀菌剂混用，相关复配制剂如下。

① 异菌脲＋戊唑醇：防治苹果树斑点落叶病。

② 异菌脲＋烯酰吗啉：防治葡萄霜霉病。

③ 异菌脲＋百菌清：防治番茄灰霉病。

④ 异菌脲＋腐霉利：防治番茄灰霉病。

⑤ 异菌脲＋咪鲜胺：防治香蕉冠腐病。

⑥ 异菌脲＋嘧霉胺：防治葡萄灰霉病。

⑦ 异菌脲＋多菌灵＋代森锰锌：防治番茄灰霉病。

⑧ 异菌脲＋代森锰锌：防治苹果树斑点落叶病。

⑨ 异菌脲＋福美双：防治番茄灰霉病。

⑩ 异菌脲＋多菌灵：防治苹果树轮纹病、斑点落叶病。

戊菌隆 （pencycuron）

$C_{19}H_{21}ClN_2O$，328.84，66063-05-6

化学名称　1-(4-氯苄基)-1-环戊基-3-苯基脲。

其他名称　戊环隆，万菌灵，禾穗宁，Moncceren，NTN 5201，Bay NTN 19701。

理化性质　纯品戊菌隆为无色结晶晶体，熔点128℃；溶解性（20℃，g/L）：水0.0003，二氯甲烷270，正己烷0.12，甲苯20。

毒性　戊菌隆原药急性 LD_{50}（mg/kg）：大鼠经口＞5000，大、小鼠经皮＞2000；对兔皮肤和眼睛无刺激性；以50～500mg/kg剂量饲喂大鼠两年，未发现异常现象；对动物无致畸、致突变、致癌作用；对鸟和蜜蜂无毒。

作用特点　戊菌隆属于保护性杀菌剂，无内吸活性，对立枯丝核菌属有特效，尤其对水稻纹枯病有特效，能有效地控制马铃薯立枯病和观赏作物的立枯丝核病。戊菌隆对其他土壤真菌如腐霉属真菌和镰刀属真菌引起的病害防治效果不佳，为了同时兼治土传病害，应与能防治土传病害的杀菌剂混用。

适宜作物与安全性　甘蔗、菠菜、观赏植物、花卉、棉花、水稻、马铃薯、甜菜等。

防治对象　主要防治立枯丝核菌引起的病害，防治水稻纹枯病效果卓越。

使用方法　茎叶处理、种子处理、土壤处理。

（1）戊菌隆可通过直接撒布到土壤上或用不同剂型进行灌溉、喷雾等处理。若仔细将药剂施入土壤中，则效果更佳。在蔬菜、棉花、甜菜和观赏植物中，为兼治镰刀菌属、腐霉菌属、疫霉菌属等土壤病原菌，建议与克菌丹混用，戊菌隆还可以与敌磺钠、福美双、倍硫磷、敌瘟磷混用。

（2）做拌种使用时，马铃薯、水稻、棉花、甜菜均为15~25g（a.i.）/100kg（种子）。

（3）防治水稻纹枯病，茎叶处理用药量10~16.7g（a.i.）/亩。

（4）在纹枯病发生早期，喷第1次药，20天后再喷第2次。

（5）用1.5%无漂移粉剂以500g/100kg处理马铃薯，可以有效地防治马铃薯黑胫病。

注意事项

（1）严格按照农药安全规定使用此药，避免药液或药粉直接接触身体，如果药液不小心溅入眼睛，应立即用清水冲洗干净并携带此药标签去医院就医；

（2）此药应储存在阴凉和儿童接触不到的地方；

（3）如果误服要立即送往医院治疗；

（4）施药后各种工具要认真清洗，污水和剩余药液要妥善处理保存，不得任意倾倒，以免污染鱼塘、水源及土壤；

（5）搬运时应注意轻拿轻放，以免破损污染环境，运输和储存时应有专门的车皮和仓库，不得与食物和日用品一起运输，应储存在干燥和通风良好的仓库中。

霜脲氰（cymoxanil）

$$C_2H_5HN-\overset{\overset{\displaystyle O}{\|}}{C}-\overset{H}{\underset{\displaystyle N}{}}-\overset{\overset{\displaystyle O}{\|}}{C}-\overset{\overset{\displaystyle N-OCH_3}{\|}}{\underset{\displaystyle CN}{C}}$$

$C_7H_{10}N_4O_3$，198.42，57966-95-7

化学名称 2-氰基-N-[（乙氨基）羰基]-2-（甲氧基亚氨基）乙酰胺。

其他名称 菌疫清，霜疫清，清菌脲，克露，Curzate，DPX3217。

理化性质 无色结晶固体，熔点 160～161℃，25℃相对密度 1.31。溶解度（20℃，g/L）：水 0.890（pH5），己烷 1.85，己腈 57，正辛醇 1.43，乙醇 22.9，丙酮 62.4，乙酸乙酯 28，二氯乙烷 133.0。水解 DT_{50} 148 天（pH=5），34h（pH=7），31min（pH=9），对水敏感 pK_a=9.7（分解）。

毒性 急性经口 LD_{50}（mg/kg）：1196（雄大鼠），1390（雌大鼠），1096（豚鼠）；对雄兔和狗急性经皮 LD_{50}＞3000mg/kg。对皮肤无刺激作用或过敏反应，对眼睛有轻微刺激作用。雌雄大鼠急性吸入 LC_{50}（4h）＞5.06mg/L；无作用剂量：雄大鼠 4.1mg/（kg·d），雌大鼠 5.4mg/（kg·d），雄小鼠 4.2mg/（kg·d），雌小鼠 5.8mg/（kg·d），雄狗 3.0mg/（kg·d），雌狗 1.6mg/（kg·d），对人的 ADI 为 0.016mg/kg。白喉鹑和野鸭急性经口 LD_{50}＞2250mg/kg，白喉鹑和野鸭 LC_{50}＞5620mg/kg 饲料。鱼毒 LC_{50}（96h）：虹鳟 61mg/L，蓝鳃 29mg/L。对蜜蜂无毒，LD_{50}（48h，接触）25μg/蜜蜂；LC_{50}（48h，经口）1g/kg。水蚤 LC_{50}（48h）为 27mg/L。

作用特点 具有保护、治疗和内吸活性，能够抑制病原菌孢子萌发，同时对侵入寄主植物的病原菌也有杀伤作用，对霜霉病和疫病有效，霜脲氰单独用时，药效期短，与保护性杀菌剂混用时，持效期延长。

适宜作物与安全性 白菜、辣椒、番茄、马铃薯、黄瓜、葡萄等。

防治对象 黄瓜霜霉病、葡萄霜霉病、辣椒疫霉病等，主要防治霜霉病和疫病。

使用方法 茎叶喷雾。

（1）霜脲氰防治霜霉病和疫病，其效果和甲霜灵相当，没有药害，和代森锰锌混配效果更佳；

（2）防治葡萄霜霉病，在发病早期，用80％霜脲氰可湿性粉剂120～150g/亩对水40～50kg喷雾；

（3）防治马铃薯晚疫病，用80％霜脲氰可湿性粉剂100～130g/亩对水40～50kg喷雾。

注意事项

（1）霜脲氰避免与碱性物质接触，多用在与其他杀菌剂混用提高防效；

（2）严格按照农药安全规定使用此药，避免药液或药粉直接接触身体，如果药液不小心溅入眼睛，应立即用清水冲洗干净并携带此药标签去医院就医；

（3）此药应储存在阴凉和儿童接触不到的地方；

（4）如果误服要立即送往医院治疗；

（5）施药后各种工具要认真清洗，污水和剩余药液要妥善处理保存，不得任意倾倒，以免污染鱼塘、水源及土壤；

（6）搬运时应注意轻拿轻放，以免破损污染环境，运输和储存时应有专门的车皮和仓库，不得与食物和日用品一起运输，应储存在干燥和通风良好的仓库中。

霜脲氰可以和多种杀菌剂混用，相关复配制剂如下。

① 霜脲氰＋百菌清：防治黄瓜霜霉病。

② 霜脲氰＋烯酰吗啉：防治黄瓜霜霉病。

③ 霜脲氰＋烯酰吗啉＋代森锰锌：防治黄瓜霜霉病。

④ 霜脲氰＋噁唑菌酮：防治番茄早疫病、晚疫病，马铃薯早疫病、晚疫病，黄瓜霜霉病，辣椒疫病。

⑤ 霜脲氰＋代森锰锌：防治黄瓜霜霉病、荔枝树霜疫霉病、番茄晚疫病。

⑥ 霜脲氰＋丙森锌：防治黄瓜霜霉病。

⑦ 霜脲氰＋波尔多液：防治黄瓜霜霉病。

⑧ 霜脲氰＋烯肟菌酯：防治葡萄霜霉病。

⑨ 霜脲氰＋王铜：防治黄瓜霜霉病。

⑩ 霜脲氰＋琥胶肥酸铜：防治黄瓜霜霉病。

⑪ 霜脲氰＋甲霜灵：防治辣椒疫病。

乙烯菌核利（vinclozolin）

$C_{12}H_9Cl_2NO_3$，286.11，50471-44-8

化学名称 3-(3,5-二氯苯基)-5-甲基-5-乙烯基-1,3-噁唑烷-2,4-二酮。

其他名称 农利灵，烯菌酮，免克宁，Ronilan，Rodalin，Ornalin，BAS 352，BAS 352F。

理化性质 纯品乙烯菌核利为无色结晶，熔点108℃，略带芳香气味；溶解性（20℃，g/L）：甲醇15.4，丙酮334，乙酸乙酯233，甲苯109，二氯甲烷475；在酸性及中性介质中稳定，遇强碱分解。

毒性 乙烯菌核利原药急性LD_{50}（mg/kg）：大、小鼠经口＞15000，大鼠经皮＞5000；对兔眼睛和皮肤没有刺激性；对动物无致畸、致突变、致癌作用。

作用特点 二甲酰亚胺类触杀性杀菌剂，主要干扰细胞核功能，并对细胞膜和细胞壁有影响，改变膜的渗透性，使细胞破裂。

适宜作物与安全性 白菜、黄瓜、番茄、大豆、茄子、油菜、花卉。

防治对象 白菜黑斑病、黄瓜灰霉病、大豆菌核病、茄子灰霉病、油菜菌核病、番茄灰霉病，对防治果树、蔬菜类作物的灰霉病、褐斑病、菌核病有较好的防治效果，还可用在葡萄、果树、啤酒花和观赏植物上。

使用方法　主要用于茎叶处理。

（1）防治番茄灰霉病、番茄早疫病，在发病初期开始喷药，每次用50％乙烯菌核利可湿性粉剂50～100g/亩，对水喷雾，间隔10天，连喷3～4次；

（2）防治番茄灰霉病，还可用50％乙烯菌核利水分散粒剂，在发病前或发病初期对水喷雾，用药量为100～150g/亩，喷雾时，使叶片的正反两面及果实均匀附着药液，药剂使用次数根据病情发展喷3～4次，用药间隔期为6～8天；

（3）防治油菜菌核病、茄子灰霉病、大白菜黑斑病、花卉黑霉病等，发病初期开始喷药，用50％可湿性粉剂50～100g/亩对水40～50kg喷雾，全生育期喷3～4次；

（4）防治西瓜灰霉病，用50％可湿性粉剂50～100g/亩对水40～50kg喷雾，在西瓜团棵期、始花期、坐果期各喷一次；

（5）防治黄瓜灰霉病，刚开始发病时，用50％可湿性粉剂50～100g/亩对水40～50kg喷雾，间隔10天喷1次，共喷药3～4次；

（6）防治葡萄灰霉病，葡萄开花前10天至开花末期，对花穗喷施50％干悬浮剂750～1200倍液，共喷3次；

（7）蔬菜种植前对保护地进行表面消毒灭菌，用50％干悬浮剂400～500倍液喷洒地面、墙壁、立柱、棚膜等；

（8）防治番茄灰霉病，用50％乙烯菌核利干悬浮剂，用药量为50～100g/亩对水50kg，在病害发生初期开始喷雾防治，连续喷雾2次，用药间隔期为7天。

注意事项

（1）为防止病害抗性的产生，应与其他杀菌剂轮换使用。

（2）在黄瓜、番茄上推荐的安全间隔期为21～35天。

（3）严格按照农药安全规定使用此药，避免药液或药粉直接接触身体。如果不慎将该药剂溅到皮肤上或眼睛内，应立即用大量清水冲洗。如误服中毒，应立即催吐。不要使用促进吸收乙烯菌核利的食物，如脂肪（牛奶、蓖麻油）或酒类等，并且应迅速服用医用活性炭。若患者昏迷不醒，应将患者放置于空气新鲜处，并侧卧，若停止呼吸，应进行人工呼吸。

（4）此药应储存在阴凉和儿童接触不到的地方。

（5）施药后各种工具要认真清洗，污水和剩余药液要妥善处理保存，不得任意倾倒，以免污染鱼塘、水源及土壤。

（6）搬运时应注意轻拿轻放，以免破损污染环境。运输和储存时应有专门的车皮和仓库，不得与食物和日用品一起运输，应储存在干燥和通风良好的仓库中。

菌核净（dimetachlone）

$C_{10}H_7Cl_2NO_2$，244.08，24096-53-5

化学名称　N-（3,5-二氯苯基）-丁二酰亚胺。

其他名称　纹枯利，Ohric，dimethachlon，S47127。

理化性质　纯品为白色鳞状结晶。熔点 137.5～139℃，易溶于四氢呋喃、二甲基亚砜、二氧六环、苯、氯仿；可溶于甲醇、乙醇；难溶于正己烷、石油醚；不溶于水。在常温和酸性条件下稳定；遇到碱以及在阳光下容易分解。

毒性　急性经口 LD_{50}（mg/kg）：2037（雄性大鼠），1280（雄性小鼠）。大鼠急性经皮 LD_{50}＞5000mg/kg。鲤鱼 LC_{50} 55mg/L（48h）。

作用特点　对核盘菌和灰葡萄孢菌有高度活性，具有内渗治疗和直接杀菌作用，残效期长。

适宜作物与安全性　油菜、烟草、水稻、麦类等。

防治对象　对麦类赤霉病、麦类白粉病、水稻纹枯病、油菜菌核病、烟草赤星病有良好的防效，也应用于工业防腐等方面。

使用方法　主要用于茎叶处理。

（1）防治大豆菌核病，用可湿性粉剂 50～66.7g/亩茎叶喷雾，喷雾要均匀，每隔 10 天喷 1 次，连喷 2 次；

（2）防治黄瓜灰霉病，发病早期，用 40％ 可湿性粉剂 50～

80g/亩对水 60kg 喷雾；

（3）防治烟草赤星病，发病初期，用 40% 可湿性粉剂 125g/亩对水 100kg 于烟草封顶期喷雾，间隔 7 天喷 1 次，连喷 2 次；

（4）防治番茄灰霉病，发病早期，用 40% 可湿性粉剂 800～1000 倍液喷雾；

（5）防治水稻纹枯病，发病初期，用 40% 可湿性粉剂 100～200g/亩对水 100kg，间隔 7～14 天喷雾 1 次，整个生长发育期，共防治 2～3 次；

（6）防治苹果斑点落叶病，发病初期，用 40% 可湿性粉剂 700 倍液喷雾；

（7）防治向日葵菌核病，发病初期，用 40% 可湿性粉剂 1000 倍液喷雾，间隔 7～10 天，连喷 2 次；

（8）防治油菜菌核病，在油菜盛花期，第一次喷药，用 40% 可湿性粉剂 100～150g/亩对水 65～100kg 喷雾，间隔 7～10 天喷第 2 次，喷于植株中下部；

（9）防治人参菌核病，小区试验证明，在人参展叶期，每平方米参床浇 40% 菌核净 500～1500 倍液 3kg，始花期再用 1000 倍液喷雾 1 次，对人参菌核病的防效可达 91.7%～100%。

注意事项

（1）严格按照农药安全规定使用此药，避免药液或药粉直接接触身体，如果药液不小心溅入眼睛，应立即用清水冲洗干净并携带此药标签去医院就医；

（2）此药应储存在儿童接触不到的地方；

（3）如果误服要立即送往医院治疗；

（4）在运输和储存时，要有专门的车皮和仓库，不得与食物及日用品一起运输或储存；

（5）在配药或施药时，要注意不要抽烟、喝水或吃东西，工作完毕后应及时洗净手、脸和可能被污染的部位；

（6）菌核净应贮存在阴凉、避光、干燥、通风的仓库中，该药剂能通过食道等引起中毒，无特效药解毒，可对症处理。

混配制剂如下。

① 菌核净＋福美双：防治番茄灰霉病、油菜菌核病。

② 菌核净＋王铜：防治烟草赤星病。

克菌丹（captan）

$C_9H_8Cl_3NO_2S$，300.57，133-06-2

化学名称　N-三氯甲硫基-4-环己烯-1,2-二甲酰亚胺。

其他名称　开普敦，Merpan，Orthocide，Vondcaptan，Imidene。

理化性质　纯品为白色晶体，熔点178℃，蒸气压0.00133Pa（25℃）。25℃时溶解度为：二甲苯2%，氯仿7%，丙醇2%，环己酮2%，异丙醇0.1%，水中0.5mg/L。对酸稳定，强碱作用下分解。

毒性　大鼠急性经口 LD_{50} 9000mg/kg，对皮肤及黏膜有刺激作用。每日用300mg/kg剂量的工业品喂狗66周未出现慢性中毒症状，对大鼠两年饲喂试验的无作用剂量为1000mg/kg。动物试验发现致畸、致突变作用。

作用特点　克菌丹是具有保护和治疗作用的杀菌剂，没有内吸活性，喷药后，沾附在作物表面，可以用于叶面喷雾和种子处理。克菌丹是一种广谱性杀菌剂，能防治大田作物、蔬菜、果树的多种病害，兼有杀红蜘蛛的作用，在对铜制剂较敏感的桃树、李树上尤为适用。

适宜作物与安全性　麦类作物和棉花、番茄、果树、马铃薯、蔬菜、玉米、水稻等。

防治对象　稻瘟病、小麦锈病、小麦赤霉病、玉米苗期茎基腐病、葡萄霜霉病、葡萄黑腐病、柑橘树脂病、草莓灰霉病、麦类锈病、麦类赤霉病、花生白绢病、茄子褐纹病、白菜霜霉病、西葫芦灰霉病、樱桃灰星病、番茄早疫病、番茄晚疫病、蔬菜根腐病、番茄叶霉病、辣椒炭疽病、黄瓜炭疽病、高粱坚黑穗病、高粱散黑穗病、谷子黑穗病、糜子黑穗病。

使用方法　茎叶喷雾和种子处理。

（1）防治草莓灰霉病，发病前至发病初期，用50％可湿性粉剂400～600倍液喷雾；

（2）防治玉米苗期茎基腐病，播种前，用450g/L悬浮种衣剂70～80g/100kg种子包衣；

（3）防治苹果黑星病、苹果轮纹病、梨黑星病、葡萄霜霉病、葡萄黑腐病、柑橘树脂病等，发病早期，用50％可湿性粉剂300～500倍液喷雾；

（4）防治麦类锈病、麦类赤霉病、花生白绢病，发病初期，用50％可湿性粉剂150～200g/亩对水40～50kg喷雾；

（5）防治茄子褐纹病、白菜霜霉病，发病初期，用50％可湿性粉剂500倍液喷雾，间隔5～7天喷1次，连喷3～4次；

（6）防治番茄早疫病、番茄叶霉病、辣椒炭疽病、黄瓜炭疽病，发病初期，用50％可湿性粉剂400～600倍液喷雾；

（7）防治水稻恶苗病，用50％克菌丹500倍液浸种48小时，浸种温度为21℃左右；

（8）防治高羊茅草坪炭疽病，发病初期，用克菌丹300倍液喷雾，间隔7天，连续喷3次。

注意事项

（1）克菌丹对苹果和梨的某些品种有药害，对莴苣、芹菜、番茄种子有影响；

（2）严格按照农药安全规定使用此药，避免药液或药粉直接接触身体，如果药液不小心溅入眼睛，应立即用清水冲洗干净并携带此药标签去医院就医；

（3）此药应储存在阴凉和儿童接触不到的地方；

（4）如果误服要立即送往医院治疗；

（5）施药后各种工具要认真清洗，污水和剩余药液要妥善处理保存，不得任意倾倒，以免污染鱼塘、水源及土壤，搬运时应注意轻拿轻放，以免破损污染环境；

（6）运输和储存时应有专门的车皮和仓库，不得与食物和日用品一起运输，应储存在干燥和通风良好的仓库中；

（7）克菌丹可与多数常用农药混用，不能与碱性药剂混用；

（8）用药后，要注意洗手，洗脸及可能与药剂接触的皮肤；拌药的种子不能用作饲料或食用。

灭菌丹 （folpet）

$C_9H_4Cl_3NO_2S$，296.580，133-07-3

化学名称　N-三氯甲硫基邻苯二甲酰亚胺。

其他名称　费尔顿，法尔顿，Folpan，Phaltan，Thiophal。

理化性质　纯品为白色晶体。熔点 177℃，蒸气压 0.00133Pa（20℃）。微溶于有机溶剂，不溶于水（仅 1mg/L）。在干燥条件下较稳定，室温下遇水缓慢水解，遇高温或碱性物质迅速分离。

毒性　大鼠急性经口 LD_{50} 10000mg/kg，兔急性经皮 $LD_{50}>$ 22600mg/kg。对人黏膜有刺激作用，其粉尘或雾滴接触到眼睛、皮肤或吸入均能使局部受到刺激。动物试验发现致畸、致突变作用。鲤鱼 LC_{50} 0.21mg/L（48h）。

作用特点　灭菌丹没有内吸活性，属广谱保护性杀菌剂，对植物有刺激生长作用。喷施后沾附在作物表面，可以预防多种作物病害。

适宜作物与安全性　葫芦、马铃薯、观赏植物、齐墩果属植物、葡萄等多种作物。灭菌丹是保护性杀菌剂，可预防粮食、蔬菜和果树等多种作物病害。在推荐剂量下安全，无药害。

防治对象　瓜类蔬菜霜霉病、葡萄霜霉病、葡萄白粉病、马铃薯早疫病、马铃薯晚疫病、番茄早疫病、番茄晚疫病、马铃薯白粉病、番茄白粉病、草莓灰霉病、苹果炭疽病、梨黑星病、水稻纹枯病、小麦锈病、稻瘟病、小麦白粉病、小麦赤霉病、烟草炭疽病、花生叶斑病。

使用方法　叶面喷雾和种子处理。

（1）防治梨黑星病、苹果炭疽病，发病初期，用 50％可湿性粉剂 500～600 倍液喷雾；

（2）防治水稻纹枯病、小麦锈病、稻瘟病、小麦白粉病、小麦赤霉病、烟草炭疽病、花生叶斑病，在发病早期，用50％可湿性粉剂200～400倍液喷雾；

（3）防治马铃薯早疫病、马铃薯晚疫病、番茄早疫病、番茄晚疫病、马铃薯白粉病、番茄白粉病、草莓灰霉病，在发病早期，用50％可湿性粉剂400～500倍液喷雾。

注意事项

（1）严格按照农药安全规定使用此药，避免药液或药粉直接接触身体，如果药液不小心溅入眼睛，应立即用清水冲洗干净并携带此药标签去医院就医；

（2）此药应储存在儿童接触不到的地方；

（3）如果误服要立即送往医院治疗；

（4）施药后各种工具要认真清洗，污水和剩余药液要妥善处理保存，不得任意倾倒，以免污染鱼塘、水源及土壤；

（5）搬运时应注意轻拿轻放，以免破损污染环境，运输和储存时应有专门的车皮和仓库，不得与食物和日用品一起运输，应储存在干燥和通风良好的仓库中；

（6）该药对作物无害，但用在梨、葡萄、苹果上有轻度药害，高浓度下，对大豆、番茄有显著药害，稻田养鱼时要慎用本品；

（7）灭菌丹不可与油类乳剂、碱性药剂及含铁物质混用或前后连用；

（8）对人、畜黏膜有刺激作用，使用时勿吸入药粉，用药后用肥皂洗手、脸及可能与药液接触的皮肤；

（9）包装应密封，远离火、热源。

环丙酰菌胺（carpropamid）

$C_{15}H_{18}Cl_3NO$，334.7，混合物 104030-54-8。

化学名称　主要由以下4种结构组成，其中前两种含量超过95％，（1S，3R)-2,2-二氯-N-[(R)-1-(4-氯苯基)乙基]-1-乙基-3-

甲基环丙酰胺，（1R，3S)-2,2-二氯-N-[(R)-1-(4-氯苯基)乙基]-1-乙基-3-甲基环丙酰胺，（1R，3S)-2,2-二氯-N-[(S)-1-(4-氯苯基)乙基]-1-乙基-3-甲基环丙酰胺，（1S，3R)-2,2-二氯-N-[(S)-1-(4-氯苯基)乙基]-1-乙基-3-甲基环丙酰胺。

其他名称　Protega，Cleaness，Win，Arcado，Seed one。

理化性质　纯品为无色结晶固体，原药为淡黄色粉末，熔点为147～149℃，相对密度 1.17。有机溶剂中溶解度（g/L，20℃）：丙酮 153，甲醇 106，甲苯 38，己烷 0.9，水中溶解度（mg/L，pH7，20℃）：1.7（AR），1.9（BR）。

毒性　雄、雌小鼠急性经口 LD_{50}＞5000mg/kg，雄、雌大鼠急性经口 LD_{50}＞5000mg/kg，雄、雌大鼠急性经皮 LD_{50}＞5000mg/kg，雄、雌大鼠急性吸入 LC_{50}（4h）＞5000mg/L（灰尘）。对兔皮肤和眼睛无刺激，对豚鼠皮肤无过敏现象，大鼠和小鼠 2 年喂养试验无作用剂量为 400mg/kg，狗喂养 1 年试验无作用剂量为 200mg/kg，体内和体外试验均无致突变型，日本鹌鹑饲喂 LD_{50}（5d）＞2000mg/kg，虹鳟鱼 LC_{50}（96h）10mg/L，鲤鱼 LC_{50}（48h）＞5.6mg/L，水蚤 LC_{50}（3h）410mg/L，蚯蚓 LC_{50}（14d）＞1000mg/kg（干土）。

作用特点　环丙酰菌胺是内吸、保护性杀菌剂，无杀菌活性，不抑制病原菌菌丝的生长。主要抑制黑色素生物合成，在感染病菌后可加速植物抗生素 momilactone A 和 sakuranetin 等的产生，这种作用机理预示环丙酰菌胺可能对其他病害也有活性。

适宜作物与安全性　水稻，推荐剂量下对作物安全，无药害。

防治对象　水稻稻瘟病。

使用方法　茎叶处理和种子处理。防治稻瘟病，以预防为主，在育苗箱中应用剂量为 27g（a.i.）/亩，种子处理剂量为 30～40g（a.i.）/100kg，种子茎叶处理量为 5～10g（a.i.）/亩。

注意事项

（1）严格按照农药安全规定使用此药，避免药液或药粉直接接触身体，如果溅入眼中，请立即用清水冲洗 15 分钟，溅到皮肤上，立即用肥皂水冲洗，若刺激还在，立即去医院就医；

（2）此药应储存在阴凉和儿童接触不到的地方；

（3）如果误服要立即送往医院治疗；

（4）施药后各种工具要认真清洗，污水和剩余药液要妥善处理保存，不得任意倾倒，以免污染鱼塘、水源及土壤；

（5）搬运时应注意轻拿轻放，以免破损污染环境，运输和储存时应有专门的车皮和仓库，不得与食物和日用品一起运输，应储存在干燥和通风良好的仓库中；

（6）应注意在病害发生前施药，施药晚则效果下降，施药后一定要用肥皂洗净脸、手、脚。

环氟菌胺（cyflufenamid）

$C_{20}H_{17}F_5N_2O_2$，412.35，180409-60-3

化学名称 （Z）-N-［α-（环丙基甲氧基氨基）-2,3-二氟-6-（三氟甲基）苄基］-2-苯基-乙酰胺。

其他名称 Pancho。

理化性质 具芳香气味的白色固体，熔点 61.5～62.5℃，沸点 256.8℃。相对密度 1.347（20℃）。蒸气压 3.54×10^{-5} Pa（20℃）。溶解度（g/L，20℃）：水 5.20×10^{-4} Pa（pH 值 6.5），丙酮 920，二氯甲烷 902，乙酸乙酯 808，乙腈 943，甲醇 653，乙醇 500，二甲苯 658，正己烷 18.6。pH 值 5～7 的水溶液稳定，pH 值 9 的水溶液半衰期为 288 天，水溶液光解半衰期为 594 天。

毒性 大（小）鼠急性经口 $LD_{50} > 5000mg/kg$，大鼠急性经皮 $LD_{50} > 2000mg/kg$。对兔皮肤无刺激性，对兔眼睛有轻微刺激性，对豚鼠皮肤无过敏现象。大鼠急性吸入 LC_{50}（4h）$>$ 4.76mg/L。ADI 值 0.041mg/kg，山齿鹑急性经口 $LD_{50} >$ 2000mg/kg，山齿鹑饲喂 LC_{50}（5d）$>2000mg/kg$，虹鳟鱼 LC_{50}（96h）$>320mg/L$，蜜蜂急性经口 $LD_{50} > 1000\mu g/$只，蚯蚓 LC_{50}（14d）$>1000mg/kg$（干土）。

作用特点　环氟菌胺抑制白粉病菌生活史（即发病过程）中菌丝上分生的吸器的形成和生长，次生菌丝的生长和附着器的形成，但对孢子的萌发、芽管的伸长均无作用。

适宜作物与安全性　葡萄、黄瓜、小麦、草莓、苹果等。

防治对象　小麦白粉病、草莓白粉病、黄瓜白粉病、苹果白粉病、葡萄白粉病等。

使用方法　茎叶喷雾。防治葡萄、黄瓜、小麦、草莓、苹果等的白粉病，在发病初期，用 1.7g（a.i.）/亩对水 40～50kg 喷雾。

注意事项

（1）严格按照农药安全规定使用此药，避免药液或药粉直接接触身体，如果药液不小心溅入眼睛，应立即用清水冲洗干净并携带此药标签去医院就医；

（2）此药应储存在阴凉和儿童接触不到的地方；

（3）如果误服要立即送往医院治疗；

（4）施药后各种工具要认真清洗，污水和剩余药液要妥善处理保存，不得任意倾倒，以免污染鱼塘、水源及土壤；

（5）搬运时应注意轻拿轻放，以免破损污染环境，运输和储存时应有专门的车皮和仓库，不得与食物和日用品一起运输，应储存在干燥和通风良好的仓库中。

双炔酰菌胺（mandiprapamid）

$C_{23}H_{22}ClNO_4$，411.9，374726-62-2

化学名称　2-(4-氯苯基)-N-{2-[3-甲氧基-4-(2-丙炔氧基)-苯基]-乙烷基}-2-(2-丙炔氧基)-乙酰胺。

理化性质　外观为浅褐色无味细粉末；pH 值 6～8；在有机溶剂中溶解度（25℃，g/L）：乙酸乙酯 120，甲醇 66，二氯甲烷 400，丙酮 300，正己烷 0.042，辛醇 4.8，甲苯 29。

毒性　对大鼠急性经口、经皮 LD_{50}＞5000mg/kg，急性吸入

LC_{50} 为 $5190 \sim 4980 mg/m^3$；对白兔眼睛和皮肤有轻度刺激性，对豚鼠皮肤变态反应试验结果为无致敏性。

作用特点 为酰胺类杀菌剂，对处于萌发阶段的孢子具有较高活性，并可抑制菌丝的生长和孢子的形成。其作用机理为抑制磷脂的生物合成，对绝大多数由卵菌引起的叶部和果实病害均有很好的防效，可以通过叶片被迅速吸收，并停留在叶表蜡质层中，对叶片起保护作用。

适宜作物与安全性 荔枝等，推荐剂量下，对荔枝树生长无不良影响，未见药害发生。

防治对象 荔枝霜霉病等。

使用方法 茎叶喷雾。防治荔枝霜霉病，在开花期、幼果期、中果期、转色期，用 $250g/L$ 悬浮剂 $1000 \sim 2000$ 倍液喷雾。

注意事项

（1）严格按照农药安全规定使用此药，避免药液或药粉直接接触身体，如果药液不小心溅入眼睛，应立即用清水冲洗干净并携带此药标签去医院就医；

（2）此药应储存在阴凉和儿童接触不到的地方；

（3）如果误服要立即送往医院治疗；

（4）施药后各种工具要认真清洗，污水和剩余药液要妥善处理保存，不得任意倾倒，以免污染鱼塘、水源及土壤；

（5）搬运时应注意轻拿轻放，以免破损污染环境，运输和储存时应有专门的车皮和仓库，不得与食物和日用品一起运输，应储存在干燥和通风良好的仓库中。

混配制剂如下。

双炔酰菌胺＋百菌清：防治黄瓜霜霉病。

邻酰胺 （mebenil）

$C_{14}H_{13}NO$，211.26，7055-03-0

化学名称 2-甲基-N-苯基苯甲酰胺。

其他名称 灭菱灵。

理化性质 纯品为结晶固体，熔点130℃，20℃蒸气压3.6Pa（0.027mmHg）。溶于大多数有机溶剂，如乙醇、二甲基亚砜、二甲基甲酰胺、丙酮，难溶于水，对酸、碱、热均较稳定。

毒性 大鼠急性经口LD_{50}为6000mg/kg，小鼠急性经口LD_{50}为8750mg/kg，属低毒杀菌剂。对皮肤无明显刺激，在动物体内不累积，代谢快。

作用特点 邻酰胺为内吸性杀菌剂，对担子菌纲病原菌具有较强的抑制作用。

适宜作物与安全性 小麦、谷物、马铃薯、水稻等。

防治对象 小麦锈病、小麦菌核性根腐病及丝核菌引起的其他根部病害、谷物锈病、马铃薯立枯病、马铃薯黑痣病、水稻纹枯病、小麦纹枯病等。

使用方法 茎叶处理或拌种。

（1）防治马铃薯黑痣病，用15％拌种剂13～16g浸种薯1kg；

（2）防治水稻、小麦纹枯病，在发病初期，用25％邻酰胺胶悬剂200～320g/亩对水40～50kg喷雾，间隔10天，连续喷2～3次。

注意事项

（1）严格按照农药安全规定使用此药，喷药时戴好口罩、手套，穿上工作服；

（2）施药时不能吸烟、喝酒、吃东西，避免药液或药粉直接接触身体，如果药液不小心溅入眼睛，应立即用清水冲洗干净并携带此药标签去医院就医；

（3）此药应储存在阴凉和儿童接触不到的地方；

（4）如果误服或在使用中发现中毒现象要立即送往医院治疗；

（5）施药后各种工具要认真清洗，污水和剩余药液要妥善处理保存，不得任意倾倒，以免污染鱼塘、水源及土壤；搬运时应注意轻拿轻放，以免破损污染环境，运输和储存时应有专门的车皮和仓库，不得与食物和日用品一起运输，应储存在干燥和通风良好的仓库中，贮存温度不要低于－15℃；

（6）要早期喷药，发病盛期施药效果差，喷药时药液一定要搅拌均匀。

苯噻菌胺（metsulfovax）

$C_{12}H_{12}N_2OS$，232.3，21452-18-6

化学名称　2,4-二甲基-1,3-噻唑-5-羧基苯胺。

其他名称　G696。

理化性质　晶体，熔点 140～142℃，25℃下蒸气压 1.7μPa。溶解度为：水 342mg/L，己烷 320mg/L，甲醇 17g/L，甲苯 12.9/L。呈酸性，在土壤中的 DT_{50} 约 7 天。

毒性　大鼠急性经口 LD_{50} 为 4g/kg，兔急性经皮 LD_{50} ＞2g/kg，大鼠急性吸入 LC_{50}（4h）＞5.7mg/L（空气），2 年饲喂试验无作用剂量为雌大鼠 50mg/kg（饲料），雄大鼠 4g/kg（饲料）。野鸭 LC_{50}（8d）＞5.6g/kg（饲料），蓝鳃 LC_{50}（96h）为 34mg/L，水蚤 LC_{50}（48h）＞97mg/L。

作用特点　内吸性杀菌剂。

适宜作物与安全性　水稻、棉花、观赏植物、马铃薯。

防治对象　水稻、棉花、观赏植物和马铃薯上的担子菌亚门病原菌，如柄锈菌属、腥黑粉菌属、黑粉菌属以及立枯丝核菌属等所致病害。

使用方法　种子处理、叶面喷雾或土壤处理。用量为 0.2～0.8g（a.i.）/kg 种子进行拌种。

注意事项

（1）严格按照农药安全规定使用此药，喷药时戴好口罩、手套，穿上工作服；

（2）施药时不能吸烟、喝酒、吃东西，避免药液或药粉直接接触身体，如果药液不小心溅入眼睛，应立即用清水冲洗干净并携带此药标签去医院就医；

（3）此药应储存在阴凉和儿童接触不到的地方；

（4）如果误服要立即送往医院治疗；

（5）施药后各种工具要认真清洗，污水和剩余药液要妥善处理保存，不得任意倾倒，以免污染鱼塘、水源及土壤；

（6）搬运时应注意轻拿轻放，以免破损污染环境，运输和储存时应有专门的车皮和仓库，不得与食物和日用品一起运输，应储存在干燥和通风良好的仓库中。

呋酰胺（ofurace）

$C_{14}H_{16}ClNO_3$，281.7，58810-48-3

化学名称　2-甲基呋喃-3-甲酰基苯胺；（±）-α-2-氯-N-2,6-二甲苯基乙酰氨基-γ-丁内酯；2-氯-N(2,6-二甲基苯基)-N-(四氢2-氧代-3-呋喃基）乙酰胺；DL-3［N-氯乙酰基-N(2,6-二甲基苯基)氨基]-γ-丁内酯。

理化性质　原药为乳白色固体，纯度为98％，熔点为109～110℃。纯品为无色结晶固体，蒸气压0.02mPa，水中溶解度为0.1g/L（20℃），有机溶剂中溶解度（g/L，20℃）：丙酮300，环己酮340，甲醇145，二甲苯20，对热和光稳定，中性介质中稳定，但在强酸和强碱中易分解，在土壤中半衰期为42天。

毒性　大鼠急性经口LD_{50}为12900mg/kg，小鼠急性经口LD_{50}为2450mg/kg。对兔皮肤有轻度刺激性。

作用特点　内吸性杀菌剂。

适宜作物与安全性　大麦、小麦、高粱、谷子。

防治对象　大麦黑穗病、小麦黑穗病、高粱丝黑穗病、谷子黑穗病。

使用方法　种子处理。小麦黑穗病、大麦黑穗病、谷子黑穗病、高粱丝黑穗病，用25％甲呋酰胺乳油200～300mL/100kg拌种。

注意事项

（1）严格按照农药安全规定使用此药，喷药时戴好口罩、手套，穿上工作服；

（2）施药时不能吸烟、喝酒、吃东西，避免药液或药粉直接接触身体，如果药液不小心溅入眼睛，应立即用清水冲洗干净并携带此药标签去医院就医；

（3）此药应储存在阴凉和儿童接触不到的地方；

（4）如果误服要立即送往医院治疗；

（5）施药后各种工具要认真清洗，污水和剩余药液要妥善处理保存，不得任意倾倒，以免污染鱼塘、水源及土壤；

（6）搬运时应注意轻拿轻放，以免破损污染环境，运输和储存时应有专门的车皮和仓库，不得与食物和日用品一起运输，应储存在干燥和通风良好的仓库中。

双氯氰菌胺（diclocymet）

$C_{15}H_{18}Cl_2N_2O$，313.22，139920-32-4

化学名称　（RS)-2-氰基-N-[（R)-1-(2,4-二氯苯基)乙基]-3,3-二甲基丁酰胺。

理化性质　纯品为淡黄色晶体，熔点 154.4～156.6℃，相对密度为 1.24。蒸气压 0.26mPa（25℃)，水中溶解度（25℃）为 6.38μg/mL。

毒性　低毒，大鼠急性经口 $LD_{50} > 5000mg/kg$。

作用特点　内吸性杀菌，黑色素生物合成抑制剂。

适宜作物与安全性　水稻。

防治对象　稻瘟病。

使用方法　茎叶喷雾。防治稻瘟病，发病前至发病初期，用7.5%悬浮剂 80～100mL/亩对水 40～50kg 喷雾。

注意事项

（1）严格按照农药安全规定使用此药，喷药时戴好口罩、手套，穿上工作服；

（2）施药时不能吸烟、喝酒、吃东西，避免药液或药粉直接接

触身体，如果药液不小心溅入眼睛，应立即用清水冲洗干净并携带此药标签去医院就医；

（3）此药应储存在阴凉和儿童接触不到的地方；

（4）如果误服要立即送往医院治疗；

（5）施药后各种工具要认真清洗，污水和剩余药液要妥善处理保存，不得任意倾倒，以免污染鱼塘、水源及土壤；

（6）搬运时应注意轻拿轻放，以免破损污染环境，运输和储存时应有专门的车皮和仓库，不得与食物和日用品一起运输，应储存在干燥和通风良好的仓库中。

磺菌胺（flusulfamide）

$C_{13}H_7Cl_2F_3N_2O_4S$，415.2，106917-52-6

化学名称　$2'$,4-二氯-α,α,α-三氟-$4'$-硝基间甲苯磺酰苯胺。

理化性质　纯品为浅黄色结晶状固体。熔点 169.7～171.0℃，蒸气压 9.9×10^{-7} mPa（40℃），相对密度 1.739。水中溶解度 2.9mg/kg（25℃）；有机溶剂中溶解度（g/kg，25℃）：甲醇 24，丙酮 314，四氢呋喃 592。在黑暗环境中与 35～80℃ 之间能稳定存在 90 天。在酸、碱介质中稳定存在。

毒性　雄性大鼠急性经口 LD_{50} 为 180mg/kg，雌性大鼠 132mg/kg。雌雄大鼠急性经皮 LD_{50}＞2000mg/kg。对兔有轻微眼睛刺激，无皮肤刺激，无皮肤过敏现象。雌雄大鼠急性吸入 LC_{50}（4h）为 0.47mg/L。鹌鹑急性经口 LD_{50} 为 66mg/kg。蜜蜂 LD_{50} 为＞20g/只（经口与接触）。

作用特点　抑制孢子萌发。

适宜作物与安全性　甘蓝、花椰菜、甜菜、番茄、茄子、黄瓜、菠菜、小麦、水稻、大麦、黑麦、大豆、萝卜等，果树如苹果树、葡萄等。

防治对象　锈病、菌核病、灰霉病、霜霉病、苹果树黑星病和白粉病，磺菌胺能有效地防治土传病害，包括腐霉菌、螺壳状丝囊菌、疮痂病菌等引起的病害，对根肿病（如白菜根肿病）有显著效果。

使用方法　茎叶喷雾。

注意事项

（1）严格按照农药安全规定使用此药，喷药时戴好口罩、手套、穿上工作服；

（2）施药时不能吸烟、喝酒、吃东西，避免药液或药粉直接接触身体，如果药液不小心溅入眼睛，应立即用清水冲洗干净并携带此药标签去医院就医；

（3）此药应储存在阴凉和儿童接触不到的地方；

（4）如果误服要立即送往医院治疗；

（5）施药后各种工具要认真清洗，污水和剩余药液要妥善处理保存，不得任意倾倒，以免污染鱼塘、水源及土壤；

（6）搬运时应注意轻拿轻放，以免破损污染环境，运输和储存时应有专门的车皮和仓库，不得与食物和日用品一起运输，应储存在干燥和通风良好的仓库中。

吡噻菌胺（penthiopyrad）

C$_{16}$H$_{20}$F$_3$N$_3$OS，359.41，183675-82-3

化学名称　(RS)-N-[2-(1,3-二甲基丁基)-3-噻吩基]-1-甲基-3-(三氟甲基)-1H-吡唑-4-甲酰胺。

理化性质　纯品熔点 103～105℃，蒸气压 6.43×10^{-6} mPa（25℃），在水中的溶解度 7.53mg/L（20℃）。

毒性　鼠（雌/雄）急性经口 LD$_{50}$＞2000mg/kg，大鼠（雌/雄）急性经皮 LD$_{50}$＞2000mg/kg，大鼠（雌/雄）急性吸入毒性 LC$_{50}$（4h）＞5669mg/L。对兔眼睛有轻微刺激性，对兔皮肤无刺激性，无致敏性。Ames 试验为阴性，致癌变实验为阴性，鲤鱼

LC$_{50}$（96h）1.17mg/L，水蚤 LC$_{50}$（24h）40mg/L，水藻 EC$_{50}$（72h）2.72mg/L。

作用特点 对锈病、菌核病有优异的活性，同时对灰霉病、白粉病和苹果黑星病也显示出较好的杀菌活性。通过在 PDA（马铃薯葡萄糖琼脂）培养基上的生长情况发现，对抗甲基硫菌灵、腐霉利和乙霉威的灰葡萄孢均有活性。试验结果表明，吡噻菌胺作用机理与其他用于防治这些病害的杀菌剂有所不同，因此没有交互抗性，具体作用机理正在研究中。

适宜作物与安全性 蔬菜、果树如苹果树、葡萄等。

防治对象 灰霉病、菌核病、锈病、霜霉病、苹果树黑星病和白粉病等。

使用方法 茎叶喷雾。

（1）防治日光温室西红柿灰霉病，可用 20% 吡噻菌胺悬浮剂 2000 倍液喷雾，7～10 天喷 1 次，连续用药 2～3 次；

（2）防治霜霉病、菌核病、灰霉病、苹果黑星病、锈病和白粉病等，发病前至发病初期，用 20% 悬浮剂 30～60mL/亩对水 40～50kg 喷雾；

（3）防治葡萄灰霉病，发病前至发病初期，用 20% 悬浮剂 2000 倍液喷雾。

注意事项

（1）严格按照农药安全规定使用此药，喷药时戴好口罩、手套，穿上工作服；

（2）施药时不能吸烟、喝酒、吃东西，避免药液或药粉直接接触身体，如果药液不小心溅入眼睛，应立即用清水冲洗干净并携带此药标签去医院就医；

（3）此药应储存在阴凉和儿童接触不到的地方；

（4）如果误服要立即送往医院治疗；

（5）施药后各种工具要认真清洗，污水和剩余药液要妥善处理保存，不得任意倾倒，以免污染鱼塘、水源及土壤；

（6）搬运时应注意轻拿轻放，以免破损污染环境，运输和储存时应有专门的车皮和仓库，不得与食物和日用品一起运输，应储存在干燥和通风良好的仓库中。

水杨菌胺 (trichlamide)

$C_{13}H_{16}Cl_3NO_3$，340.65，70193-21-4

化学名称 (R,S)-N-(1-正丁氧基-2,2,2-三氯乙基)水杨酰胺。

理化性质 纯品为白色结晶，相对密度 1.43，熔点 73～74℃，20℃时蒸气压为 10mPa，25℃时溶解度：水 6.5mg/L，丙酮、甲醇、氯仿 2000g/L 以上，苯 803g/L，己烷 55g/L。对酸、碱、光稳定。

毒性 对哺乳动物的毒性极低。大鼠急性经口 LD_{50}＞7g/kg，急性经皮 LD_{50}＞5g/kg，小鼠急性经口 LD_{50}＞5g/kg，急性经皮 LD_{50}＞5g/kg。鸡急性经口 LD_{50}＞1g/kg。鱼毒：LC_{50}（鲤鱼，48h）为 1.7mg/kg。对蜜蜂、蚕、鸡低毒。皮肤刺激性、突变型致畸性试验均为阴性。

作用特点 水杨菌胺为广谱杀菌剂。

适宜作物与安全性 白菜、甘蓝、芜菁、豌豆、马铃薯、西瓜、黄瓜等。

防治对象 白菜根肿病、甘蓝根肿病、青豌豆根腐病、马铃薯疮痂病和粉痂病、西瓜枯萎病、黄瓜猝倒病、芜菁根肿病。

使用方法 茎叶喷雾。

（1）防治西瓜枯萎病，15％水杨菌胺可湿性粉剂加水配成 700～800 倍液，于西瓜播前苗床浇灌或移栽后灌根，每株 500mL 药液灌根。一般施药 2～3 次，施药次数视病情而定，未见药害发生；

（2）防治白菜根肿病、甘蓝根肿病、青豌豆根腐病、马铃薯疮痂病和粉痂病、黄瓜猝倒病、芜菁根肿病，发病初期，用 10％可湿性粉剂 500～800 倍液喷雾。

注意事项

（1）严格按照农药安全规定使用此药，喷药时戴好口罩、手套，穿上工作服；

（2）施药时不能吸烟、喝酒、吃东西，避免药液或药粉直接接触身体，如果药液不小心溅入眼睛，应立即用清水冲洗干净并携带此药标签去医院就医；

（3）此药应储存在阴凉和儿童接触不到的地方；

（4）如果误服要立即送往医院治疗；

（5）施药后各种工具要认真清洗，污水和剩余药液要妥善处理保存，不得任意倾倒，以免污染鱼塘、水源及土壤；

（6）搬运时应注意轻拿轻放，以免破损污染环境，运输和储存时应有专门的车皮和仓库，不得与食物和日用品一起运输，应储存在干燥和通风良好的仓库中。

呋菌胺（methfuroxam）

$C_{14}H_{15}NO_2$，229.27，28730-17-8

化学名称　2,4,5-三甲基-3-呋喃基酰苯胺。

其他名称　WL22361。

理化性质　白色结晶固体，熔点 138～140℃，略有气味。25℃溶解度：水中 0.01g/kg，丙酮 125g/kg，甲酸 64g/kg，二甲基甲酰胺 412g/kg，苯 36g/kg。20℃时蒸气压小于 0.13mPa。在强酸、强碱中水解，对金属无腐蚀作用。

毒性　小鼠急性经口 LD_{50} 为 0.88g/kg（雌），兔经皮 LD_{50} 为 3.16g/kg；大鼠吸入 LD_{50} 为 17.39mg/L（空气），对兔皮肤无刺激性，对兔眼睛稍有刺激，虹鳟鱼 LC_{50} 为 0.36mg/L。

作用特点　具有内吸作用的拌种剂，可用于防治种子胚内带菌的麦类散黑穗病。

适宜作物与安全性　大麦、小麦、高粱、谷子、玉米等。

防治对象　小麦散黑穗病、小麦光腥黑穗病、谷子粒黑穗病、高粱丝黑穗病、高粱坚黑穗病、高粱散黑穗病、大麦散黑穗病等。

使用方法 拌种。

（1）防治高粱丝黑穗病、散黑穗病及坚黑穗病，用25％液剂200～300mL拌种100kg；

（2）防治小麦光腥黑穗病，用25％液剂300mL拌种100kg；

（3）防治大麦及小麦散黑穗病，用25％液剂200～300mL拌种100kg；

（4）防治谷子粒黑穗病，用25％液剂280～300mL拌种100kg。

注意事项

（1）严格按照农药安全规定使用此药，喷药时戴好口罩、手套、穿上工作服；

（2）施药时不能吸烟、喝酒、吃东西，避免药液或药粉直接接触身体，如果药液不小心溅入眼睛，应立即用清水冲洗15分钟，并携带此药标签去医院就医；

（3）此药应储存在阴凉和儿童接触不到的地方；

（4）如果误服要立即送往医院治疗；

（5）施药后各种工具要认真清洗，污水和剩余药液要妥善处理保存，不得任意倾倒，以免污染鱼塘、水源及土壤；

（6）搬运时应注意轻拿轻放，以免破损污染环境，运输和储存时应有专门的车皮和仓库，不得与食物和日用品一起运输，应储存在干燥和通风良好的仓库中。

氧化萎锈灵 （oxycarboxin）

$C_{12}H_{13}NO_4S$, 267.3, 5259-88-1

化学名称 2,3-二氢-6-甲基-5-苯基-氨基甲酰-1,4-氧硫杂䓬-4,4-二氧化物。

其他名称 Dc-MOD，F-461。

理化性质 白色固体，熔点 127.5～130℃；在 25℃水中溶解度为 1g/L，乙醇 3%，丙酮 36%，二甲亚砜 223%，苯 3.4%，甲醇 7%，不能与强酸性或强碱性农药混用，可与其他农药混用。

毒性 大鼠急性经口 LD_{50} 为 2000mg/kg，小白鼠急性经口 LD_{50} 为 2149mg/kg（雄），1654mg/kg（雌），兔急性经皮 LD_{50} ＞16000mg/kg。

作用特点 内吸性杀菌剂。

适宜作物与安全性 谷子、蔬菜等。

防治对象 用于防治谷物和蔬菜锈病。

使用方法 叶面喷雾。防治谷物及蔬菜锈病，用 75%可湿性粉剂 50～100g/亩对水 40～50kg 喷雾，每隔 10～15 天 1 次，共喷 2 次。

注意事项

（1）严格按照农药安全规定使用此药，喷药时戴好口罩、手套、穿上工作服；

（2）施药时不能吸烟、喝酒、吃东西，避免药液或药粉直接接触身体，如果药液不小心溅入眼睛，应立即用清水冲洗干净并携带此药标签去医院就医；

（3）此药应储存在阴凉和儿童接触不到的地方；

（4）如果误服要立即送往医院治疗；

（5）施药后各种工具要认真清洗，污水和剩余药液要妥善处理保存，不得任意倾倒，以免污染鱼塘、水源及土壤；

（6）搬运时应注意轻拿轻放，以免破损污染环境，运输和储存时应有专门的车皮和仓库，不得与食物和日用品一起运输，不能与强碱性或强酸性农药混用；

（7）应储存在干燥和通风良好的仓库中。

敌菌丹（captafol）

$C_{10}H_9Cl_4NO_2S$，349.06，2425-06-1

化学名称　N-(1,1,2,2-四氯乙硫基)-1,2,3,6-四氢苯邻二甲酰亚胺。

其他名称　Difolatan；Haipen；Difosan；Sanspor；Foltaf；Difolatan（JMAF）；Folcid；Sanopor；Crisfolatan；Sulferimide；Merpafol.

理化性质　纯品为白色结晶固体，熔点160～161℃，在室温下几乎不挥发。难溶于水，微溶于大多数有机溶剂。在强碱条件下不稳定。

毒性　大白鼠急性经口 LD_{50} 为5000～6200mg/kg，用80%可湿性粉剂的水悬液给药，大鼠急性经口 LD_{50} 为2500mg/kg，大白兔急性经皮毒性 LD_{50} 为>15.4g/kg。每日用500mg/kg对大鼠或以10mg/kg剂量对狗经两年饲养实验均没有产生中毒现象。对野鸭和家鸭10天饲养的 LD_{50} 分别为23g/kg以上和101.7g/kg。对虹鳟鱼接触4天后半致死浓度（LC_{50}）为0.5mg/L，大翻车鱼为2.8mg/L，金鱼为3.0mg/L，青鳃鱼为0.15mg/L。

作用特点　是一种多作用点的广谱、保护性杀菌剂。

适宜作物与安全性　果树、经济作物、蔬菜、森林等。

防治对象　防治番茄叶部及果实病害，马铃薯枯萎病，果树、蔬菜和经济作物的根腐病、立枯病、霜霉病、疫病和炭疽病，咖啡、仁果病害以及防治其他农业、园艺和森林作物的病害，还能作为木材防腐剂。

使用方法　可茎叶处理、土壤处理和种子处理。

注意事项

（1）严格按照农药安全规定使用此药，喷药时戴好口罩、手套、穿上工作服；

（2）施药时不能吸烟、喝酒、吃东西，避免药液或药粉直接接触身体，如果药液不小心溅入眼睛，应立即用清水冲洗干净并携带此药标签去医院就医；

（3）此药应储存在阴凉和儿童接触不到的地方；

（4）如果误服要立即送往医院治疗；

（5）施药后各种工具要认真清洗，污水和剩余药液要妥善处理保存，不得任意倾倒，以免污染鱼塘、水源及土壤；

（6）搬运时应注意轻拿轻放，以免破损污染环境，运输和储存时应有专门的车皮和仓库，不得与食物和日用品一起运输，应储存在干燥和通风良好的仓库中。

乙菌利（chlozolinate）

$C_{13}H_{11}Cl_2NO_5$，332.14，84332-86-5

化学名称 3-(3,5-二氯苯基)-5-乙氧基甲酰基-5-甲基-1,3-噁唑烷-2,4-二酮。

其他名称 Manderol；Serinal。

理化性质 纯品为无色结晶固体，熔点112.6℃，相对密度1.42，25℃蒸气压0.013mPa；25℃水中溶解度为32mg/L，在丙酮、氯仿、二氯甲烷中大于300g/kg，乙烷3g/kg。

毒性 大鼠急性经口$LD_{50}>4.5g/kg$，小鼠急性经口LD_{50}为10g/kg，大鼠急性经皮$LD_{50}>5g/kg$，对皮肤无刺激性，无过敏性。

作用特点 抑制菌体内甘油三酯的合成，具有保护和治疗的双重作用。主要作用于细胞膜，阻碍菌丝顶端正常细胞壁的合成，抑制菌丝的发育。

适宜作物与安全性 葡萄、草莓、核果及仁果类、蔬菜、禾谷类作物如小麦、大麦和燕麦等，苹果及玫瑰等。

防治对象 苹果黑星病、玫瑰白粉病、葡萄灰霉病、草莓灰霉病、蔬菜上的灰霉病、小麦腥黑穗病、大麦和燕麦的散黑穗病等。

使用方法 茎叶处理和种子处理。防治葡萄、草莓的灰霉病、核果和仁果类桃褐腐、核盘菌和果产核盘菌、蔬菜上的灰葡萄孢和核盘菌，使用剂量为50～66.7g（a.i.）/亩。

注意事项

（1）严格按照农药安全规定使用此药，喷药时戴好口罩、手套，穿上工作服；

（2）施药时不能吸烟、喝酒、吃东西，避免药液或药粉直接接触身体，如果药液不小心溅入眼睛，应立即用清水冲洗干净并携带此药标签去医院就医；

（3）此药应储存在阴凉和儿童接触不到的地方；

（4）如果误服要立即送往医院治疗；

（5）施药后各种工具要认真清洗，污水和剩余药液要妥善处理保存，不得任意倾倒，以免污染鱼塘、水源及土壤；

（6）搬运时应注意轻拿轻放，以免破损污染环境，运输和储存时应有专门的车皮和仓库，不得与食物和日用品一起运输，应储存在干燥和通风良好的仓库中。

氯苯咯菌胺（metomeclan）

$C_{12}H_{10}Cl_2NO_3$，287.11，81949-88-4

化学名称 1-(3,5-二氯苯基)-3-(甲氧基甲基)-2,5-吡咯烷二酮。

作用特点 广谱性杀菌剂，对半知类真菌具有较好的防效。

适宜作物与安全性 葡萄、莴苣、油菜、香蕉等。

防治对象 防治由灰葡萄孢属、交链孢属、核盘菌属、链核盘菌属、丛梗孢属、球腔菌属、丝核菌属、油壶菌属、镰刀菌属、病原菌引起的病害，如葡萄灰霉病、莴苣灰霉病、油菜菌核病、香蕉叶斑病；收获后浸果处理可以防治由青霉属、交链孢属、毛盘孢属、葡萄孢属、色二孢属和镰刀菌属等真菌造成的伤害。

使用方法 茎叶处理。防治由灰葡萄孢属、交链孢属、核盘菌属、链核盘菌属、丛梗孢属、球腔菌属、丝核菌属、油壶菌属、镰刀菌属、病原菌引起的病害，如葡萄灰霉病、莴苣灰霉病、油菜菌核病、香蕉叶斑病等，用药量为 30～50g（a.i.）/亩。

注意事项

（1）严格按照农药安全规定使用此药，喷药时戴好口罩、手套，穿上工作服；

（2）施药时不能吸烟、喝酒、吃东西，避免药液或药粉直接接触身体，如果药液不小心溅入眼睛，应立即用清水冲洗干净并携带此药标签去医院就医；

（3）此药应储存在阴凉和儿童接触不到的地方；

（4）如果误服要立即送往医院治疗；

（5）施药后各种工具要认真清洗，污水和剩余药液要妥善处理保存，不得任意倾倒，以免污染鱼塘、水源及土壤；

（6）搬运时应注意轻拿轻放，以免破损污染环境，运输和储存时应有专门的车皮和仓库，不得与食物和日用品一起运输，应储存在干燥和通风良好的仓库中。

苯酰菌胺（zoxamide）

$C_{14}H_{16}Cl_3NO_2$，336.64，156052-68-5

化学名称　(R,S)-3,5-二氯-N-（3-氯-1-乙基-1-甲基-2-氧代丙基)-对甲基苯甲酰胺。

理化性质　纯品熔点159.5～160.5℃。蒸气压$<1×10^{-2}$mPa（45℃）。在水中的溶解度0.681mg/L（20℃）。在水中的半衰期为15天（pH4和7），8天（pH9）。在水中光解半衰期为7.8天，土壤中半衰期为2～10天。

毒性　大鼠急性经口$LD_{50}>5$g/kg，大鼠急性经皮$LD_{50}>2$g/kg，大鼠急性吸入LC_{50}（4h）>5.3mg/L。对兔眼睛和皮肤均无刺激作用，对豚鼠皮肤有刺激性。诱变实验（4种试验）：阴性。致畸试验（兔，大鼠）：无致畸性。繁殖试验（兔，大鼠）：无副作用。慢性毒性/致癌试验：无致癌性。野鸭和山齿鹑急性经口$LC_{50}>5250$mg/kg，鳟鱼急性LC_{50}（96h）160μg/L。蜜蜂$LD_{50}>100\mu$g/只（经口和接触）；蚯蚓LC_{50}（14d）>1070mg/kg土壤。

作用特点　苯酰菌胺是一种高效保护性杀菌剂，具有长的持效期和很好的耐雨水冲刷性能，通过微管蛋白β-亚基的结合和微管细胞骨架的破裂来抑制菌核分裂。苯酰菌胺不影响游动孢子的游动、孢囊形成或萌发，伴随着菌核分裂的第一个循环，芽管的伸长受到抑制，从而阻止病菌穿透寄主植物。实验室中用冬瓜疫霉病和马铃薯晚疫病试图产生变体没有成功，可见田间快速产生抗性的危险性不大。实验室分离出抗苯甲酰胺类和抗二甲基吗啉类的菌种，实验结果表明苯酰菌胺与之无交互抗性。

适宜作物与安全性　黄瓜、辣椒、菠菜、马铃薯、葡萄等。在推荐剂量下对多种作物安全，对环境安全。

防治对象　主要用于防治卵菌纲病害如马铃薯晚疫病和番茄晚疫病、黄瓜霜霉病和葡萄霜霉病，对葡萄霜霉病有特效。离体实验表明苯酰菌胺对其他真菌病原体也有一定活性，推测对甘薯灰霉病、莴苣盘梗霉、花生褐斑病、白粉病等有一定活性。

使用方法　茎叶处理。防治卵菌纲病害如马铃薯晚疫病和番茄晚疫病、黄瓜霜霉病和葡萄霜霉病，在发病前使用，每亩用量为$6.7 \sim 16.7g$，每隔$7 \sim 10$天1次。该药实际应用时，通常和代森锰锌以及其他杀菌剂混配使用，不仅扩大杀菌谱，而且提高药效。

注意事项

（1）严格按照农药安全规定使用此药，喷药时戴好口罩、手套，穿上工作服；

（2）施药时不能吸烟、喝酒、吃东西，避免药液或药粉直接接触身体，如果药液不小心溅入眼睛，应立即用清水冲洗干净并携带此药标签去医院就医；

（3）此药应储存在阴凉和儿童接触不到的地方，如果误服要立即送往医院治疗；

（4）施药后各种工具要认真清洗，污水和剩余药液要妥善处理保存，不得任意倾倒，以免污染鱼塘、水源及土壤；

（5）搬运时应注意轻拿轻放，以免破损污染环境，运输和储存时应有专门的车皮和仓库，不得与食物和日用品一起运输，应储存在干燥和通风良好的仓库中。

第四章

六元杂环类杀菌剂

目前，六元杂环类杀菌剂有吡啶类、嘧啶类、吗啉类等。

（1）吡啶类杀菌剂　其结构特征是分子中含有吡啶环基团，如下所示可以看作是吡啶衍生物，其中有些品种既属于吡啶衍生物，又属于酰胺衍生物。

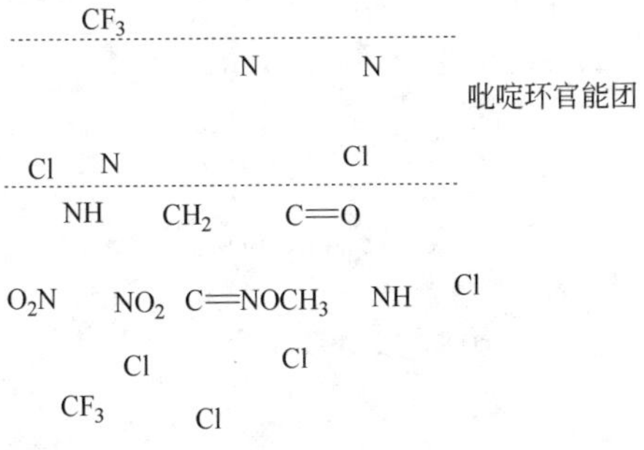

CF₃　　　　　　　　N　　N　　　　吡啶环官能团

Cl　N　　　　　　Cl
NH　　CH₂　　C＝O

O₂N　　NO₂　C＝NOCH₃　NH　Cl
　　　　　　　Cl　　Cl
CF₃　　Cl

氟啶胺　　啶斑肟　　啶酰菌胺

（2）嘧啶类杀菌剂　此类化合物结构特征是分子中含有嘧啶环基团，相关杀菌剂可以看作是嘧啶（胺）衍生物。

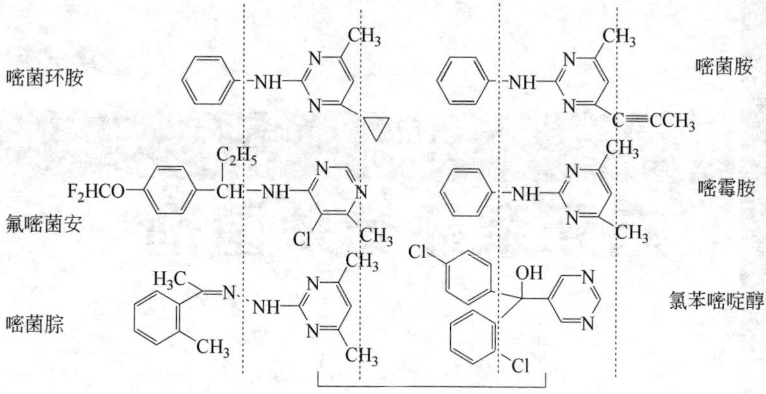

嘧菌环胺

嘧菌胺

氟嘧菌安

嘧霉胺

嘧菌腙

氯苯嘧啶醇

嘧啶(胺)衍生物

（3）吗啉类杀菌剂　此类化合物结构特征是分子中含有吗啉环基团，相关杀菌剂可以看作是吗啉衍生物。

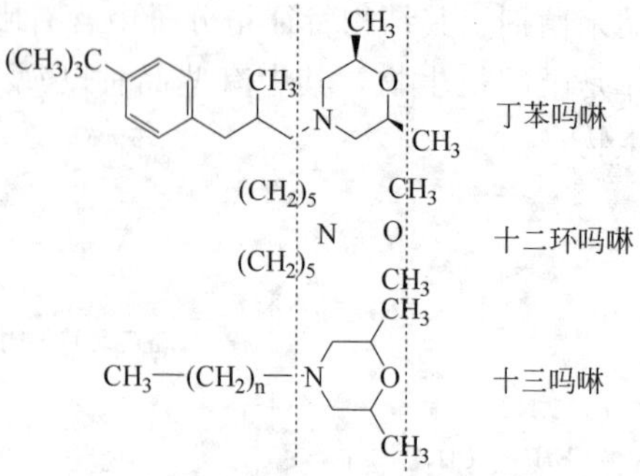

丁苯吗啉

十二环吗啉

十三吗啉

吗啉衍生物结构

氟啶胺（fluazinam）

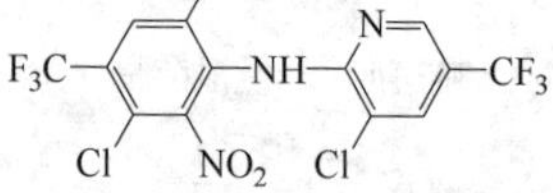

$C_{13}H_4Cl_2F_6O_4N_4$，465.09，79622-59-6

化学名称　N-(3-氯-5-三氟甲基-2-吡啶基)-α,α,α-三氟-3-氯-2，6-二硝基对甲苯胺。

其他名称　Shirlan，Frowncide。

理化性质　纯品氟啶胺为黄色结晶粉末，熔点 115～117℃；溶解性（20℃，g/L）：水 0.0017，丙酮 470，甲苯 410，二氯甲烷 330，乙醚 320，乙醇 150。

毒性　氟啶胺原药急性 LD_{50}（mg/kg）：大鼠经口＞5000，大鼠经皮＞2000；对兔眼睛有刺激性，对兔皮肤有轻微刺激性；对动物无致畸、致突变、致癌作用。

作用特点　氟啶胺是广谱性杀菌剂，其效果优于常规保护性杀菌剂。氟啶胺是线粒体氧化磷酸化解偶联剂，通过抑制孢子萌发、菌丝突破和生长、孢子形成而抑制所有阶段的感染过程。例如对交链孢属、葡萄孢属、疫霉属、单轴霉属、核盘菌属和黑星菌属真菌非常有效，对抗苯并咪唑类和二羧酰亚胺类杀菌剂的灰葡萄孢也有良好的效果，耐雨水冲刷，持效期长。

适宜作物与安全性　马铃薯、大豆、番茄、小麦、黄瓜、柑橘、水稻、梨、苹果、茶、葡萄、草坪等。

防治对象　氟啶胺杀菌谱广，对黑斑病、疫霉病、黑星病和其他的病原体病害有良好的防治效果，如苹果黑星病、苹果叶斑病、梨黑斑病、梨锈病、水稻稻瘟病、水稻纹枯病、马铃薯晚疫病、草坪斑点病、燕麦冠锈病、葡萄灰霉病、葡萄霜霉病、柑橘疮痂病、柑橘灰霉病、黄瓜灰霉病、黄瓜腐烂病、黄瓜霜霉病、黄瓜炭疽病、黄瓜白粉病、黄瓜茎部腐烂病、番茄晚疫病等。另外，氟啶胺还显示出杀螨活性，如柑橘红蜘蛛、石柱锈螨、神泽叶螨等。

使用方法　主要用于茎叶喷雾。

（1）防治马铃薯晚疫病，发病早期，用 50% 悬浮剂 30～35mL/亩对水 40～50kg 喷雾；

（2）防治辣椒疫病，在发病前或发病早期喷药，用 50% 悬浮剂 30～40mL/亩对水 40～50kg 喷雾，间隔 7～10 天，连续 2～3 次，重点喷施辣椒茎基部；

（3）防治大白菜根肿病，50% 氟啶胺悬浮剂，每亩用药 267～333mL 对水 67kg，在大白菜播种或定植前对全田或种植穴内的土壤喷雾；

（4）防治柿炭疽病，用 50% 氟啶胺悬浮剂 1500 倍液，在柿树谢花后 10～30 天喷药，间隔 7～10 天喷 1 次，连喷 2～3 次，在 6 月下旬初再喷施 1 次。

注意事项

（1）严格按照农药安全规定使用此药，避免药液或药粉直接接触身体，如果药液不小心溅入眼睛，应立即用清水冲洗干净并携带此药标签去医院就医；

（2）此药应储存在阴凉和儿童接触不到的地方；

（3）如果误服要立即送往医院治疗；

（4）施药后各种工具要认真清洗，污水和剩余药液要妥善处理保存，不得任意倾倒，以免污染鱼塘、水源及土壤；

（5）搬运时应注意轻拿轻放，以免破损污染环境，运输和储存时应有专门的车皮和仓库，不得与食物和日用品一起运输，应储存在干燥和通风良好的仓库中。

相关复配制剂如下。

氟啶胺＋高效氯氰菊酯：防治十字花科蔬菜菜青虫、十字花科蔬菜小菜蛾。

啶斑肟 （pyrifenox）

$C_{14}H_{12}Cl_2N_2O$，295.17，888283-41-4

化学名称 $2'$,$4'$-二氯-2-(3-吡啶基) 苯乙酮-O-甲基肟。

其他名称 Dorado，Podigrol，Corado，NRK 297，Ro 151297，ACR 3651。

理化性质 纯品啶斑肟为略带芳香气味的褐色液体，是 Z、E 异构体混合物，沸点 212.1℃；溶解性（20℃，g/L）：水 0.15，易溶于乙醇、正己烷、丙酮、甲苯、正辛醇等。

毒性 啶斑肟原药急性 LD_{50}（mg/kg）：大鼠 2912，小鼠＞2000，大鼠经皮＞5000；对兔眼睛无刺激性，对兔皮肤有轻微刺激性；对动物无致畸、致突变、致癌作用。

作用特点 啶斑肟是麦角甾醇生物合成抑制剂，是内吸性杀菌剂，可被植物的根或茎叶吸收，向顶转移，同时具有保护和治疗作用，可防治子囊菌纲和半知菌纲的多种植物病原菌。

适宜作物与安全性 葡萄、香蕉、花生、观赏植物、苹果等。

防治对象 可以防治香蕉、葡萄、花生、观赏植物、核果、仁果和蔬菜等叶面上或果实上的病原菌（丛梗孢属和黑星菌属），如苹果黑星病、苹果白粉病、葡萄白粉病、花生叶斑病。

使用方法 主要用于茎叶喷雾。

（1）防治花生叶斑病，发病初期喷药，用 25％可湿性粉剂 17～35g/亩对水 40～50kg 喷雾；

（2）防治葡萄白粉病，发病初期喷药，用 25％可湿性粉剂 10～13g/亩对水 40～50kg 喷雾。

注意事项

（1）严格按照农药安全规定使用此药，避免药液或药粉直接接触身体，如果药液不小心溅入眼睛，应立即用清水冲洗干净并携带此药标签去医院就医；

（2）此药应储存在阴凉和儿童接触不到的地方；

（3）如果误服要立即送往医院治疗；

（4）施药后各种工具要认真清洗，污水和剩余药液要妥善处理保存，不得任意倾倒，以免污染鱼塘、水源及土壤；

（5）搬运时应注意轻拿轻放，以免破损污染环境，运输和储存时应有专门的车皮和仓库，不得与食物和日用品一起运输，应储存在干燥和通风良好的仓库中。

啶酰菌胺 （boscalid）

$C_{18}H_{12}Cl_2N_2O$，343.21，188425-85-6

化学名称 *N*-(4'-氯联苯-2-基)-2-氯烟酰胺。

其他名称 Cantus，Emerald，Endura，Signum，nicobifen。

理化性质 纯品啶酰菌胺为无色晶体，熔点 142.8～143.8℃；溶解性（20℃，g/L）：水 0.0046，甲醇 40～50，丙酮 160～200。

毒性 啶酰菌胺原药急性 LD_{50}（mg/kg）：大鼠＞5000，大鼠经皮＞25000；对兔眼睛和皮肤无刺激性；对动物无致畸、致突变、致癌作用。

作用特点 啶酰菌胺是烟酰胺类内吸性杀菌剂，具有杀菌谱较广、不易产生交互抗性、作用机理独特、活性高、对作物安全等特点。啶酰菌胺能抑制真菌呼吸，是线粒体呼吸链中琥珀酸辅酶 Q 还原酶抑制剂。施用时药液经植物吸收通过叶面渗透、叶内水分的蒸发作用和水的流动使药液传输扩散到叶片末端和叶缘部位，并与病原菌细胞内线粒体作用，和呼吸链中电子传递体系的蛋白复合体（Ⅰ，Ⅲ，Ⅳ）一样，蛋白复合体Ⅱ也是线粒体内膜的一种成分，不具备质子泵的功能，这些多肽中的两种能在膜内将复合体固定，同时其他多肽处于线粒体基质中，在 TCA 循环中催化琥珀酸成为延胡索酸，抑制线粒体琥珀酸酯脱氢酶活性，从而阻碍三羧酸循环，使氨基酸和糖缺乏，阻碍了植物病原菌的能量源 ATP 的合成，干扰细胞的分裂和生长使菌体死亡。试验结果表明，啶酰菌胺与其他杀菌剂无交互抗性。

适宜作物与安全性 黄瓜、甘蓝、薄荷、坚果、豌豆、草莓、根类蔬菜、核果、向日葵、马铃薯、葡萄、乳香黄连、蔬菜、花生、莴苣、菜果、胡萝卜、大田作物、芥菜、油菜、豆类、球茎蔬菜。

防治对象 黄瓜、甘蓝、薄荷、坚果、豌豆、草莓、根类蔬菜、核果、向日葵、马铃薯、葡萄、乳香黄连、蔬菜、花生、莴苣、菜果、胡萝卜、大田作物、芥菜、油菜、豆类、球茎蔬菜等的白粉病、灰霉病、各种腐烂病、褐腐病和根腐病。

使用方法 茎叶喷雾。

（1）防治葡萄、黄瓜等的灰霉病、白粉病，在发病早期，用 50％水分散粒剂 35～45g/亩对水 40～50kg 喷雾；

（2）防治油菜菌核病，用 50％啶酰菌胺水分散粒剂，一般年份每亩用药 24～36g，发生偏重年份用药 36～48g/亩对水 50kg 喷雾，可以取得较好的防治效果；

（3）防治草莓灰霉病，用 50％啶酰菌胺水分散粒剂 1200 倍液喷雾，草莓始花期第 1 次喷药，间隔 10 天连喷 3 次。

注意事项

（1）啶酰菌胺在黄瓜上施药，应注意高温、干燥条件下易发生烧叶、烧果现象；

（2）葡萄等果树上施药，要避免和渗透展开剂、叶面液肥混用；

（3）严格按照农药安全规定使用此药，避免药液或药粉直接接触身体，如果药液不小心溅入眼睛，应立即用清水冲洗干净并携带此药标签去医院就医；

（4）此药应储存在阴凉和儿童接触不到的地方；

（5）如果误服要立即送往医院治疗；

（6）施药后各种工具要认真清洗，污水和剩余药液要妥善处理保存，不得任意倾倒，以免污染鱼塘、水源及土壤；

（7）搬运时应注意轻拿轻放，以免破损污染环境，运输和储存时应有专门的车皮和仓库，不得与食物和日用品一起运输，应储存在干燥和通风良好的仓库中。

相关复配制剂如下。

啶酰菌胺＋醚菌酯：防治黄瓜白粉病、草莓白粉病、甜瓜白粉病、苹果白粉病。

嘧菌环胺（cyprodinil）

$C_{14}H_{15}N_3$，225.29，121552-61-2

化学名称　4-环丙基-6-甲基-*N*-苯基嘧啶-2-胺。

其他名称　环丙嘧菌胺，Chorus，Unix。

理化性质　纯品嘧菌环胺为粉状固体，熔点 75.9℃；溶解性（25℃，g/L）：水 0.013，丙酮 610，甲苯 460，正己烷 30，正辛醇

160，乙醇 160。

毒性 嘧菌环胺原药急性 LD_{50}（mg/kg）：大鼠经口＞2000，大鼠经皮＞2000；对兔眼睛和皮肤无刺激性；以 3mg/（kg・d）剂量饲喂大鼠两年，未发现异常现象；对动物无致畸、致突变、致癌作用。

作用特点 嘧菌环胺抑制真菌水解酶的分泌和蛋氨酸的生物合成，干扰真菌生命周期，抑制病原菌穿透，破坏植物体中菌丝体的生长，同三唑类、咪唑类、吗啉类、二羧酰亚胺类、苯基吡咯类等无交互抗性，对半知菌和子囊菌引起的灰霉病和斑点落叶病等具有较好的防治效果，非常适用于病害综合治理。

适宜作物与安全性 蔬菜、果树、小麦、大麦、葡萄、观赏植物等。对作物安全，无药害。

防治对象 主要是防治小麦、大麦、蔬菜、葡萄、草莓、果树、观赏植物等的灰霉病、白粉病、黑星病、网斑病、颖枯病，另外还有辣椒灰霉病、草莓灰霉病、葡萄灰霉病、韭菜灰霉病、小麦白粉病、大麦白粉病、梨树黑星病等。

使用方法 主要用于茎叶喷雾。

（1）防治草莓灰霉病，在发病早期，用 50％水分散粒剂（和瑞）1000 倍液喷雾，每隔 7～10 天喷 1 次，连续使用 2～3 次；

（2）防治辣椒灰霉病，抓好早期预防，苗后真叶期至开花前病害侵染初期开始第 1 次用药，视天气情况和病害发展，每隔 7～10 天用 50％水分散粒剂（和瑞）1000 倍液喷雾，连喷 2～3 次；

（3）防治葡萄灰霉病，开花期是防治灰霉病的一个关键时期，果实近成熟期是灰霉病防治的另一个关键时期，从花序开始至果穗期用 50％水分散粒剂（和瑞）1000 倍液喷雾药 2～3 次，间隔 7～10 天左右一次，葡萄盛花期慎用；

（4）防治人参灰霉病，用 50％水分散粒剂（和瑞）1000 倍液喷雾的防效最佳；

（5）防治油菜菌核病，用 50％水分散粒剂（和瑞）800 倍液喷雾，喷施植株中下部，由于带菌的花瓣是引起叶片、茎秆发病的主要原因，因此，应掌握在油菜主茎盛花期至第一分枝盛花期（最佳防治适期）用药，间隔 7～10 天喷一次，连喷 2～3 次；

（6）防治樱桃番茄灰霉病，在发病初期，用 50％嘧菌环胺可湿性粉剂（和瑞）1000 倍液喷雾，间隔 7 天，连喷 2 次。

注意事项

（1）嘧菌环胺可与绝大多数杀菌剂和杀虫剂混用，为保证作物安全，建议在混用前进行相容性试验；

（2）一季使用 2 次时，含有嘧啶胺类的其他产品只能使用 1 次，当一种作物在一季内施药处理灰霉病 7 次或超过 7 次时嘧啶胺类的产品最多使用 3 次；

（3）在黄瓜、番茄上慎用；

（4）应加锁保存，勿让儿童、无关人员和动物接触，勿与食品、饮料和动物饲料存放在一起，贮藏在避光、干燥、通风处。贮藏温度应避免低于 $-10℃$ 或高于 $35℃$，产品堆放高度不宜超过 $2m$，以免损坏包装；

（5）按照农药安全使用准则使用，避免药液接触皮肤和眼睛，污染衣物，避免吸入雾滴，切勿在施药现场抽烟或饮食；

（6）配药时，应佩戴手套、面罩，穿长袖衣、长裤和靴子，施药后，彻底清洗防护用具，洗澡，并更换和清洗工作服；

（7）使用过的空包装，用清水清洗三次，压烂后土埋，切勿重复使用或改做其他用途，所有施药器具用后应立即用清水或适当洗涤剂清洗；

（8）勿将药液或空包装弃于水中或在河塘中洗涤喷雾器械，以免影响鱼类和污染水源。

相关复配制剂如下。

嘧菌环胺＋咯菌腈：防治芒果树炭疽病。

嘧菌胺（mepanipyrim）

$C_{14}H_{13}N_3$，223.3，110235-47-7

化学名称 N-(4-甲基-6-丙炔基嘧啶-2-基）苯胺。

其他名称 Frupica。

理化性质 纯品嘧菌胺为无色结晶状固体或粉状固体,熔点 132.8℃;溶解性(20℃,g/L):水 0.0031,丙酮 139,正己烷 2.06,甲醇 15.4。

毒性 嘧菌胺原药急性 LD_{50}（mg/kg）:大、小鼠经口＞5000,大鼠经皮＞2000;对兔眼睛和皮肤无刺激性;以 3.07mg/（kg·d）剂量饲喂雌大鼠一年,未发现异常现象;对动物无致畸、致突变、致癌作用。

作用特点 嘧菌胺能够抑制病原菌蛋白质分泌,包括降低一些水解酶的水平。嘧菌胺主要是在病原菌孢子的发芽到寄主感染为止的过程中,对孢子的芽管伸长、附着器的形成以及对病原菌的侵入有很强的抑制作用,但对病原菌的孢子生长发育没有抑制作用,对病原菌菌丝的生长发育抑制作用也不强。

适宜作物与安全性 葡萄、观赏植物、果树、蔬菜等。对作物安全,无药害。

防治对象 草莓灰霉病、番茄灰霉病、葡萄灰霉病、黄瓜灰霉病、苹果黑星病、梨黑星病、桃褐腐病、梨褐腐病等。

使用方法 主要用于茎叶喷雾。防治草莓灰霉病、番茄灰霉病、葡萄灰霉病、黄瓜灰霉病、苹果黑星病、梨黑星病、桃褐腐病、梨褐腐病,用药量为 6.5～66.5g（a.i.）/亩对水 40～50kg 喷雾。

注意事项

(1) 严格按照农药安全规定使用此药,避免药液或药粉直接接触身体,如果药液不小心溅入眼睛,应立即用清水冲洗干净并携带此药标签去医院就医;

(2) 此药应储存在阴凉和儿童接触不到的地方;

(3) 如果误服要立即送往医院治疗;

(4) 施药后各种工具要认真清洗,污水和剩余药液要妥善处理保存,不得任意倾倒,以免污染鱼塘、水源及土壤;

(5) 搬运时应注意轻拿轻放,以免破损污染环境,运输和储存时应有专门的车皮和仓库,不得与食物和日用品一起运输,应储存在干燥和通风良好的仓库中。

嘧霉胺（pyrimethanil）

C$_{12}$H$_{13}$N$_3$，199.25，53112-28-0

化学名称　N-(4,6-二甲基嘧啶-2-基）苯胺。

其他名称　施佳乐，甲基嘧菌胺，Mythos，Scala。

理化性质　纯品嘧霉胺为无色结晶状固体，熔点 96.3℃；溶解性（20℃，g/L）：水 0.121，丙酮 389，正己烷 23.7，甲醇 176，乙酸乙酯 617，二氯甲烷 1000，甲苯 412。

毒性　嘧霉胺原药急性 LD$_{50}$（mg/kg）：大鼠经口 4159～5971、小鼠经口 4665～5359，大鼠经皮＞5000；对兔眼睛和皮肤无刺激性；以 20mg/（kg·d）剂量饲喂雌大鼠一年，未发现异常现象；对动物无致畸、致突变、致癌作用。

作用特点　嘧霉胺同三唑类、二硫代氨基甲酸酯类、苯并咪唑类及乙霉威等无交互抗性，对敏感或抗性病原菌均具有优异活性。嘧菌胺是一种新型杀菌剂，具有保护、叶片穿透及根部内吸活性，同时具有内吸传导和熏蒸作用，治疗活性较差，施药后迅速到达植株的花、幼果等喷药方式无法到达的部位杀死病原菌，药效快，且稳定。嘧霉胺属苯胺基嘧啶类，其作用机理独特，能抑制蛋白质的合成，包括降低一些水解酶水平，据推测这些酶与病原菌进入寄主植物并引起寄主组织的坏死有关。嘧霉胺的药效对温度不敏感，在相对较低的温度下使用，其效果没有变化。

适宜作物与安全性　葡萄、草莓、梨、苹果、豆类作物、番茄、黄瓜、韭菜等。

防治对象　对灰霉病有特效，可防治番茄灰霉病、番茄早疫病、葡萄灰霉病、黄瓜灰霉病、豌豆灰霉病、韭菜灰霉病等，还可以防治苹果斑点落叶病、苹果黑星病、烟草赤星病、番茄叶霉病。

使用方法　喷雾。

（1）防治草莓灰霉病，在发病早期，用 40％可湿性粉剂 40～60g/亩对水 40～50kg 喷雾，或用 40％菌核·嘧霉胺悬浮剂（江苏绿利来股份有限公司）800～1000 倍液喷雾，一般在初花期至盛花期施药为宜，整个生长季节连喷 3～5 次，每隔 7～10 天 1 次，喷药时注意喷雾器喷头不能离草莓花太近，否则容易把花粉冲掉导致成果率下降，一般距花 30cm 左右为宜；

（2）防治黄瓜灰霉病，在发病早期，用 40％嘧霉胺悬浮剂（施佳乐）800 倍液喷雾，间隔 7 天喷 1 次，共喷 3 次；

（3）防治番茄灰霉病、番茄早疫病，在发病早期，用 70％水分散粒剂 40～50g/亩对水 40～50kg 喷雾；

（4）防治保护地温室、大棚栽培的番茄、黄瓜、辣椒等蔬菜的灰霉病，在发病初期，用 40％嘧霉胺 SC800～1200 倍液第 1 次喷药，连续喷施 3 次，间隔 7 天；

（5）防治大田番茄灰霉病，在病害发生初期，用 40％嘧霉胺可湿性粉剂 24～48g/亩，连续喷药 3 次，间隔 5 天左右；

（6）防治葡萄灰霉病，在发病早期，用 40％悬浮剂（施佳乐）1000～1500 倍液喷雾；

（7）防治烟草赤星病，在发病早期，用 25％可湿性粉剂 120～150g/亩对水 40～50kg 喷雾；

（8）嘧霉胺可作为抑霉唑的替代药剂应用于柑橘的采后处理，其推荐使用质量浓度为 500～1000mg/L，可单独使用，也可与抑霉唑或咪鲜胺混合使用；

（9）防治茄子灰霉病，发病初期，用 40％悬浮剂（施佳乐）1000 倍液喷雾，间隔 7 天再喷 1 次；

（10）防治莴苣菌核病，用 40％嘧霉胺可湿性粉剂 600 倍液喷雾，每隔 5～7 天喷 1 次，连续喷 3～4 次；

（11）防治辣椒灰霉病和菌核病，发病初期，用 40％嘧霉胺悬浮剂（施佳乐）1200 倍液喷雾，每隔 7～10 天喷 1 次，连喷 1～2 次；

（12）防治西葫芦灰霉病，发病初期，用 40％嘧霉胺悬浮剂（施佳乐）1000 倍液喷雾，每隔 7～10 天喷 1 次，连喷 2～3 次；

（13）防治花卉灰霉病，发病初期，用 40％嘧霉胺悬浮剂（施佳乐）1000 倍液喷雾，每隔 7～10 天喷 1 次，连喷 2～3 次；

（14）防治大棚番茄灰霉病，可用 30％利得烟剂（通用名嘧霉胺，pyrimethanil，北京昌化精细化工厂生产），每亩大棚每次用量为 4～6 枚，每隔 7～10 天防治 1 次，如果病害严重可酌情增量。

注意事项

（1）嘧霉胺在使用时应与其他杀菌剂轮换使用，避免产生抗性；

（2）露地黄瓜、番茄施药一般应选早晚风小、气温低时使用，晴天上午 8 时至下午 5 时，空气湿度低于 65％，气温高于 28℃应停止施药；

（3）如发生意外中毒，应立即携带产品标签送医院治疗；

（4）在不通风的温室或大棚内，如果用药剂量过高，可导致部分作物叶片出现褐色斑点，因此，请注意按照标签的剂量使用，并建议施药后通风；

（5）嘧霉胺在蔬菜、草莓等作物上施药的安全间隔期为 3 天；

（6）注意安全储存、使用和放置本药剂，储存时不得与食物、种子、饮料等混放。

嘧霉胺可以和多种杀菌剂混用，相关复配制剂如下。

① 嘧霉胺＋异菌脲：防治葡萄灰霉病。

② 嘧霉胺＋多菌灵：防治黄瓜灰霉病。

③ 嘧霉胺＋福美双：防治番茄灰霉病。

④ 嘧霉胺＋乙霉威：防治黄瓜灰霉病。

⑤ 嘧霉胺＋百菌清：防治番茄灰霉病。

⑥ 嘧霉胺＋氨基寡糖素：防治番茄灰霉病。

氯苯嘧啶醇（fenarimol）

$C_{17}H_{12}Cl_2N_2O$，331.2，60168-88-9

化学名称 2,4$'$-二氯-α-(嘧啶-5-基)-二苯基甲醇。

其他名称 乐比耕，异嘧菌酯，芬瑞莫，Rubigan，Rimidin，Bloc，EL 222。

理化性质 纯品氯苯嘧啶醇为白色结晶状固体，熔点 117～119℃；溶解性（25℃，g/L）：水 0.0137，丙酮 151，甲醇 98.0，易溶于大多数有机溶剂，阳光下迅速分解。

毒性 氯苯嘧啶醇原药急性 LD_{50}（mg/kg）：大鼠经口 2500、小鼠经口 4500，大鼠经皮＞2000；对兔眼睛有严重刺激性，对兔皮肤无刺激性；以 25mg/(kg·d) 剂量饲喂雌大鼠一年，未发现异常现象；对动物无致畸、致突变、致癌作用。

作用特点 氯苯嘧啶醇具有内吸杀菌作用，兼具有预防和治疗双重作用，是麦角甾醇生物合成抑制剂，即通过干扰病原菌甾醇及麦角甾醇的生物合成，从而影响病原菌正常的生长发育。氯苯嘧啶醇不能抑制病原菌孢子的萌发，但是能抑制病原菌菌丝的生长发育，导致病原菌不能侵染植物组织，在病原菌潜伏期施药，能阻止病原菌的发育，而在发病后施药，可导致下一代孢子变形使之无法继续传染。

适宜作物与安全性 主要应用于果树、蔬菜及观赏植物等，如板栗、石榴、梨树、苹果树、梅、芒果、核果、辣椒、葡萄、茄子、葫芦、甜菜、花生、番茄、草莓、玫瑰和其他园艺作物等，推荐剂量下正确使用无药害作用，过量使用会引起叶子生长不正常，呈现暗绿色。

防治对象 苹果黑星病、苹果炭疽病、芒果白粉病、苹果白粉病、苹果炭疽病、梨轮纹病、梨黑星病、梨锈病、葡萄白粉病、葫芦科白粉病、花生黑斑病、花生褐斑病、花生锈病等。

使用方法 主要用于茎叶处理。

（1）防治花生黑斑病、褐斑病、锈病，在发生初期，用 6% 可湿性粉剂 30～50g/亩对水 40～50kg 喷雾，10～15 天 1 次，生长季节共喷药 3～4 次；

（2）防治黄瓜黑星病，用 6% 可湿性粉剂 4000～5000 倍液喷雾，药液重点喷洒植株中上部和生长点，每隔 7 天左右喷一次，连续 3～4 次；

（3）防治苹果黑星病、炭疽病、梨黑星病、锈病，在发病早期，用6％可湿性粉剂1500～2000倍液喷雾，间隔10～15天喷1次，整个生长季节共喷3～4次；

（4）防治花木植物的白粉病，用6％可湿性粉剂1000～1500倍液喷雾，10～20天喷一次，连续3～4次；

（5）防治苹果白粉病，在发病早期，用6％可湿性粉剂2000～4000倍液喷雾；

（6）防治葫芦科白粉病，在发病早期，用6％可湿性粉剂15～30g/亩对水40～50kg喷雾，间隔10～15天喷1次，整个生长季节共喷3～4次；

（7）防治菠菜叶斑病，在发病初期，用6％乐必耕可湿性粉剂1500～2000倍液喷雾，每10天防治1次，视病情防治1～3次；

（8）防治豆瓣菜褐斑病，在发病初期，用6％乐必耕可湿性粉剂1000倍液喷雾，每10天防治1次，视病情发展连续防治1～3次；

（9）防治芦笋炭疽病，在发病初期，用6％乐必耕可湿性粉剂1000～1500倍液喷雾，每10～15天防治1次，连续防治2～3次，重点是喷洒中下部茎和嫩笋；

（10）防治豇豆白粉病，在发病初期，用6％乐必耕可湿性粉剂1000～1500倍液喷雾，每7～15天喷1次，采收前7天停止用药；

（11）防治马铃薯炭疽病，在发病初期，用6％乐必耕可湿性粉剂1500倍液喷雾，7～10天防治1次，连续防治2～3次；

（12）防治甜瓜靶斑病，在发病初期，用6％乐必耕可湿性粉剂1500倍液喷雾，每10～15天防治1次，视病情发展，连续喷药2～3次；

（13）防治樱桃番茄褐斑病，在发病初期，用6％乐必耕可湿性粉剂1500倍液喷雾，7～10天防治1次，视病情发展防治1～3次；

（14）防治山药炭疽病，在发病初期，用6％乐必耕可湿性粉剂1500倍液喷雾，7～10天防治1次，视病情发展防治3～4次；

（15）防治香葱锈病，在发病初期，用6％乐必耕可湿性粉剂4000倍液喷雾，防治1～2次；

（16）防治菜豆锈病，在发病初期，用6％乐必耕可湿性粉剂

4000～5000 倍液喷雾，7～10 天防治 1 次，连续防治 2～3 次；

（17）防治黄花菜锈病，在发病初期，用 6% 乐必耕可湿性粉剂 2000 倍液喷雾，7～10 天防治 1 次，视病情发展防治 2～4 次；

（18）防治保护地番茄叶霉病，在发病初期，用 6% 乐必耕可湿性粉剂 2000 倍液喷雾，7～10 天防治 1 次。

注意事项

（1）氯苯嘧啶醇的安全间隔期为 21 天，应严格按照农药安全规定使用此药，避免药液或药粉直接接触身体，如果药液不小心溅入眼睛，应立即用清水冲洗干净并携带此药标签去医院就医；

（2）此药储存应远离火源，放置在阴凉和儿童接触不到的地方；

（3）梅树开花盛期请勿施药。

氟苯嘧啶醇 （nuarimol）

$C_{17}H_{12}ClFN_2O$，314.7，63284-71-9

化学名称　(RS)-2-氯-4′-氟-α-(嘧啶-5-基) 苯基苄醇。

其他名称　环菌灵，Trimidal，Trimiol。

理化性质　无色晶体，熔点 126～127℃，溶解度（25℃）：水 26mg/L（pH=4），丙酮 170g/L，甲醇 55g/L，二甲苯 20g/L。极易溶解在乙腈、苯和氯仿中，微溶于己烷。在试验的最高贮存温度 52℃下稳定，在日光下分解。

毒性　急性经口 LD_{50}（g/kg）：雄大鼠 1.25，雌大鼠 2.5，雌小鼠 3，雄小鼠 2.5，犬 0.500。兔急性经皮 LD_{50}>2g/kg，上述计量下对皮肤无刺激作用，当以 0.1mL（7mg）施于它们眼睛时有轻微刺激作用。大鼠急性吸入 LC_{50}（1h）0.37mg（原药）/L 空气。在 2 年饲喂实验中，对大鼠和小鼠的无作用剂量 50mg/kg 饲料。鹌鹑急性经口 LD_{50} 200mg/kg。在连续流动系统中，浓度 1.1mg/L，在七天的试验中，未观察到对蓝鳃的影响。蓝鳃 LC_{50}

（96h）约 12.1mg/L。对蜜蜂无毒，LC_{50}（接触）$>$1g/L，水蚤 LC_{50}（48h）$>$25mg/L。

作用特点　氟苯嘧啶醇是具有保护、治疗和内吸活性的杀菌剂，抑制甾醇脱甲基化，通过抑制担孢子分裂的完成而起作用。

适宜作物与安全性　核果、蛇麻草、石榴、苹果、葡萄、禾谷类作物、葫芦和其他作物。

使用方法　茎叶处理和种子处理。

防治对象　石榴、核果、葫芦、葡萄和其他作物上的白粉病，苹果的疮痂病，禾谷类作物由病原菌所引起的病害如白粉病、叶枯病、斑点病、疮痂病等。

（1）防治果树黑星病和白粉病，在发病前期至发病早期，用 3.5g（a.i.）/亩对水 75kg 喷雾；

（2）防治麦类白粉病，用 100～200mg（a.i.）拌种 1kg。

注意事项

（1）严格按照农药安全规定使用此药，避免药液或药粉直接接触身体，如果药液不小心溅入眼睛，应立即用清水冲洗干净并携带此药标签去医院就医；

（2）此药应储存在阴凉和儿童接触不到的地方；

（3）如果误服要立即送往医院治疗，施药后各种工具要认真清洗，污水和剩余药液要妥善处理保存，不得任意倾倒，以免污染鱼塘、水源及土壤；

（4）搬运时应注意轻拿轻放，以免破损污染环境，运输和储存时应有专门的车皮和仓库，不得与食物和日用品一起运输，应储存在干燥和通风良好的仓库中。

甲菌定（dimethirimol）

$C_{11}H_{19}N_3O$, 209.29, 5221-53-4

化学名称　5-丁基-2-二甲氨基-4-羟基-6-甲基吡啶。

其他名称 甲嘧醇，灭霉灵，二甲嘧酚，嘧啶 2 号，Milcurb，Midinol，Methyrimol。

理化性质 纯品为白色针状结晶体，无臭，熔点 102℃，蒸气压 1.46×10^{-3} Pa（30℃），溶解度（25℃，g/L）：氯仿 1200，水 1.2，二甲苯 360，乙醇 65，丙酮 45。对酸、碱、热较稳定，对金属无腐蚀性。

毒性 大鼠急性经口 LD_{50} 2350～4000mg/kg，小鼠 800～1600mg/kg，对兔每天 500mg/kg 剂量去毛接触 40d，未发现不良影响，对大鼠和狗分别以 300mg/kg 和 24mg/kg 剂量喂养两年，均无不良影响。对天敌无害。

作用特点 甲菌定是内吸性杀菌剂，兼有保护和治疗作用，腺嘌呤核苷酸脱氨酶抑制剂，可被植物的根、茎、叶迅速吸收，并在植物体内运转到各个部位。

适宜作物与安全性 麦类、瓜类、蔬菜、甜菜、柞树、橡胶树等。

防治对象 瓜类白粉病、柞树白粉病、禾本科植物的白粉病及蔬菜的灰霉病和菌核病等。

使用方法 茎叶喷雾。

（1）防治柞树白粉病，在发病早期，用 0.1% 药液喷雾；

（2）防治瓜类白粉病，在发病初期，用 0.01% 药液喷雾；

（3）防治韭菜灰霉病和黄瓜灰霉病，在发病初期，用 50% 灭霉灵可湿性粉剂 600 倍液喷雾，隔 7 天喷 1 次，视病情发展喷 2～4 次；

（4）防治番茄早疫病，在发病初期，用 50% 灭霉灵可湿性粉剂 600 倍液喷雾，隔 7 天喷 1 次，视病情发展喷 2～4 次；

（5）防治黄瓜炭疽病，在发病初期，用 50% 灭霉灵可湿性粉剂 600 倍液喷雾，隔 7 天喷 1 次，视病情发展喷 2～4 次；

（6）防治黄芩灰霉基腐病，在发病初期，50% 灭霉灵可湿性粉剂 100g/亩，隔 7 天喷 1 次，喷 2～3 次；

（7）防治番茄灰霉病，在发病初期，用 50% 灭霉灵可湿性粉剂 600～800 倍液喷雾，隔 7 天喷 1 次，连喷 2～3 次，还可兼治番

茄早疫病;

（8）防治莴笋灰霉病，在发病初期，用50％灭霉灵可湿性粉剂800倍液喷雾，隔7天喷1次，视病情发展喷3～4次；

（9）防治芹菜菌核病，用50％灭霉灵可湿性粉剂600倍液喷雾，隔7天喷1次，视病情发展喷3～4次；

（10）防治日光温室蔬菜菌核病，在发病初期，用50％灭霉灵可湿性粉剂600～800倍液喷雾，隔7天喷1次，视病情发展喷3～4次；

（11）防治百合花灰霉病，在发病初期，用50％灭霉灵可湿性粉剂800倍液喷雾，隔10天喷1次，视病情发展喷2～3次；

（12）防治万寿菊灰霉病，在发病初期，用50％灭霉灵可湿性粉剂800倍液喷雾，隔10天喷1次，视病情发展喷2～3次。

注意事项

（1）严格按照农药安全规定使用此药，避免药液或药粉直接接触身体，如果药液不小心溅入眼睛，应立即用清水冲洗干净并携带此药标签去医院就医。

（2）此药应储存在阴凉和儿童接触不到的地方。

（3）如果误服要立即送往医院治疗。

（4）施药后各种工具要认真清洗，污水和剩余药液要妥善处理保存，不得任意倾倒，以免污染鱼塘、水源及土壤。

（5）搬运时应注意轻拿轻放，以免破损污染环境，运输和储存时应有专门的车皮和仓库，不得与食物和日用品一起运输，应储存在干燥和通风良好的仓库中。该药在植物体内半衰期为3～4天，在使用浓度过高或土壤极干燥的情况下易产生药害。

（6）对害虫和天敌无药害。

哒菌酮（diclomezine）

$C_{11}H_8Cl_2N_2O$，255.10，62865-36-5

化学名称　6-(3,5-二氯-4-甲苯基)-3-(2H)-哒嗪酮。

其他名称 哒菌清，Monguard，F 850，SF 7531。

理化性质 纯品哒菌酮为无色结晶晶体，熔点 250.5～253.5℃；溶解性（20℃，g/L）：水 0.00074，甲醇 2.0，丙酮 3.4，光照下缓慢分解。

毒性 哒菌酮原药急性 LD_{50}（mg/kg）：大鼠经口＞12000、经皮＞5000；对兔皮肤和眼睛无刺激性；以 98.9～99.5mg/(kg·d)剂量饲喂大鼠两年，未发现异常现象；对动物无致畸、致突变、致癌作用；对鸟和蜜蜂无毒。

作用特点 哒菌酮通过抑制病原菌隔膜的形成和菌丝生长，从而达到杀菌的目的。哒菌酮是具有保护和治疗作用的杀菌剂。实验证明，在含有 1mg/L 哒菌酮的 PDA（马铃薯葡萄糖琼脂）培养基上，立枯丝核菌、稻小核菌和灰色小核菌分枝菌丝的隔膜形成会受到抑制，并引起细胞内含物泄漏，此现象在培养开始后 2～3h 便可发现。因此快速起作用是哒菌酮特有的。

适宜作物与安全性 草坪、水稻、花生等，推荐剂量下对作物安全。

防治对象 花生的白霉病和菌核病、草坪纹枯病、水稻纹枯病及各种菌核病。

使用方法 茎叶喷雾。防治水稻纹枯病和其他菌核病菌引起的病害，1.2%粉剂使用剂量为 24～32g/亩对水 50kg 喷雾。

注意事项

（1）严格按照农药安全规定使用此药，避免药液或药粉直接接触身体，如果药液不小心溅入眼睛，应立即用清水冲洗干净并携带此药标签去医院就医；

（2）此药应储存在阴凉和儿童接触不到的地方；

（3）如果误服要立即送往医院治疗；

（4）施药后各种工具要认真清洗，污水和剩余药液要妥善处理保存，不得任意倾倒，以免污染鱼塘、水源及土壤；

（5）搬运时应注意轻拿轻放，以免破损污染环境，运输和储存时应有专门的车皮和仓库，不得与食物和日用品一起运输，应储存在干燥和通风良好的仓库中。

丁苯吗啉 （fenpropimorph）

C$_{20}$H$_{33}$NO，303.5，67306-03-0，67564-91-4（*cis*-异构体）

化学名称 （*RS*）-顺式-4-[3-（叔丁基苯基）-2-甲基丙基]-2,6-二甲基吗啉。

其他名称 Funbas，Mildofix，Mistral T，Corbel。

理化性质 纯品丁苯吗啉为无色具有芳香气味的油状液体，沸点＞300℃（101.3kPa）；溶解性（20℃，g/kg）：水 0.0043，丙酮、氯仿、环己烷、甲苯、乙醇、乙醚＞1000。

毒性 丁苯吗啉原药急性 LD$_{50}$（mg/kg）：大鼠经口＞3000、经皮＞4000；对兔眼睛无刺激性，对兔皮肤有刺激性；对动物无致畸、致突变、致癌作用。

作用特点 丁苯吗啉为吗啉类内吸性杀菌剂，能够向顶传导，对新生叶保护作用时间长达 3～4 周，具有保护和治疗作用，是麦角甾醇生物合成抑制剂，能够改变孢子的形态和细胞膜的结构，并影响其功能，使病原菌死亡或受抑制。

适宜作物与安全性 棉花、向日葵、豆科、禾谷类作物、甜菜，对大麦、小麦、棉花安全。

防治对象 丁苯吗啉可以防治柄锈菌属、黑麦喙孢、禾谷类作物的白粉菌、豆类白粉菌、甜菜白粉菌等引起的真菌病害，如麦类白粉病、麦类叶锈病、麦类条锈病和禾谷类黑穗病、棉花立枯病等。

使用方法 茎叶喷雾。

防治豆类和甜菜的叶部病害、禾谷类白粉病、禾谷类锈病，在发病早期，用 75%乳油 50mL/亩对水 40～50kg 喷雾。

注意事项

（1）严格按照农药安全规定使用此药，避免药液或药粉直接接触身体，如果药液不小心溅入眼睛，应立即用清水冲洗干净并携带

此药标签去医院就医；

（2）此药应储存在阴凉和儿童接触不到的地方；

（3）如果误服要立即送往医院治疗；

（4）施药后各种工具要认真清洗，污水和剩余药液要妥善处理保存，不得任意倾倒，以免污染鱼塘、水源及土壤；

（5）搬运时应注意轻拿轻放，以免破损污染环境，运输和储存时应有专门的车皮和仓库，不得与食物和日用品一起运输，应储存在干燥和通风良好的仓库中。

十三吗啉（tridemorph）

$$R-N \underset{}{\overset{CH_3}{\bigcirc}} O \qquad R=C_{11}H_{23}, C_{12}H_{25}, C_{13}H_{27}$$

$C_{19}H_{39}NO$，297.52，24602-86-6

化学名称 2,6-二甲基-N-十三烷基吗啉。

其他名称 十三烷吗啉，克力星，环吗啉，克啉菌，Calixin，BAFS 220F。

理化性质 十三吗啉为 4-C_{11}-C_{14} 烷基-2,6-二甲基吗啉同系物组成的混合物，其中 4-十三烷基异构体含量为 $60\% \sim 70\%$，C_9 和 C_{15} 同系含量为 0.2%，2,5-二甲基异构体含量 5%。纯品为黄色油状液体，具有轻微氨气味，沸点 $134℃$（$66.7Pa$）；溶解性（$20℃$，g/kg）：水 0.0011，能与丙酮、氯仿、乙酸乙酯、环己烷、甲苯、乙醇、乙醚、氯仿、苯等有机溶剂互溶。

毒性 十三吗啉原药急性 LD_{50}（mg/kg）：大鼠经口 480，大鼠经皮 4000；对兔眼睛和皮肤无刺激性；以 30mg/kg 剂量饲喂大鼠两年，未发现异常现象；对动物无致畸、致突变、致癌作用。

作用特点 十三吗啉是一种具有预防和治疗作用的内吸性吗啉杀菌剂，具有广谱性，能被植物的根、茎、叶吸收，对半知菌、子囊菌和担子菌引起的植物病害有效。主要是抑制病原菌的麦角甾醇的生物合成。

适宜作物与安全性 马铃薯、黄瓜、豌豆、香蕉、小麦、大麦、茶树、橡胶等。

防治对象 主要防治由白粉菌、叶锈菌、条锈菌等病原菌引起的粮食作物、蔬菜、花卉、树木等植物的白粉病、叶锈病和条锈病，如黄瓜白粉病、豌豆白粉病、马铃薯白粉病、橡胶树白粉病、小麦白粉病、大麦白粉病小麦条锈病、小麦叶锈病、大麦条锈病、大麦叶锈病、香蕉叶斑病等，另外对橡胶树的红根病、茶叶茶饼病也有很好的防效。

使用方法 茎叶喷雾，也可灌根。

（1）防治小麦白粉病，在发病早期，用75%乳油35mL/亩对水50～80kg喷雾，喷雾量人工每亩20～30kg，拖拉机每亩10kg，飞机1～2kg，间隔7～10天再喷一次；

（2）防治瓜类、马铃薯白粉病，在发病早期，用75%乳油20～30mL/亩对水100kg喷雾，间隔7～10天再喷1次；

（3）防治谷物锈病，在发病早期，用75%乳油35～50mL/亩对水40～50kg喷雾；

（4）防治香蕉叶斑病，在发病早期，用75%乳油1200～1500倍液喷雾；

（5）防治茶树茶饼病，在发病早期，用75%乳油2000～3000倍液喷雾；

（6）防治橡胶树红根病和白根病，在病树基部四周挖1条15～20cm深的环形沟，每株用75%乳油20～30mL对水2kg，先用1kg药液均匀地淋灌在环形沟内，覆土后将剩下的1kg药液均匀地淋灌在环形沟上，按以上的方法，每6个月施药1次；

（7）防治菊花白粉病，在发病早期，用75%乳油1000～1500倍液喷雾，间隔10天施药1次；

（8）防治橡胶树根病时注意时间，及时发现，及时防治，否则加快根病的传播速度，特别是对与病区边缘相接的健康胶树应及时进行保护。必须掌握施药时间，间隔5～6个月，年施2次，连续进行2年的灌根处理，对个别尚未治愈的病株还要进行淋灌处理，直到病株康复为止；

（9）防治苹果腐烂病，萌芽前用75%十三吗啉乳油（力亮）

1500 倍，枝干喷雾，在生长期 8～9 月份，用 75％十三吗啉乳油
5000 倍叶面和枝干喷雾，第二年病斑无复发，不仅可以防治腐烂
病的发生，同时还可以防治苹果叶面和枝干的其他病害；

（10）防治紫薇白粉病，在发病初期，用 75％十三吗啉乳剂
（力亮）1000 倍液喷洒，每隔 10 天喷 1 次，连喷 3 次；

（11）治疗苦瓜白粉病，用 75％十三吗啉乳剂（力亮）3500 倍
液加奥迪斯有机硅交替使用，5～7 天 1 次，连喷 3 次；

（12）防治美国红栌白粉病，从 6 月中旬开始定期进行症状观
察并结合孢子捕捉法，当少量病叶出现时进行第 1 次喷药，可用
75％十三吗啉乳油 0.02％溶液，每隔 10～15 天喷药 1 次。

注意事项

（1）严格按照农药安全规定使用此药，避免药液或药粉直接接
触身体，如果药液不小心溅入眼睛，应立即用清水冲洗干净并携带
此药标签去医院就医；

（2）此药应储存在阴凉和儿童接触不到的地方；

（3）如果误服要立即送往医院治疗；

（4）施药后各种工具要认真清洗，污水和剩余药液要妥善处理
保存，不得任意倾倒，以免污染鱼塘、水源及土壤；

（5）搬运时应注意轻拿轻放，以免破损污染环境，运输和储存
时应有专门的车皮和仓库，不得与食物和日用品一起运输，应储存
在干燥和通风良好的仓库中。

敌菌灵（anilazine，triazine）

$C_9H_5Cl_3N_4$，275.52，101-05-3

化学名称　2,4-二氯-6-(2-氯代苯胺基）均三氮苯。

其他名称　防霉灵，代灵，Dyrene，Kemate，Triasyn，Direz。

理化性质　白色至黄色结晶，熔点 159～160℃（从苯与环己

烷混合溶剂中析出结晶），20℃蒸气压为 $0.826\mu Pa$，不溶于水，易水解。30℃时在 100mL 有机溶剂中的溶解度：氯苯 6g，苯 5g，二甲苯 4g，丙酮 10g。常温下储存 2 年，有效成分含量变化不大。敌菌灵在中性和弱酸性介质中较稳定，在碱性介质中加热会分解。

毒性　属低毒杀菌剂。原粉对大鼠畸形经口 $LD_{50}>5g/kg$，对兔急性经皮 $LD_{50}>9.4g/kg$，长时间与皮肤接触有刺激作用。在试验条件下，未见致癌作用。对大鼠经口无作用剂量为 5g/kg。鱼毒（LC_{50}）：虹鳟 0.15g/kg（48h），蓝鳃 < 1g/kg（96h），鹌鹑 $LD_{50}>2g/kg$，对蜜蜂无毒。

作用特点　广谱性杀菌剂，有内吸活性。

适宜作物与安全性　水稻、黄瓜、番茄烟草等。

防治对象　瓜类炭疽病、瓜类霜霉病、黄瓜黑星病、水稻稻瘟病、胡麻叶斑病、烟草赤星病、番茄斑枯病、黄瓜蔓枯病等，对由葡萄孢属、尾孢属、交链孢属、葡柄霉属等真菌有特效。

使用方法　茎叶喷雾和拌种。

（1）防治人参立枯病，用 50％敌菌灵可湿性粉剂按种子重量的 0.3％拌种。

（2）防治人参根腐病，除在人参播种或移栽前作土壤处理外，还可用 500～800 倍的悬浮液浸种苗，或生长期浇灌病区。

（3）防治番茄斑枯病，在发病早期，用 50％可湿性粉剂 300～700 倍液喷雾，间隔 7～10 天喷 1 次。

（4）防治草莓灰霉病，用 50％敌菌灵可湿性粉剂 400～600 倍液喷雾，防治效果可达 80％以上，从现蕾期开始，每隔 7～10 天喷药 1 次，连喷 3～4 次，和多菌灵、克菌丹及扑海因等杀菌剂交替使用效果更佳。

（5）防治烟草赤星病、水稻稻瘟病，在发病早期，用 50％可湿性粉剂 500 倍液喷雾。

（6）防治黄瓜黑星病、霜霉病、蔓枯病等，用 50％可湿性粉剂 400～500 倍液喷雾，间隔 7～10 天喷 1 次，连喷 3～4 次。

（7）防治保护地黄瓜霜霉病、番茄晚疫病，用 10％防霉灵粉尘，每亩用药量为 1kg，在发病前或发病初期开始喷药，以后每隔

7～10 天喷 1 次，视病情发生情况连续喷 2～3 次。必须使用喷粉器施药，不能用其他器械代替。施药前先关闭大棚或温室，而后按照每亩用药量为 1kg，将农药装入喷粉器药箱中，排粉量调在每分钟 200g 左右，喷粉器及粉尘剂必须保持干燥，不能使用潮湿或结块药剂。喷药应选在早晨或傍晚施药，阴天和雨天全天都可以喷药，傍晚闭棚后施药效果最好，施药时，要均匀地对空喷粉，效果好，若早晨喷药，经过 2h 后再打开棚门或室窗，若傍晚喷药，第二天早晨再打开棚门或温室窗口，以充分发挥药效。施药时，应遵守农药安全操作规程，要求穿长袖工作服，佩戴风镜、口罩及防护帽，工作结束后必须清洗手、脸及其他裸露皮肤。

注意事项

（1）严格按照农药安全规定使用此药，避免药液或药粉直接接触身体，如果药液不小心溅入眼睛，应立即用清水冲洗干净并携带此药标签去医院就医；

（2）此药应储存在阴凉和儿童接触不到的地方；

（3）如果误服要立即送往医院治疗，敌菌灵切勿与碱性农药混用；

（4）水稻扬花期应停止用药，以防产生药害；

（5）可通过呼吸道和食道引起中毒，长时间与皮肤接触有刺激作用，但无特殊解药，需采用对症处理进行治疗；

（6）施药后各种工具要认真清洗，污水和剩余药液要妥善处理保存，不得任意倾倒，以免污染鱼塘、水源及土壤；

（7）搬运时应注意轻拿轻放，以免破损污染环境，运输和储存时应有专门的车皮和仓库，不得与食物和日用品一起运输，应储存在干燥和通风良好的仓库中。

嗪胺灵 （triforine）

$C_{10}H_{14}Cl_6N_4O_2$，434.96，26644-46-2

化学名称 1,4-二(2,2,2-三氟-1-甲酰氨基乙基) 哌嗪。

其他名称　氯菌胺，Saprol，Denarin，Funginex，Cela W524。

理化性质　纯品为白色结晶体。熔点155℃。室温时溶解度：二甲基甲酰胺28.3g/L，甲醇1.13g/L，二恶烷1.66g/L，甲苯0.88g/L，微溶于丙酮、苯、四氯化碳、氯仿、二氯甲烷，难溶于二甲基亚砜，水中溶解度为27～29mg/L。

毒性　大鼠和小鼠急性LD_{50}（mg/kg）：＞6000（经口），＞5800（经皮）；对眼睛和皮肤有轻度刺激。鲤鱼LC_{50}＞40mg/L，水蚤LC_{50}40mg/L。对蜜蜂安全。

作用特点　嗪胺灵是麦角甾醇生物合成抑制剂，具有保护、治疗、铲除作用和内吸活性，能被植物的根、茎、叶迅速吸收并输送到植株的各个部位。

适宜作物与安全性　花卉、果树、草坪、蔬菜、禾谷类作物等。

防治对象　主要用于防治花卉、果树、草坪、蔬菜、禾谷类作物等的黑星病、锈病、白粉病等。

使用方法　茎叶喷雾。

（1）嗪胺灵15％乳剂400倍液防治菜豆锈病，发病初期用药，间隔12天连喷两次，试验发现嗪胺灵对红蜘蛛具有一定的防治效果；

（2）15％嗪胺灵乳剂200倍液防治白菜白斑病，在发病初期用药，重点防治莲座期发生的白斑病，间隔20天再喷一次；

（3）防治月季黑斑病，发病初期用药，嗪胺灵15％乳剂1000倍液喷雾，每隔15天左右喷药1次，连续喷药数次防效佳；

（4）防治茄科蔬菜白粉病，在发病初期，可用50％嗪胺灵乳油500～600倍液，每隔15天左右喷1次，连续防治2～3次，在有细菌性叶斑病同时发生时还可使用52％克菌宝可湿性粉剂600～800倍。

注意事项

（1）严格按照农药安全规定使用此药，避免药液或药粉直接接触身体，如果药液不小心溅入眼睛，应立即用清水冲洗干净并携带此药标签去医院就医；

（2）此药应储存在阴凉和儿童接触不到的地方；

（3）如果误服要立即送往医院治疗；

（4）施药后各种工具要认真清洗，污水和剩余药液要妥善处理保存，不得任意倾倒，以免污染鱼塘、水源及土壤；

（5）搬运时应注意轻拿轻放，以免破损污染环境，运输和储存时应有专门的车皮和仓库，不得与食物和日用品一起运输，应储存在干燥和通风良好的仓库中。

喹菌酮 （oxolinic acid）

$C_{13}H_{11}NO_5$，261.2301，14698-29-4

化学名称 5-乙基-5,8-二氢-8-氧代[1,3]-二氧戊环并[4,5-g]喹啉-7-羧酸。

其他名称 Starner。

理化性质 工业品为浅棕色结晶固体。纯品为无色结晶固体，熔点＞250℃。相对密度1.5～1.6（23℃）。溶解度：水3.2mg/L（25℃），正己烷、二甲苯、甲醇＜10g/kg（20℃）。

毒性 急性经口LD_{50}（mg/kg）：雄大鼠630，雌大鼠570。雄大鼠和雌大鼠急性经皮LD_{50}＞2000mg/kg。对兔皮肤和眼睛无刺激。急性吸入LC_{50}（4h，mg/L）：雄大鼠2.45，雌大鼠1.70。鲤鱼LC_{50}（48h）＞10mg/L。

作用特点 喹菌酮是一种喹啉酮类杀菌剂，主要通过抑制细菌分裂时必不可少的DNA复制而发挥其抗菌作用，具有保护和治疗作用。

适宜作物与安全性 水稻、白菜、苹果、梨、马铃薯等。

防治对象 甘蓝类黑腐病、大白菜软腐病及根肿病、马铃薯黑胫病、苹果火疫病、梨火疫病、水稻颖枯病、水稻内颖褐变病、水稻软腐病、水稻苗期立枯病等。

使用方法　种子处理和茎叶喷雾。

（1）用于种子处理时，用 20％可湿性粉剂按种子重量的 5％包衣或 1～10mg/L 浸种；

（2）茎叶喷雾时，用 20％可湿性粉剂 100～200g/亩对水 40～50kg 喷雾；

（3）防治甘蓝类黑腐病，发病初期，用 20％喹菌酮可湿性粉剂 1000 倍液喷雾，施药间隔 10 天左右，连续防治 2～3 次；

（4）防治大白菜根肿病，发病初期，用 20％可湿性粉剂 1000 倍液对准病株基部定点喷雾；

（5）防治马铃薯黑胫病，发病初期，用 20％喹菌酮可湿性粉剂 1000～1500 倍喷雾，预防喷洒需要彻底，防治时机以出穗前后共 10 天左右为宜，在此期间为保证药效，施药 2 次；

（6）防治十字花科软腐病，用 20％喹菌酮可湿性粉剂 1000 倍液喷雾，施药间隔 10 天左右，连续防治 2～3 次；

（7）防治紫菜苔黑腐病，用 20％喹菌酮可湿性粉剂 1000 倍液喷雾，施药间隔 10 天左右，连续防治 2～3 次或用 20％喹菌酮可湿性粉剂 1000 倍液浸种 20 分钟，水洗晾干播种；

（8）防治花生青枯病，发病初期，用 20％喹菌酮可湿性粉剂 600 倍液淋灌，每隔 7～10 天喷 1 次，连续喷 3～4 次或更多，前密后疏；

（9）防治菜花叶斑病，发病初期及时喷药防治，用 20％喹菌酮可湿性粉剂 1000 倍液喷雾，菜花生长期间，每隔 10 天左右喷药 1 次，连续喷 2～3 次；

（10）防治水稻白叶枯病，发病初期及时喷药防治，用 20％喹菌酮可湿性粉剂 1000～1500 倍液喷雾，间隔 10 天喷 1 次，连续 1～2 次；

（11）防治萝卜黑腐病、软腐病、细菌性叶斑病，发病初期及时喷药防治，用 20％喹菌酮可湿性粉剂 1000 倍液浸种 20 分钟，浸种后的种子要用水充分洗后晾干播种。

注意事项

（1）严格按照农药安全规定使用此药，避免药液或药粉直接接

触身体，如果药液不小心溅入眼睛，应立即用清水冲洗干净并携带此药标签去医院就医；

（2）此药应储存在阴凉和儿童接触不到的地方；

（3）如果误服要立即送往医院治疗；

（4）施药后各种工具要认真清洗，污水和剩余药液要妥善处理保存，不得任意倾倒，以免污染鱼塘、水源及土壤；

（5）搬运时应注意轻拿轻放，以免破损污染环境，运输和储存时应有专门的车皮和仓库，不得与食物和日用品一起运输，应储存在干燥和通风良好的仓库中，另外，该药不能与铜制剂混合使用。

氟啶酰菌胺（fluopicolide）

$C_{14}H_8Cl_3F_3N_2O$，383.58，239110-15-7

化学名称 2,6-二氯-N-{[3-氯-5-(三氟甲基)-2-吡啶]甲基}苯甲酰胺。

其他名称 氟吡菌胺；picobenzamid；acylpicolide。

理化性质 纯品为米色粉末状微细晶体，熔点150℃；分解温度320℃；蒸气压：303×10^{-7} Pa（20℃），8.03×10^{-7} Pa（25℃）；溶解度（g/L，20℃）：乙酸乙酯37.7，二氯甲烷126，二甲基亚砜183，丙酮74.7，正己烷0.20，乙醇19.2，甲苯20.5；在水中溶解度约为4mg/L（室温下）。原药（含量97.0%）外观为米色粉末，在常温以及各pH条件下，在水中稳定（水中半衰期可达365天），对光照也较稳定。

毒性 原药大鼠急性经口、经皮 $LD_{50} > 5000mg/kg$，对兔皮肤无刺激性，对兔眼睛有轻度刺激性；豚鼠皮肤致敏实验结果为无致敏性；大鼠90天亚慢性饲喂试验最大无作用剂量为100mg/kg（饲料浓度），三项致突变试验（Ames试验、小鼠骨髓细胞微核试验、染色体畸变试验）结果均为阴性，未见致突变性；

在试验剂量内大鼠未见致畸、致癌作用。687.5g/L 吡啶菌胺·霜霉悬浮剂，大鼠急性经口 LD_{50} ＞2500mg/kg，急性经皮 LD_{50} ＞4000mg/kg；对兔皮肤和眼睛无刺激性；豚鼠皮肤致敏试验结果为无致敏性；氟吡菌胺原药和 687.5g/L 吡啶菌胺·霜霉悬浮剂属低毒杀菌剂。

作用特点　为广谱杀菌剂，对卵菌纲病原菌有很高的生物活性。具有保护和治疗作用，氟啶酰菌胺有较强的渗透性，能从叶片上表面向下表面渗透，从叶基向叶尖方向传导，对幼芽处理后能够保护叶片不受病菌侵染，从根部沿植株木质部向整株作物分布，但不能沿韧皮部传导。

适宜作物与安全性　黄瓜、番茄、水稻、小麦等。

防治对象　主要用于防治卵菌纲病害如霜霉病、疫病等，除此之外，还对稻瘟病、灰霉病、白粉病等具有一定的防效。

注意事项

（1）严格按照农药安全规定使用此药，避免药液或药粉直接接触身体，如果药液不小心溅入眼睛，应立即用清水冲洗干净并携带此药标签去医院就医；

（2）此药应储存在阴凉和儿童接触不到的地方；

（3）如果误服要立即送往医院治疗；

（4）施药后各种工具要认真清洗，污水和剩余药液要妥善处理保存，不得任意倾倒，以免污染鱼塘、水源及土壤；

（5）搬运时应注意轻拿轻放，以免破损污染环境，运输和储存时应有专门的车皮和仓库，不得与食物和日用品一起运输，应储存在干燥和通风良好的仓库中。

啶菌清（pyridinitril）

$C_{13}H_5Cl_2N_3$，274.11，1086-02-8

化学名称　2,6-二氯-3,5-二氰基-4-苯基吡啶。

其他名称 IT3296，DDPP，病定清，多果安，吡二腈。

理化性质 无色结晶，熔点 208～210℃，在 13.3Pa 下的沸点为 218℃，20℃下的蒸气压为 0.107mPa，难溶于水，微溶于二氯甲烷、丙酮，苯、醋酸乙酯、氯仿。工业品纯度在 97％以上，常温下对酸稳定。

剂型 75％可湿性粉剂。

适宜作物与安全性 仁果、核果、葡萄、啤酒花、蔬菜、苹果树等。

防治对象 能防治仁果、核果、葡萄、啤酒花、蔬菜上的多种病害，也能防治苹果的黑星病、白粉病，对植物无药害。

使用方法 茎叶处理。发病初期，用 75％可湿性粉剂 750 倍液喷雾。

注意事项

（1）严格按照农药安全规定使用此药，避免药液或药粉直接接触身体，如果药液不小心溅入眼睛，应立即用清水冲洗干净并携带此药标签去医院就医；

（2）此药应储存在阴凉和儿童接触不到的地方；

（3）如果误服要立即送往医院治疗；

（4）施药后各种工具要认真清洗，污水和剩余药液要妥善处理保存，不得任意倾倒，以免污染鱼塘、水源及土壤；

（5）搬运时应注意轻拿轻放，以免破损污染环境，运输和储存时应有专门的车皮和仓库，不得与食物和日用品一起运输，应储存在干燥和通风良好的仓库中。

乙嘧酚 （ethirimol）

$C_{11}H_{19}N_3O$，209.29，23947-60-6

化学名称 5-丁基-2-乙氨基-4-羟基-6 甲基嘧啶。

其他名称 PP149。

理化性质 白色结晶固体，熔点为 $159\sim160{}^{\circ}\mathrm{C}$。在 $140{}^{\circ}\mathrm{C}$ 时发生相变，在 $25{}^{\circ}\mathrm{C}$ 时的蒸气压为 $0.267\mathrm{mPa}$；相对密度为 1.21（$25{}^{\circ}\mathrm{C}$），室温时在水中的溶解度为 $253\mathrm{mg/L}$（pH5.2），$153\mathrm{mg/L}$（pH9.3）；几乎不溶于丙酮，微溶于乙醇，能溶于氯仿、三氯乙烷、强碱和强酸。它在热以及碱性和酸性溶液中均稳定，不腐蚀金属，但是其酸性溶液不能贮存在镀锌的钢铁容器中。

毒性 急性经口 LD_{50} 雌大鼠为 $6.34\mathrm{g/kg}$，小鼠为 $4\mathrm{g/kg}$，雄兔为 $2\mathrm{g/kg}$，雌猫 $>1\mathrm{g/kg}$，雌性豚鼠为 $0.5\sim1\mathrm{g/kg}$，母鸡为 $4\mathrm{g/kg}$；大鼠急性经皮 $LD_{50}>2\mathrm{g/kg}$；大鼠急性吸入 $LC_{50}>4.92\mathrm{mg/L}$。每天用 $1\mathrm{mL}$ 含 $50\mathrm{mg}$ 药物的溶液滴入兔的眼睛中，只引起轻微的刺激。

作用特点 乙嘧酚是腺嘌呤核苷脱氨酶抑制剂，是内吸性杀菌剂，具有保护和治疗作用，可被植物的根、茎、叶迅速吸收，并在植物体内运转到各个部位。

适宜作物与安全性 禾谷类作物。

防治对象 禾谷类作物白粉病。

使用方法 茎叶处理和种子处理。

防治禾谷类作物白粉病：茎叶处理，使用剂量为 $16.7\sim23.3\mathrm{g}$（a.i.）/亩；种子处理，使用剂量为 $4\mathrm{g}$（a.i.）/$1\mathrm{kg}$ 种子。

注意事项

（1）严格按照农药安全规定使用此药，避免药液或药粉直接接触身体，如果药液不小心溅入眼睛，应立即用清水冲洗干净并携带此药标签去医院就医；

（2）此药应储存在阴凉和儿童接触不到的地方；

（3）如果误服要立即送往医院治疗；

（4）施药后各种工具要认真清洗，污水和剩余药液要妥善处理保存，不得任意倾倒，以免污染鱼塘、水源及土壤；

（5）搬运时应注意轻拿轻放，以免破损污染环境，运输和储存时应有专门的车皮和仓库，不得与食物和日用品一起运输，应储存在干燥和通风良好的仓库中。

乙嘧酚磺酸酯 （bupirimate）

$C_{13}H_{24}N_4O_3S$，316.42，41483-43-6

化学名称　5-丁基-2-乙基氨基-6-甲基嘧啶-4-基二甲基氨基磺酸酯。

其他名称　PP588，磺酸丁嘧啶。

理化性质　浅棕色蜡状固体，熔点 50～51℃，25℃下蒸气压为 0.1mPa，相对密度 1.2，室温时水中溶解度为 22mg/L，溶于大多数有机溶剂，不溶于烷烃，工业品熔点为 40～45℃。稳定性：在稀酸中易于水解；在 37℃以上长期贮存不稳定。在土壤中半衰期为 35～90 天（pH5.1～7.3），闪点大于 50℃。

毒性　雌大鼠、小鼠、家兔和雄性豚鼠的急性经口 LD_{50} 为 4000mg/kg。大鼠急性经皮 LD_{50} 为 4800mg/kg。每日以 500mg/kg 的剂量经皮处理大鼠，10 天后未发现临床症状。对家兔眼睛有轻微的刺激。

作用特点　乙嘧酚磺酸酯腺嘌呤核苷酸抑制剂，是内吸性杀菌剂，具有保护和治疗作用。可被植物的根、茎、叶迅速吸收，并在植物体内运转到各个部位，耐雨水冲刷，施药后持效期 10～14 天。

适宜作物与安全性　果树、蔬菜、花卉等观赏植物、大田作物，对草莓、苹果、玫瑰等某些品种有药害。

防治对象　各种白粉病，如苹果、葡萄、黄瓜、草莓、玫瑰、甜菜白粉病等。

使用方法　茎叶处理。使用剂量为 10～25g（a.i.）/亩。

注意事项

（1）严格按照农药安全规定使用此药，避免药液或药粉直接接触身体，如果药液不小心溅入眼睛，应立即用清水冲洗干净并携带此药标签去医院就医；

（2）此药应储存在阴凉和儿童接触不到的地方；

（3）如果误服要立即送往医院治疗；

（4）施药后各种工具要认真清洗，污水和剩余药液要妥善处理保存，不得任意倾倒，以免污染鱼塘、水源及土壤；

（5）搬运时应注意轻拿轻放，以免破损污染环境，运输和储存时应有专门的车皮和仓库，不得与食物和日用品一起运输，应储存在干燥和通风良好的仓库中。

啶菌胺 （PEIP）

C$_{11}$H$_{11}$IN$_2$O$_2$，330

化学名称 N-(6-乙基-5-碘-吡啶-2-基) 氨基甲酸炔丙酯。

作用特点 啶菌胺能够干扰病原菌细胞的分离。

适宜作物与安全性 禾谷类作物、水稻等。

防治对象 对灰霉病有特效，禾谷类作物白粉病、水稻稻瘟病、立枯病。

使用方法 茎叶处理。使用浓度为 8～63mg（a.i.）/L。

注意事项

（1）严格按照农药安全规定使用此药，避免药液或药粉直接接触身体，如果药液不小心溅入眼睛，应立即用清水冲洗干净并携带此药标签去医院就医；

（2）此药应储存在阴凉和儿童接触不到的地方；

（3）如果误服要立即送往医院治疗；

（4）施药后各种工具要认真清洗，污水和剩余药液要妥善处理保存，不得任意倾倒，以免污染鱼塘、水源及土壤；

（5）搬运时应注意轻拿轻放，以免破损污染环境，运输和储存时应有专门的车皮和仓库，不得与食物和日用品一起运输，应储存在干燥和通风良好的仓库中。

第五章
五元杂环类杀菌剂

（1）三唑类杀菌剂　　三唑类杀菌剂是杀菌剂中引人注目的一类，其发展之快、数量之多是其他杀菌剂无法比拟的。该类杀菌剂具有的特点是：

① 内吸性强。兼具保护作用和治疗作用，对菌的作用方式多表现为抑菌。

② 广谱性。除对多种真菌均有很高的活性，有的还具有植物生理活性以及除草和杀虫作用。

③ 长效性。如用三唑酮等进行土壤处理防治禾谷类黑粉病，持效期可达 16 周；进行叶面喷洒防治小麦白粉病，持效期可达 80 天。

④ 高效。有些品种使用剂量达到 5～9.3g（a.i.）/亩。

⑤ 立体选择性。有的品种存在光学异构体，不同的异构体生物活性差异较大。

⑥ 共同作用机制。大多数三唑杀菌剂属于麦角甾醇生物合成抑制剂。

此类化合物结构特征是分子中含有三唑五元杂环（一般是 1，2,4-三唑）基团，相关杀菌剂可以看作是三唑五元杂环唑类衍生物。三唑类化合物结构可以表示如下：

Ⅰ   Ⅱ   Ⅲ

作为杀菌剂的三唑衍生物，绝大部分是Ⅰ类，极少数是Ⅱ类，目前还没有Ⅲ类化合物。在Ⅰ类化合物中，根据直接和环上氮原子相连接的原子或原子团的不同，又可分为下述 7 种情况：①N-叔烷基取代衍生物；②N-仲烷基取代衍生物；③N-伯烷基取代衍生物；④N-P-取代衍生物；⑤N-O-取代衍生物；⑥N-N-取代衍生物；⑦N-不饱和取代衍生物。作为高生物活性的杀菌剂主要是 N-伯烷基取代衍生物和 N-仲烷基取代衍生物。

（2）咪唑类杀菌剂　咪唑类杀菌剂结构特征是分子中含有五元咪唑环基团，化合物可以看作是咪唑衍生物，包括二唑衍生物和苯并咪唑衍生物。

苯并咪唑类是很重要的一类杀菌剂，其特点是：①高效、内吸；②广谱，除藻菌纲真菌和细菌病害外，对大多数病害有效，如苯菌灵能防治的病害达百余种之多；③由于大多数品种都能转化成共同的抑菌毒物多菌灵，所以具有相似的杀菌谱和作用机制，此类杀菌剂也称多菌灵类杀菌剂；④由于作用机制相同，一旦致病菌对本类杀菌剂中一个成员产生抗性，就会对其他成员产生交互抗性。

（3）噁唑与噻唑类杀菌剂　该类杀菌剂结构特征是分子中含有五元噁唑环或五元噻唑环基团，其中五元杂环可以是噁唑或异噁唑及其酮、噻唑、噻二唑、异噻唑及其酮等，相关杀菌剂可以看作对应杂环化合物的衍生物。

含氮、硫、氧五元 杂环衍生物

三唑酮（triadimefon）

$C_{14}H_{16}ClN_3O_2$，293.75，43121-43-3

化学名称　3,3-二甲基-1-(4-氯苯氧基)-1-(1,2,4-三唑-1-基)-1-丁酮。

其他名称　粉锈宁，三唑二甲酮，百菌酮，唑菌酮，百理通，Bayleton，Bay MEB 6447，Amiral，Bayer 6588，立菌克，菌克灵，代世高，去锈。

理化性质　纯品三唑酮为无色结晶固体，具有轻微臭味，熔点82.3℃；溶解性（20℃，g/kg）：水0.064，环己烷600～1200，二氯甲烷1200，异丙醇200～400，甲苯400～600。

毒性 三唑酮原药急性 LD_{50} （mg/kg）：大、小鼠经口 1000，大鼠经皮＞5000；对兔眼睛和皮肤有中等刺激性；以 300mg/kg 剂量饲喂大鼠两年，未发现异常现象；对动物无致畸、致突变、致癌作用。

作用特点 属于内吸性杀菌剂，具有预防、铲除和治疗作用。其作用机制是通过抑制麦角甾醇的生物合成，改变孢子的形态和细胞膜的结构，使孢子细胞变形，菌丝膨大，分枝畸形，直接影响到细胞的渗透性，从而使病菌死亡或受抑制。药剂被植物各部分吸收后，能在植物体内传导，被根系吸收后向顶部传导能力很强。

适宜作物与安全性 玉米、麦类、高粱、瓜类、烟草、花卉、果树、豆类、水稻等。推荐剂量下对作物安全。

防治对象 可防治子囊菌纲、担子菌纲、半知菌类等的病原菌，卵菌除外。对麦类（大、小麦）条锈病、白粉病、全蚀病、白秆病、纹枯病、叶枯病、根腐病、散黑穗病、坚黑穗病、丝黑穗病、光腥黑穗病等，玉米圆斑病、纹枯病，水稻纹枯病、叶黑粉病、云形病、粒黑粉病、叶尖枯病、紫秆病等，大豆、梨、苹果、葡萄、山楂、黄瓜等的白粉病，韭菜灰霉病，甘薯黑斑病，大蒜锈病、杜鹃瘿瘤病，向日葵锈病等均具有良好的防效。

使用方法

（1）种子处理：①小麦、大麦病害的防治，用 25％可湿性粉剂 300～500g/100kg 种子，可防治小麦根腐病；用 25％可湿性粉剂 200～500g/100kg 种子，可防治小麦散黑穗病；用有效成分 30g 拌 100kg 种子，可防治光腥黑穗病、黑穗病、白秆病、锈病、叶枯病和全蚀病等。②玉米病害的防治，用 25％可湿性粉剂 400g/100kg 种子，可防治玉米丝黑穗病等。③高粱病害的防治，用有效成分 40～60g/100kg 种子，可防治高粱丝黑穗病、散黑穗病和坚黑穗病。

（2）喷雾处理：①水稻病害的防治，用 7～9g（a.i.）/亩对水或用 8％悬浮剂 60～80mL/亩对水 60kg，均匀喷施，可防治稻瘟病、叶黑粉病、叶尖枯病等；②麦类病害防治，8.75g（a.i.）/亩对水或 25％可湿性粉剂 24～64g/亩对水 60kg，均匀喷施，可防治小麦、大麦、燕麦和稞麦的锈病、白粉病、云纹病和叶枯病等；③玉米病害防治，用 25％可湿性粉剂 50～100g/亩对水 50～75kg 喷雾，可防治玉米圆斑病；④瓜类病害的防治，用 3.33g（a.i.）/亩对水或用 25％可湿性粉剂 2000～3000 倍液，均匀喷施，可防治白粉病；⑤蔬菜病害的防治，用有效浓度 125mg/L 的药液或用 25％可湿性粉剂 125g/亩对水 75kg，均匀喷施，可防治菜豆、蚕豆等白粉病；⑥果树病害的防治，用 5000～10000mg/L 药液喷雾，可防治苹果、梨、山楂、葡萄白粉病等；⑦花卉病害的防治，在发病初期，用 50mg/L 有效浓度的药液喷施，可有效地防治白粉病、锈病等；⑧烟草病害的防治，在发病初期，用 25％可湿性粉剂 50～100g/亩对水 50kg 喷雾，在病害盛发期，用 1.25～2.5（a.i.）/亩，对水均匀喷施，可防治白粉病。

（3）另有资料报道，防治小麦白粉病，25％三唑酮可湿性粉剂 50～60g/亩喷雾或 15％三唑酮可湿性粉剂 120g/亩均有效；防治小麦锈病，25％三唑酮可湿性粉剂 50～65g/亩喷雾；防治番茄白粉病，15％三唑酮可湿性粉剂 1000 倍液效果最好。

注意事项　三唑酮为低毒农药，但无特效解毒药剂，应注意贮藏和使用安全，可与除强碱性药以外的一般农药混用，安全间隔期为 20 天。拌种处理时，要严格控制用量，特别是麦类种子，避免影响出苗。

三唑酮可以和多种杀菌剂混用，相关复配制剂如下。

① 三唑酮＋多菌灵：防治水稻叶尖枯病、水稻纹枯病、小麦白粉病、小麦赤霉病。

② 三唑酮＋硫黄：防治小麦白粉病。

③ 三唑酮＋氧乐果：防治小麦白粉病、小麦蚜虫。

④ 三唑酮＋多菌灵＋福美双：防治小麦白粉病、小麦赤霉病。

⑤ 三唑酮＋代森锰锌：防治黄瓜白粉病。

⑥ 三唑酮＋福美双：防治苹果树炭疽病、黄瓜白粉病。

⑦ 三唑酮＋腈菌唑：防治小麦白粉病。

⑧ 三唑酮＋三环唑＋井冈霉素：防治水稻稻曲病、水稻稻瘟病、水稻纹枯病。

⑨ 三唑酮＋咪鲜胺：防治橡胶树白粉病、橡胶树炭疽病。

⑩ 三唑酮＋井冈霉素：防治水稻稻曲病、水稻纹枯病。

⑪ 三唑酮＋烯唑醇：防治小麦白粉病。

⑫ 三唑酮＋百菌清＋咪鲜胺：防治橡胶树白粉病、橡胶树炭疽病。

⑬ 三唑酮＋乙蒜素：防治黄瓜枯萎病、苹果树轮纹病、棉花枯萎病、水稻稻瘟病。

三唑醇 （triadimenol）

$$\text{(CH}_3\text{)}_3\text{C—CH—CH—O—}\bigcirc\text{—Cl}$$

$C_{14}H_{18}ClN_3O_2$，295.76，55219-65-3

化学名称　1-(4-氯代苯氧基)-3,3-二甲基-1-(1H-1,2,4-三唑基-1-)-2-丁醇。

其他名称　羟锈宁，三泰隆，百坦，Baytan，Bayfidan，Summit，Bay K WG 0519，抑菌净。

理化性质　三唑醇是非对映异构体 A、B 的混合物，A 代表 (1RS, 2RS)，B 代表 (1RS, 2SR)。纯品三唑醇为无色结晶固体，具有轻微特殊气味；熔点 A 138.2℃、B 133.5℃、A＋B 110℃；溶解性（20℃，g/L）：水 A 0.062、B 0.033，二氯甲烷 200～500，异丙基乙醇 50～100，甲苯 20～50；两个非对映体对水稳定。

毒性　三唑醇原药急性 LD_{50}（mg/kg）：大鼠经口 700，小鼠 1300，大鼠经皮＞5000；对兔眼睛和皮肤无刺激性；以 125mg/kg 剂量饲喂大、小鼠两年，未发现异常现象；对动物无致畸、致突变、致癌作用。

作用特点　属广谱内吸性种子处理剂，具有保护、治疗和铲除作用。其作用机制是抑制赤霉素和麦角固醇的生物合成进而影响细胞分裂速率。可通过茎、叶吸收，在新生组织中稳定运输，但在老化、木本组织中输导不稳定。

适宜作物与安全性　禾谷类作物如春大麦、冬大麦、冬小麦、春燕麦、冬黑麦、玉米、高粱、水稻，蔬菜，观赏园艺作物，咖啡、葡萄、果树、烟草、甘蔗、香蕉和其他作物。推荐剂量下对作物安全。

防治对象　禾谷类作物的白粉病、锈病、网斑病、条纹病、叶斑病、腥黑穗病、丝黑穗病、散黑穗病、根腐病、雪腐病等，香蕉叶斑病、甜菜白粉病。推荐剂量下对作物安全。

使用方法　三唑醇作为种子处理剂使用时，用药量为 20～60g（a.i.）/100kg 禾谷类作物种子，30～60g（a.i.）/100kg 棉花种子。作为喷雾剂作用时，香蕉和禾谷类作物平均用药量为 6.7～10g（a.i.）/亩，咖啡保护用药量为 8.3～16.7g（a.i.）/亩，治疗用药量为 16.7～33.3g（a.i.）/亩，葡萄、梨果、核果和蔬菜用药量为 1.67～8.3g（a.i.）/亩。

（1）种子处理：①防治小麦锈病、白粉病，用 10％干拌种剂 300～375g/100kg 种子或 15％干拌种剂 200～250g/100kg 拌种；②防治小麦腥黑穗病、秆黑粉病、散黑穗病，每 100kg 种子用 25％干拌种剂 120～150g/100kg 或 15％干拌种剂 30～60g/100kg 拌种；③防治春大麦散黑穗病、大麦网斑病、大麦白粉病、燕麦散黑穗病、麦叶斑病、小麦网腥黑穗病、根腐病，用 25％干拌种剂 80～120g/100kg 种子；④防治玉米丝黑穗病，用 10％干拌种剂 600～750g/100kg 或 15％可湿性粉剂 400～500g/100kg 种子拌种；⑤防治高粱丝黑穗病，用 25％干拌种剂 60～90g/100kg 种子或 15％干拌种剂 100～150g/100kg 拌种。

（2）喷雾处理：①防治水稻稻曲病，用 15％可湿性粉剂 60～70g/亩对水 40～50kg 喷雾；②防治甜菜白粉病，用 15％可湿性粉剂 35～50g/亩对水 40～50kg 喷雾；③防治香蕉叶斑病，用 15％可湿性粉剂 500～800 倍液喷雾。

（3）另有资料报道，防治小麦白粉病，用 25％三唑醇乳油 30～40g/亩效果显著。

注意事项　三唑醇高剂量对玉米出苗有影响，拌种时需加入适量水或其他黏着剂。目前无解毒药剂，注意贮藏和使用安全。

双苯三唑醇 （bitertanol）

$C_{20}H_{23}N_3O_2$，337.42，55179-31-2

化学名称 1-[（1,1′-联苯)-4-氧基]-3,3-二甲基-1-($1H$-1,2,4-三唑基-1-基)-2-丁醇。

其他名称 双苯唑菌醇，灭菌醇，百科，克菌特，九〇五，Baycor，Biloxazol，Bay KWG 0599，联苯三唑醇。

理化性质 由两种非对映异构体组成的混合物。原药为带有气味的白色至棕褐色结晶，纯品外观为白色粉末。熔点 A：138.6℃ B：147.1℃，A、B 共晶 118℃。蒸气压：A $2.2×10^{-7}$ mPa B $2.5×10^{-6}$ mPa （均在 20℃）。水中溶解度 （mg/L，20℃，不受 pH 值的影响）：2.7 （A） 1.1 （B），3.8 （混晶）；有机溶剂中溶解度 （g/L，20℃）：二氯甲烷＞250，异丙醇 67，二甲苯 18，正辛醇 52 （取决于 A 和 B 的相对数量）。稳定性：在中性、酸性及碱性介质中稳定。25℃时半衰期＞1 年 （pH＝4，pH＝7 和 pH＝9）。

毒性 急性经口 LD_{50} （mg/kg）：大鼠＞5000，狗＞5000。大鼠急性经皮 LD_{50}＞5000。对兔皮肤和眼睛有轻微刺激作用，无皮肤过敏现象。大鼠急性吸入 LC_{50} （4h）：＞0.55mg/L 空气 （浮质）、＞1.2mg/L 空气 （尘埃）。大、小鼠 2 年喂养无作用剂量为 100mg/kg。急性经口：日本鹌鹑 LD_{50}＞10000mg/kg，野鸭＞2000mg/kg。虹鳟鱼 LC_{50}(96h) 2.2～2.7mg/L，水蚤 LC_{50} （48h） 1.8～7mg/L。蜜蜂 LD_{50}＞104.4μg/只 （经口），＞200μg/只 （接触)。

作用特点 属叶面杀菌剂，具保护和治疗作用。双苯三唑醇是类甾醇类去甲基化抑制剂，通过抑制麦角固醇的生物合成，从而抑制孢子萌发、菌丝体生长和孢子形成。可与其他杀菌剂混合防治萌发期种子白粉病。

适宜作物与安全性 水果、观赏植物、香蕉、蔬菜、花生、谷物、大豆和茶等。水中直接光解，土壤中降解，对环境安全。

防治对象　白粉病、叶斑病、黑斑病以及锈病等。

使用方法　喷雾。

（1）防治花生叶斑病　用 25％可湿性粉剂 50～80g/亩对水 40～50kg 喷雾；

（2）防治水果的黑斑病　25％可湿性粉剂 800～1000 倍液喷雾；

（3）防治香蕉病害　用药量 7～13g（a.i.）/亩；

（4）防治玫瑰叶斑病　用药量 8.3～50g（a.i.）/亩；

（5）防治观赏植物锈病和白粉病　25％可湿性粉剂 35～100g/亩对水 40～50kg 喷雾；

（6）作为种子处理剂用于控制小麦和黑麦的黑穗病等病害；

（7）防治花生叶斑病，用 25％联苯三唑醇可湿性粉剂 50～80g/亩效果显著。

烯唑醇（diniconazole）

$C_{15}H_{17}Cl_2N_3O$，326.22，83657-24-3

化学名称　(E)-(RS)-1-(2,4-二氯苯基)-4,4-二甲基-2-(1H-1,2,4-三唑-1-基)-1-戊烯-3-醇。

其他名称　速保利，壮麦灵，特普唑，特灭唑，达克利，灭黑灵，禾果利，特效灵，特普灵，力克菌，Spotless，Sumi eight，Sumi 8，S 3308L，XF 779。

理化性质　纯品烯唑醇为白色结晶固体，熔点 134～136℃；溶解性（25℃，g/kg）：水 0.004，己烷 0.7，甲醇 95，二甲苯 14。

毒性　烯唑醇原药急性 LD_{50}（mg/kg）：大鼠经口 570（雄）、953（雌），大鼠经皮＞2000；对兔眼睛和皮肤无明显刺激性；对动物无致畸、致突变、致癌作用。

作用特点 属广谱内吸性杀菌剂，具有保护、治疗和铲除作用。烯唑醇抗菌谱广，具有较高的杀菌活性和内吸性，植物种子、根、叶片均能内吸，并具有较强的向顶传导性能，残效期长，对病原菌孢子的萌发抑制作用小，但能明显抑制萌芽后芽管的伸长、吸器的形状、菌体在植物体内的发育、新孢子的形成等。可防治子囊菌、担子菌和半知菌引起的许多真菌病害。不宜长时间、单一使用该药，易使病原菌产生耐药性，对藻状菌纲病菌引起的病害无效。

适宜作物与安全性 玉米、小麦、花生、苹果、梨、葡萄、香蕉、黑穗醋栗、咖啡、甜瓜、西葫芦、芦笋、荸荠、花卉等。推荐剂量下对人、畜、作物及环境安全。

防治对象 烯唑醇对子囊菌和担子菌有特效，适用于防治麦类散黑穗病、腥黑穗病、坚黑穗病、白粉病、条锈病、叶锈病、秆锈病、云纹病、叶枯病，玉米、高粱丝黑穗病，花生褐斑病、黑斑病、苹果白粉病、锈病，梨黑星病，黑穗醋栗白粉病以及咖啡、蔬菜等的白粉病、锈病等病害。

使用方法 种子处理及喷雾。

（1）种子处理 ①防治小麦黑穗病，用12.5%可湿性粉剂160～240g/100kg种子拌种，湿拌和干拌均可；②防治小麦白粉病、条锈病，用12.5%可湿性粉剂120～160g/100kg种子拌种；③防治玉米丝黑穗病，用12.5%可湿性粉剂240～640g/100kg种子拌种。

（2）喷雾处理 ①防治小麦白粉病、条锈病、叶锈病、秆锈病、云纹病、叶枯病，感病前或发病初期用12.5%可湿性粉剂12～32g/亩，对水50～70kg喷雾；②防治黑穗醋栗白粉病，感病初期用12.5%可湿性粉剂1700～2500倍液喷雾；③防治香蕉叶斑病、葡萄黑痘病、炭疽病，用12.5%乳油750～1000倍液喷雾，间隔10～15天，施药3次；④防治苹果白粉病、锈病，感病初期用12.5%可湿性粉剂3000～6000倍液喷雾；⑤防治梨黑星病，感病初期用12.5%可湿性粉剂3000～4000倍液喷雾；⑥防治甜瓜白粉病，用12.5%乳油3000～4000倍液喷雾；⑦防治花生褐斑病、黑斑病，感病初期用12.5%可湿性粉剂16～48g/亩，对水50kg喷雾；⑧防治西葫芦白粉病、葡萄白粉病，用12.5%可湿性粉剂

2000~3000 倍液喷雾；⑨防治荸荠秆枯病，用 12.5% 可湿性粉剂 800 倍液喷雾。

（3）另据资料报道，防治香蕉褐缘灰斑病，用 5% 烯唑醇微乳剂 600~800 倍液，效果显著；防治梨树黑星病、黑斑病，12.5% 烯唑醇可湿性粉剂 1500~3000 倍液喷雾；防治玉米丝黑穗病，用 5% 烯哇醇微粉种衣剂药种比为 1:200 包衣；防治芦笋茎枯病，发病初期用 5% 烯唑醇微乳剂 1000~2000 倍液喷药，连喷 4~5 次；防治荸荠秆枯病，12.5% 烯唑醇可湿性粉剂 800 倍液均匀喷雾；防治香蕉叶斑病，用 25% 烯唑醇乳油 800~1000 倍液，效果显著。

注意事项 烯唑醇不可与碱性农药混用。药品存放在阴暗处，避免药液吸入或沾染皮肤，不宜做地面喷洒使用，与作用机制不同的其他杀菌剂轮换使用。

烯唑醇可以和多种杀菌剂混用，相关复配制剂如下。

① 烯唑醇＋三唑酮：防治小麦白粉病。

② 烯唑醇＋福美双：防治梨树黑星病。

③ 烯唑醇＋井冈霉素：防治水稻稻曲病。

④ 烯唑醇＋多菌灵：防治水稻稻粒黑粉病。

⑤ 烯唑醇＋代森锰锌：防治梨树黑星病。

⑥ 烯唑醇＋井冈霉素＋三环唑：防治水稻稻曲病、水稻稻瘟病、水稻纹枯病。

⑦ 烯唑醇＋三环唑：防治水稻稻瘟病。

高效烯唑醇 （diniconazole-M）

$C_{15}H_{17}Cl_2N_3O$, 326.22, 83657-18-5

化学名称 (E)-(R)-1-(2,4-二氯苯基)-4,4-二甲基-2-(1H-1,2,4-三唑-1-基)-1-戊烯-3-醇。

理化性质 原药为无色结晶状固体，熔点 169~170℃。

毒性 同烯唑醇。

作用特点 属广谱内吸性杀菌剂，具有保护、治疗和铲除作用。其作用机制与烯唑醇相同，都是抑制菌体麦角甾醇的生物合成，导致真菌细胞膜不正常，使病菌死亡。

适宜作物与安全性 玉米、小麦、花生、苹果、梨、黑穗醋栗、咖啡、花卉等。推荐剂量下对作物安全。

防治对象 可防治子囊菌、担子菌和半知菌引起的许多真菌病害。对子囊菌和担子菌有特效，适用于防治麦类散黑穗病、腥黑穗病、坚黑穗病、白粉病、条锈病、叶锈病、秆锈病、云纹病、叶枯病，玉米、高粱丝黑穗病，花生褐斑病、黑斑病，苹果白粉病、锈病，梨黑星病，黑穗醋栗白粉病以及咖啡、蔬菜等的白粉病、锈病等病害。

使用方法 种子处理及喷雾处理。

（1）种子处理：①防治小麦黑穗病，用 12.5％可湿性粉剂 160～240g/100kg 种子拌种；②防治小麦白粉病、条锈病，用 12.5％可湿性粉剂 120～160g/100kg 种子拌种；③防治玉米丝黑穗病，用 12.5％可湿性粉剂 240～640g/100kg 种子拌种。

（2）喷雾处理：①防治小麦白粉病、条锈病、叶锈病、秆锈病、云纹病、叶枯病，感病前或发病初期用 12.5％可湿性粉剂 12～32g/亩，对水 50～70kg 喷雾；②防治黑穗醋栗白粉病，感病初期用 12.5％可湿性粉剂 1700～2500 倍液喷雾；③防治苹果白粉病、锈病，感病初期用 12.5％可湿性粉剂 3000～6000 倍液喷雾；④防治梨黑星病，感病初期用 12.5％可湿性粉剂 3000～4000 倍液喷雾；⑤防治花生褐斑病、黑斑病，感病初期用 12.5％可湿性粉剂 16～48g/亩，对水 50kg 喷雾。

注意事项 本品不可与碱性农药混用。

腈菌唑（myclobutanil）

$C_{15}H_{17}ClN_4$，288.78，88671-89-0

化学名称 2-(4-氯苯基)-2-(1H-1,2,4-三唑-1-甲基)己腈。

其他名称 仙生，灭菌强，禾粉唑，果垒，富朗，世斑，诺信，纯通，菌枯，瑞毒脱，倾止，Syseant，Systhane，Rally，Nove，RH-3866。

理化性质 纯品腈菌唑为无色结晶，熔点 $68\sim69℃$；溶解性（25℃，g/kg）：水 0.124，可溶于酮、酯、乙醇和苯类，不溶于脂肪烃如己烷等；见光分解半衰期 222 天。工业品为棕色或淡黄色固体，熔点 $63\sim68℃$。

毒性 腈菌唑原药大鼠急性经口 LD_{50}（mg/kg）：>1600（雄），>2290（雌）；免急性经皮 $LD_{50}>5000mg/kg$。对鼠兔无皮肤刺激，对眼睛有轻微刺激，对豚鼠无皮肤过敏现象。90d 大鼠饲喂无作用剂量为 10mg/kg 饲料。对鼠、兔无致突变作用，活体小鼠试验无诱变，Ames 试验为阴性。鹌鹑急性经 LD_{50} 510mg/kg，灰斑鸡急性经口 LD_{50} 1635mg/kg。鱼毒 LC_{50}（96h）：蓝鳃 2.1mg/L，虹蝉 4.2mg/L，鲤鱼（48h）5.8mg/L，水蚤 11mg/L。

作用特点 属广谱内吸性杀菌剂，具有保护和治疗作用。其作用机制主要是对病原菌的麦角甾醇的生物合成起抑制作用，对子囊菌、担子菌均具有较好的防治效果。

适宜作物与安全性 苹果、梨、核果、葡萄、葫芦、园艺观赏作物，小麦、大麦、燕麦、棉花和水稻。推荐剂量对作物安全。

防治对象 白粉病、黑星病、腐烂病、锈病等。

使用方法 可用于叶面喷洒和种子处理。使用剂量通常为 $2\sim4g$（a.i.）/亩。

（1）防治禾谷类作物病害

① 防治小麦白粉病，用 25％乳油 $8\sim16g$/亩对水 $75\sim100kg$，相当于 $6000\sim9000$ 倍液，混合均匀后喷雾。于小麦基部第一片叶开始发病即发病初期开始喷雾，共施药两次，两次间隔 $10\sim15d$。持效期可达 20d。

② 防治麦类散黑穗病、网腥黑穗病、坚黑穗病、小麦颖枯病、大麦条纹病和网斑病等土传或种传病害，用 25％乳油 $25\sim40mL$/100kg 种子拌种。

（2）防治蔬菜、果树、花卉病害

① 防治黄瓜白粉病、黑星病，用 40% 可湿性粉剂 8～10g/亩对水 40～50kg 喷雾。

② 防治辣椒白粉病，用 25% 乳油 8～12mL/亩对水 50kg 喷雾。

③ 防治梨树、苹果树黑星病、白粉病、褐斑病、灰斑病，可用 25% 乳油 6000～8000 倍液均匀喷雾，喷液量视树势大小而定。

④ 防治葡萄白粉病，用 5% 乳油 1000～2000 倍液喷雾；防治葡萄炭疽病，用 40% 可湿性粉剂 4000～6000 喷雾。

⑤ 防治香蕉叶斑病、黑星病，12% 乳油 2000～4000 倍液均匀喷雾，间隔 10d，共施药三次。

⑥ 防治山楂白粉病，用 12.5% 乳油 2500 倍液喷雾。

⑦ 防治草莓白粉病，用 25% 乳油 15mL/亩对水 40～50kg 喷雾。

⑧ 防治月季白粉病，用 25% 乳油 12～15mL/亩对水 40～50kg 喷雾。

⑨ 防治菊花锈病、悬铃木白粉病，用 12.5% 乳油 2000 倍液喷雾。

⑩ 防治樟子松幼苗猝倒病，用 40% 可湿性粉剂 3500 倍液喷雾。

（3）防治番茄叶霉病，12.5% 的腈菌唑乳油 1500 倍液，间隔 5～7d 一次，连喷 2～3 次；防治小麦白粉病，用 40% 腈菌唑可湿性粉剂 10～15g/亩效果显著；防治菊花锈病，12.5% 腈菌唑水剂 2000 倍液喷雾；防治枣锈病、炭疽病，用 12.5% 的腈菌唑乳油 2000 倍液，连续喷 3 次，间隔 15d；防治辣椒白粉病，25% 腈菌唑乳油剂量以 8.53～14.2g/亩，喷液量 50kg/亩，间隔 7d，连续喷 3 次；防治香蕉黑星病，发病初期用 25% 腈菌唑乳油 3000～4000 倍，连续喷 3～4 次，间隔为 10～15d。

注意事项 腈菌唑持效期长，对作物安全，有一定刺激生长作用，施药时注意安全，本品易燃，贮存在阴凉干燥处。

腈菌唑可以和多种杀菌剂混用，相关复配制剂如下。

① 腈菌唑＋丙森锌：防治苹果树斑点落叶病。

②腈菌唑＋甲基硫菌灵：防治苹果树轮纹病、苹果树炭疽病。

③腈菌唑＋福美双：防治黄瓜黑星病。

④腈菌唑＋咪鲜胺：防治香蕉叶斑病。

⑤腈菌唑＋三唑酮：防治小麦白粉病。

⑥腈菌唑＋代森锰锌：防治黄瓜白粉病。

⑦腈菌唑＋戊唑醇：防治小麦全蚀病。

腈苯唑 （fenbuconazole）

$C_{19}H_{17}ClN_4$，336.8，114369-43-6

化学名称 4-(4-氯苯基)-2-苯基-2-(1H-1,2,4-三唑-1-基甲基)丁腈。

其他名称 应得，唑菌腈，Indar，Enable，Govern，Impala。

理化性质 纯品腈苯唑为无色结晶，熔点124～126℃；溶解性（25℃，g/kg）：可溶于醇、芳烃、酯、酮等，不溶于脂肪烃，难溶于水。

毒性 腈苯唑原药急性 LD_{50}（mg/kg）：大鼠经口＞2000、经皮＞5000；原药对兔眼睛和皮肤无刺激性，乳油制剂对兔眼睛和皮肤有严重刺激作用；以 20mg/(kg·d) 剂量饲喂大鼠90天，未发现异常现象；对动物无致畸、致突变、致癌作用。

作用特点 属于内吸传导型杀菌剂，也是一种带有三唑结构的喹唑啉类杀菌剂，具有保护、治疗作用和内吸活性。其作用机制是抑制麦角甾醇生物合成，是甾醇脱甲基化抑制剂，既能阻止病菌的发育，又能使下一代孢子变形，失去继续传染能力，从而起到抑制病原菌菌丝的伸长，阻止已发芽的病原菌孢子侵入作物组织的作用。

适宜作物与安全性 禾谷类作物、水稻、甜菜、葡萄、香蕉、果树如桃和苹果等。对作物非常安全。

防治对象 腈苯唑对子囊菌、半知菌和担子菌引起的多种阔叶及禾谷类作物上的病害均有效，如禾谷类作物的壳针孢属、柄锈菌属和黑麦喙孢，甜菜上的甜菜生尾孢，葡萄上的葡萄孢属、葡萄球座菌和葡萄钩丝壳，核果上的丛梗孢属，果树上如苹果黑星菌、香蕉叶斑病等。

使用方法　腈苯唑既可叶面喷施，也可作种子处理剂。推荐剂量为 25～150mg/L，作物耐受使用量为 100～500g/亩。

（1）防治水稻稻曲柄，发病初期用 24％悬浮剂 15～20mL 对水 40～50kg 喷雾。

（2）防治香蕉叶斑病，发病初期用 24％乳油 400 倍液，间隔 7～14d，再喷雾一次。

（3）防治桃树褐腐病　在桃树发病前或发病初期喷药，用 24％乳油 2500～3000 倍液或 24％乳油 33.3～40mL，对水 100L 喷雾。

（4）防治草坪病害使用剂量 5～16.7g（a.i.）/亩。

（5）另据资料报道，防治香蕉叶斑病 24％腈苯唑悬浮剂 800～1200 倍液喷雾，防效显著。

<h1 style="text-align:center">三环唑（tricyclazole）</h1>

$C_9H_7N_3S$, 189.24, 41814-78-2

化学名称　5-甲基-1,2,4-三唑并［3,4-*b*]苯并噻唑。

其他名称　稻瘟唑，克瘟唑，比艳，克瘟灵，Beam，Bim，Blascide，EL-291，三赛唑。

理化性质　纯品三环唑为无色针状结晶，熔点 187～188℃；溶解性（25℃，g/kg）：水 1.6，氯仿＞500，其他百分溶解度：二氯甲烷 33，乙醇 25，甲醇 25，丙酮 10.4，环己酮 10.0，二甲苯 2.1。

毒性　三环唑原药急性 LD_{50}（mg/kg）：大鼠经 358（雄）、305（雌），小鼠经口 250，兔和大鼠经皮＞2000；原药对兔眼睛和皮肤有一定刺激性；以 275mg/（kg·d）剂量饲喂大鼠两年，未发现异常现象；对动物无致畸、致突变、致癌作用。

作用特点　属三唑类杀菌剂，具有较强的保护作用和内吸活性。其作用机制是通过抑制从 scytalone 到 1,3,8-三羟基萘和从 vermelone 到 1,8-二羟基萘的脱氢反应，从而抑制黑色素的形成。三环唑能抑制孢子萌发和附着胞形成，有效地阻止病菌侵入和减少稻瘟病菌孢子的产生。

适宜作物与安全性　水稻。推荐剂量下对作物安全。

防治对象　稻瘟病。

使用方法　喷雾处理。

（1）叶瘟　发病初期施药，如出现急性型病斑，或较容易见到病斑，则应全田施药。用 75％可湿性粉剂 22g/亩，对水 20～50L，全田喷施。

（2）穗瘟　在水稻拔节末期至抽穗初期（抽穗率 5％以下）时，用 75％可湿性粉剂 26g/亩，对水 3～5L，全田喷施。航空施药，对于水稻抽穗应选早晚风小、气温低时进行。

另据资料报道，防治水稻穗瘟，水稻破口初期用 75％三环唑可湿性粉剂 25～30g/亩，间隔 7～10d，连续施药 2 次；防治水稻稻瘟病，叶瘟在发病初期，穗瘟在水稻破口期，用 20％三环唑（好米多）悬浮剂 100mL/亩，效果显著；防治水稻稻瘟病，用 75％三环唑水分散粒剂 20～30g/亩对叶瘟和穗瘟的防效优于相同浓度 75％三环唑可湿性粉剂；防治水稻稻瘟病，发病初期 20％三环唑可湿性粉剂 90g/亩效果显著。

注意事项　三环唑能迅速被水稻根、茎、叶吸收，并输送到植株各部位。持效期长，药效稳定。三环唑抗雨水冲刷力强，喷药 1h 后遇雨不需补喷药。晴天上午 8 时至下午 5 时、空气相对湿度低于 65％、气温高于 28℃、风速超过 4m/s 时应停止施药。采用田间叶面喷药应在采收前 25d 停止用药。

三环唑可以和多种杀菌剂混用，相关复配制剂如下。

① 三环唑＋丙环唑：防治水稻稻瘟病、水稻纹枯病。

② 三环唑＋己唑醇：防治水稻稻瘟病。

③ 三环唑＋多菌灵：防治水稻稻瘟病。

④ 三环唑＋春雷霉素：防治水稻稻瘟病。

⑤ 三环唑＋异稻瘟净：防治水稻稻瘟病。

⑥ 三环唑＋硫黄：防治水稻稻瘟病。

⑦ 三环唑＋三唑酮：防治水稻稻瘟病。

⑧ 三环唑＋杀虫单：防治水稻稻瘟病、水稻三化螟。

⑨ 三环唑＋井冈霉素＋三唑酮：防治水稻稻曲病、水稻稻瘟病、水稻纹枯病。

⑩ 三环唑＋多菌灵＋井冈霉素：防治水稻稻瘟病、水稻纹枯病。

⑪ 三环唑＋井冈霉素＋烯唑醇：防治水稻稻瘟病、水稻稻曲病、水稻纹枯病。

⑫ 三环唑＋咪鲜胺锰盐：防治菜苔炭疽病。

⑬ 三环唑＋甲基硫菌灵：防治稻瘟病。

环丙唑醇 （cyproconazole）

$C_{15}H_{18}ClN_3O$，291.78，94361-06-5 或 113096-99-4

化学名称 （2RS,3RS；2RS,3SR）-2-(4-氯苯基)-3-环丙基-1-(1H-1,2,4-三唑-1-基)丁-2-醇。

其他名称 环唑醇，Alto，Shandon，AN-619-F，Atemi，Biallor，Bialor，Sentinel。

理化性质 环丙唑醇为外消旋混合物，纯品无色结晶，熔点106～109℃；溶解性（25℃，g/kg）：水0.140，丙酮230，乙醇230，二甲基亚砜180，二甲苯120。

毒性 环丙唑醇原药急性 LD_{50}（mg/kg）：大鼠经口1020（雄）、1333（雌），小鼠经口200（雄）、218（雌），大鼠经皮＞2000；对兔眼睛和皮肤无刺激性；以1mg/（kg•d）剂量饲喂大鼠两年，未发现异常现象；对动物无致畸、致突变、致癌作用。

作用特点　属广谱内吸性杀菌剂，具有预防、治疗作用和内吸活性。属于甾醇抑制剂，其作用机制是抑制类固醇脱甲基化（麦角甾醇生物合成），改变孢子形态和细胞膜的结构，并影响其功能使病菌死亡或受抑制。环丙唑醇能被植物各部分吸收，在植物体内传导，被根部吸收后有很强的向顶部传导能力。

适宜作物与安全性　小麦、大麦、燕麦、黑麦、玉米、高粱、花生、甜菜、苹果、梨、咖啡、草坪等。推荐剂量下对作物安全。主要用作茎叶处理。

防治对象　可以防治白粉菌属、柄锈菌属、喙孢属、核腔菌属、尾孢霉属、黑星菌属和壳针孢属菌引起的病害，如小麦白粉病、小麦散黑穗病、小麦纹枯病、小麦雪腐病、小麦全蚀病、小麦腥黑穗病、大麦云纹病、大麦散黑穗病、大麦纹枯病、玉米丝黑穗病、高粱丝黑穗病、花生叶斑病、花生白腐病、甜菜菌核病、咖啡锈病、苹果斑点落叶病、梨黑星病、葡萄白粉病等。

使用方法　使用剂量通常为 4～6.7g（a.i.）/亩，如以 2.7～6.7g（a.i.）/亩施药，可有效地防治禾谷类和咖啡锈病，禾谷类、果树和葡萄白粉病，花生、甜菜叶斑病，苹果黑星病和花生白腐病。防治麦类锈病持效期为 4～6 周，防治白粉病为 3～4 周。

防治花生叶斑病、花生白腐病，用 40% 悬浮剂 15mL/亩，对水 40～50kg 喷雾；防治禾谷类作物病害用量为 5.3g（a.i.）/亩；防治咖啡病害用量为 1.3～3.3g（a.i.）/亩，防治甜菜病害用量为 2.7～4g（a.i.）/亩或 40% 悬浮剂 7～10mL/亩，对水 40～50kg 喷雾；防治果树和葡萄病害用量为 0.67g（a.i.）/亩或 40% 悬浮剂 5000～8000 倍液喷雾。

（1）防治花生叶斑病、白腐病，谷类眼点病、叶斑病和网斑病，发病初期，用 40% 悬浮剂 15mL/亩对水 40～50kg 喷雾；

（2）防治甜菜叶斑病，发病初期，用 40% 悬浮剂 7～10mL/亩对水 40～50kg 喷雾；

（3）防治苹果黑星病，葡萄白粉病，发病初期，用 40% 悬浮剂 5000～8000 倍液喷雾。

另据资料报道，防治小麦条锈病，用 40% 环丙唑醇悬浮剂使用剂量为 12～15g/亩防效显著，不同剂量对小麦均有良好的增产效果。

苯醚甲环唑（difenoconazole）

$C_{19}H_{17}Cl_2N_3O_3$，406.30，119446-68-3

化学名称　顺，反-3-氯-4-[4-甲基-2-($1H$-1,2,4-三唑-1-基甲基)-1,3-二氧戊环-2-基]苯基-4-氯苯基醚。

其他名称　恶醚唑，敌萎丹，世高，Dividend，Score。

理化性质　苯醚甲环唑为顺反异构体混合物，顺反异构体比例 0.7～1.5 之间，纯品白色至米色结晶固体，熔点 78.6℃；溶解性（25℃，g/kg）：水 0.015，丙酮 610，乙醇 330，甲苯 490，正辛醇 95；150℃以下稳定。

毒性　苯醚甲环唑原药急性 LD_{50}（mg/kg）：大鼠经口 1453，小鼠经口＞2000，兔经皮＞2000；对兔眼睛和皮肤无刺激性；以 1mg/（kg·d）剂量饲喂大鼠两年，未发现异常现象；对动物无致畸、致突变、致癌作用。

作用特点　属广谱内吸性杀菌剂，具有预防、治疗作用和内吸活性。甾醇脱甲基化抑制剂，其作用机制是抑制细胞壁甾醇的生物合成，阻止真菌生长。叶面处理或者种子处理可提高作物的产量，并保证品质。

适宜作物与安全性　番茄、甜菜、香蕉、禾谷类作物、水稻、大豆、园艺作物及各种蔬菜等。对小麦、大麦进行茎叶（小麦株高 24～42cm）处理时，有时叶片会出现变色现象，但不会影响产量。

防治对象　对子囊菌亚门，担子菌亚门和包括链格孢属、壳二孢属、尾孢属、刺盘孢球座菌属、茎点霉属、柱隔孢属、壳针孢属、黑星菌属在内的半知菌，白粉菌科，锈菌目和某些种传病原菌有持久的保护作用和治疗活性，同时对小麦散黑穗病、腥黑穗病、全蚀病、白粉病、根腐病、纹枯病、颖枯病、叶枯病、锈病等病害，甜菜褐斑病，苹果黑星病、白粉病，葡萄白粉病，马铃薯早疫病，花生叶斑病、网斑病，黄瓜白粉病、炭疽病，番茄早疫病，辣椒炭疽病，葡萄黑痘病，柑橘疮痂病等均有较好的治疗效果。

使用方法　主要用作叶面处理剂和种子处理剂。其中10%苯醚甲环唑水分散粒剂主要用于茎叶处理，使用剂量为20～40g/亩；3%悬浮种衣剂主要用于种子处理，使用剂量为3～24g（a.i.）/kg种子。

（1）10%苯醚甲环唑水分散颗粒剂的应用　主要用于防治梨黑星病、苹果斑点落叶病、番茄早疫病、西瓜蔓枯病、辣椒炭疽病、草莓白粉病、葡萄炭疽病、黑痘病、柑橘疮痂病等。

① 防治蔬菜病害：防治黄瓜白粉病、炭疽病，西瓜炭疽病、蔓枯病，辣椒炭疽病，大白菜黑斑病，菜豆锈病，用10%水分散颗粒剂30～50g/亩对水40～50kg喷雾；防治芹菜叶斑病，用10%水分散颗粒剂40～60/亩对水40～50kg喷雾；防治番茄早疫病，发病初期用10%水分散颗粒剂800～1200倍液或10%水分散颗粒剂83～125g/100L水，或10%微乳剂40～60mL/亩，对水40～50kg喷雾；防治番茄黑斑病，用10%水分散颗粒剂1500～2000倍液喷雾；防治番茄叶霉病、辣椒白粉病，用10%水分散颗粒剂2000倍液喷雾；防治西葫芦白粉病，用10%水分散颗粒剂1000倍液喷雾；防治洋葱白腐病，用10%水分散颗粒剂1500倍液进行土壤消毒和灌根。

② 防治果树病害：防治梨黑星病，在发病初期用10%水分散颗粒剂6000～7000倍液或10%微乳剂1500～2000倍液喷雾，发病严重时可提高浓度，建议用3000～5000倍液喷雾，间隔7～14d连续喷药2～3次；防治苹果斑点落叶病，发病初期用10%水分散颗粒剂2500～3000倍液或10%水分散颗粒剂33～40g/100L水，发病严重时用1500～2000倍液或10%水分散颗粒剂50～66.7g/100L水，间隔7～14d，连续喷药2～3次；防治苹果轮纹病，用10%水分散颗粒剂2000～2500倍液喷雾；防治葡萄炭疽病、黑痘病，用10%水分散颗粒剂1000～1500倍液喷雾；防治葡萄白腐病，用10%水分散颗粒剂1500～2000倍液喷雾；防治柑橘炭疽

病，用 10％水分散颗粒剂 4000～5000 倍液喷雾；防治柑橘疮痂病，用 10％水分散颗粒剂 3000～4000 倍液喷雾；防治荔枝树炭疽病，用 10％水分散颗粒剂 1000～2000 倍液喷雾；草莓白粉病，用 10％水分散颗粒剂 20～40g/亩；防治青梅黑星病，用 10％水分散颗粒剂 3000 倍液喷雾；防治龙眼炭疽病，用 10％水分散颗粒剂 800～1000 倍液喷雾。

（2）25％苯醚甲环唑乳油的应用　主要用于防治水稻、香蕉病害。防治水稻纹枯病、稻曲病，用 25％乳油 50mL/亩，对水 40～50kg 喷雾；防治香蕉黑星病、叶斑病，用 25％乳油 2000～3000 倍液。

（3）3％苯醚甲环唑悬浮种衣剂的应用　主要用于防治小麦矮腥黑穗病、腥黑穗病、散黑穗病、颖枯病、根腐病、纹枯病、全蚀病、早期锈病、白粉病，大麦坚黑穗病、散黑穗病、条纹病、网斑病、全蚀病，大豆、棉花立枯病、根腐病。防治小麦散黑穗病，用 3％悬浮种衣剂 200～400mL/100kg 种子；防治小麦腥黑穗病，用 3％悬浮种衣剂 67～100mL/100kg 种子；防治小麦矮腥黑穗病，用 3％悬浮种衣剂 133～400mL/100kg 种子；防治小麦根腐病、纹枯病、颖枯病，用 3％悬浮种衣剂 200mL/100kg 种子；防治小麦全蚀病、白粉病，用 3％悬浮种衣剂 1000mL/100kg 种子；防治大麦病害，用 3％悬浮种衣剂 100～200mL/100kg 种子；防治棉花立枯病，用 3％悬浮种衣剂 800mL/100kg 种子；防治大豆根腐病，用 3％悬浮种衣剂 200～400mL/100kg 种子。

（4）另据资料报道，防治小麦散黑穗病，用 30g/L 苯醚甲环唑悬浮种衣剂以 200～250g/100kg 种子包衣，有显著防效；防治籽瓜炭疽病，用 30％苯醚甲环唑悬浮剂 3000 倍液，效果显著；防治西葫芦白粉病，用 10％苯醚甲环唑 600 倍液，防效显著；防治太子参叶斑病，10％苯醚甲环唑水分散粒剂 6000 倍液，效果明显；防治葡萄黑痘病，发病初期用 10％苯醚甲环唑水分散粒剂 1000～1500 倍液，间隔 7～10d，连喷 2～3 次，或者用 40％苯醚甲环唑水乳剂 4000 倍液，施药 2 次，防治效果显著；防治西瓜炭疽病，用 30％苯醚甲环唑悬浮剂 16.7～20g/亩，间隔 7～14d，共施药 3

次，或者用 10％苯醚甲环唑水分散粒剂 60g/亩，间隔 7～10d，连施 2～3 次；防治梨果实轮纹病，用 25％苯醚甲环唑乳油 2000～3000 倍液，效果显著；防治黄瓜白粉病，用 10％苯醚甲环唑水分散颗粒剂 67～83g/亩，间隔 7～10d，连喷 2～3 次；防治番茄早疫病，用 10％苯醚甲环唑水分散颗粒剂 83～100g/亩，间隔 7～10d，连喷 2～3 次；防治柑橘炭疽病，发病初期用 20％苯醚甲环唑水乳剂 4000 倍液，间隔为 7～10d，施药次数 3～4 次；防治黄瓜炭疽病，10％苯醚甲环唑水分散粒剂 60～80g/亩，间隔 7d，连喷 3 次；防治西瓜炭疽病，20％苯醚甲环唑微乳剂 2000～4000 倍液，效果显著；防治梨黑星病，用 20％苯醚甲环唑微乳剂对 8000～10000 倍液，或者用 10％苯醚甲环唑水分散粒 6000～7000 倍液，具有较好的效果；防治香蕉叶斑病，用 25％苯醚甲环唑乳油 2000～2500 倍液，间隔 10～14d，连喷 3 次。

注意事项

(1) 苯醚甲环唑不宜与铜制剂混用。如需要与铜制剂混用，则要加大苯醚甲环唑 10％以上的药量。为了确保防治效果，在喷雾时用水量一定要充足，果树全株均匀喷药。

(2) 西瓜、草莓、辣椒喷液量为每亩人工 50kg。果树可根据果树大小确定喷液量。施药应选早晚气温低、无风时进行。晴天空气相对湿度低于 65％、气温高于 28℃、风速大于 5m/s 时应停止施药。

(3) 苯醚甲环唑施药时间宜早不宜迟，应在发病初期进行喷药效果最佳。

(4) 农户拌种：用塑料袋或桶盛好要处理的种子，将 3％悬浮种衣剂用水稀释（一般稀释 1～1.6L/100kg 种子），充分混匀后倒在种子上，快速搅拌或摇晃，直至药液均匀分布每粒种子上（根据颜色判断）。机械拌种：根据所采用的包衣机性能及作物种子使用剂量，按不同加水比例将 3％苯醚甲环唑悬浮种衣剂稀释成浆状，即可开机。

苯醚甲环唑可以和多种杀菌剂混用，相关复配制剂如下。

① 苯醚甲环唑＋井冈霉素 A：防治水稻稻曲病、水稻纹枯病。

② 苯醚甲环唑＋丙环唑：防治水稻纹枯病。

③ 苯醚甲环唑＋丙森锌：防治苹果树斑点落叶病。

④ 苯醚甲环唑＋多菌灵：防治苹果树炭疽病。

⑤ 苯醚甲环唑＋代森锰锌：防治苹果树斑点落叶病。

⑥ 苯醚甲环唑＋醚菌酯：防治水稻纹枯病、西瓜炭疽病。

⑦ 苯醚甲环唑＋中生菌素：防治苹果树斑点落叶病。

⑧ 苯醚甲环唑＋甲基硫菌灵：防治梨树黑星病。

⑨ 苯醚甲环唑＋抑霉唑：防治苹果树炭疽病。

⑩ 苯醚甲环唑＋咯菌腈＋噻虫嗪：防治小麦散黑穗病、小麦金针虫。

⑪ 苯醚甲环唑＋戊唑醇：防治小麦纹枯病。

⑫ 苯醚甲环唑＋己唑醇：防治水稻纹枯病。

⑬ 苯醚甲环唑＋噻呋酰：防治水稻纹枯病。

丙环唑（propiconazole）

$C_{15}H_{17}Cl_2N_3O_2$，342.2，60207-90-1

化学名称　1-[2-(2,4-二氯苯基)-4-丙基-1,3-二氧戊环-2-甲基]-1H-1,2,4-三唑。

其他名称　敌力脱，必扑尔，Banner，Radar，Tilt，propiconazole，Dadar，CGA 64250。

理化性质　淡黄色黏稠液体，沸点180℃（13.32Pa），蒸气压0.133×10^{-3}（20℃），相对密度1.27（20℃），折射率1.5468。能与大多数有机溶剂互溶，对光、热、酸、碱稳定，对金属无腐蚀。

毒性　大鼠急性LD$_{50}$（mg/kg）：1517（经口），＞4000（经皮）；对兔眼睛黏膜和皮肤有轻度刺激，对豚鼠无致敏作用，实验下未见"三致"。

作用特点　属三唑类广谱内吸性杀菌剂，具有保护和治疗作用。甾醇脱甲基化抑制剂，可被根、茎、叶吸收，并能很快地在植株体内向上传导。残效期在 1 个月左右。

适宜作物与安全性　禾谷类作物如大麦、小麦和香蕉、咖啡、花生、葡萄等。推荐剂量下对作物安全。

防治对象　可用于防治子囊菌、担子菌和半知菌所引起的病害，特别是对小麦根腐病、白粉病、颖枯病、纹枯病、锈病、叶枯病、大麦网斑病、葡萄白粉病，水稻恶苗病等有较好的防治效果，但对卵菌病害无效。

使用方法　茎叶喷雾，使用剂量通常为 6.7～10g（a.i.）/亩。

种子处理　①防治小麦全蚀病，用 25％乳油按种子重量的 0.1％～0.2％拌种或 0.1％闷种；②防治水稻恶苗病，25％乳油 1000 倍浸种。

（1）大田作物病害防治

① 防治小麦纹枯病，用 25％乳油 20～30mL/亩，进行喷雾，每亩喷水量人工不少于 60L，拖拉机 10L，飞机 1～2L，在小麦茎基节间均匀喷药；

② 防治小麦白粉病、锈病、根腐病、叶枯病、叶锈病、网斑病、燕麦冠锈病、眼斑病、颖枯病（在小麦孕穗期），大麦叶锈病、网斑病，在发病初期用 25％乳油 35mL/亩，对水 50kg 喷雾；

③ 防治水稻纹枯病，发病初期，用 25％乳油 20～30mL/亩，对水 50kg 喷雾。

（2）果树病害防治

① 防治香蕉叶斑病、黑星病，在发病初期用 25％乳油 1000～2000 倍液喷雾效果最好，间隔 21～28d，根据病情的发展，可考虑连续喷施第二次；

② 防治葡萄白粉病、炭疽病，发病初期用 25％乳油 1000～2000 倍液喷雾，间隔期可达 14～18d。

（3）其他病害防治

① 防治花生叶斑病，每亩用 25％乳油 100～500mL/亩，对水 40～50kg 喷雾，发病初期进行喷雾，间隔 14d 连续喷药 2～3 次；

② 防治草坪褐斑病，发病初期用 15.6％乳油 80～100g/亩对水 40～50kg 喷雾；

③ 防治瓜类白粉病，发病初期用 25% 乳油 10～20mL/亩对水 40～50kg 喷雾；

④ 防治甜瓜蔓枯病，发病初期用 25% 乳油 80～130mL 加水 2350mL 和面粉 1250g 调成稀糊状涂抹茎基部，每隔 7～10d 涂 1 次，连涂 2～3 次；

⑤ 防治辣椒褐斑病、叶枯病，发病初期，25% 乳油 20mL/亩对水 40～50kg 喷雾；

⑥ 防治辣椒根腐病，发病初期用 25% 乳油 80g/亩对水穴施或灌根；

⑦ 防治芹菜叶斑病，发病初期用 25% 乳油 2000 倍液喷雾。

（4）防治早稻纹枯病，用 25% 丙环唑（金力士）乳油 20～30mL/亩，防效显著；防治小麦纹枯病，发病初期用 25% 丙环唑乳油 35～40mL/亩，间隔 10d，再施一次；防治小麦白粉病，用 250g/L 丙环唑乳油 40g/亩，防效显著；防治苹果褐斑病，25% 丙环唑乳油 1500～2500 倍液，防效明显；防治香蕉叶斑病，用 25% 丙环唑水乳剂 600～2000 倍液喷雾，效果显著；防治水稻纹枯病，用 25% 丙环唑乳油 30mL/亩，或者 25% 丙环唑乳油 15～30mL 对水 50kg 喷雾，防效显著；防治小麦白粉病，发病初期用 25% 丙环唑乳油 33.2mL/亩，防效明显；防治大棚甜瓜蔓枯病，用 25% 丙环唑乳油 80～130mL/亩对水 2350mL 和面粉 1250g 调成稀糊状涂抹茎基部，间隔 7～10d 涂 1 次，连涂 2～3 次，涂茎施药至采收的安全间隔期为 20d。

注意事项 储存温度不得超过 35℃。避免药剂接触皮肤和眼睛。存放儿童接触不到的地方。喷药时要有防护措施。

丙环唑可以和多种杀菌剂混用，相关复配制剂如下。

① 丙环唑＋苯醚甲环唑：防治水稻纹枯病。

② 丙环唑＋咪鲜胺：防治水稻纹枯病、水稻稻曲病、水稻稻瘟病。

③ 丙环唑＋醚菌酯：防治玉米小斑病、香蕉叶斑病、玉米大斑病。

④ 丙环唑＋三环唑：防治水稻稻瘟病、水稻纹枯病。

⑤ 丙环唑＋多菌灵：防治香蕉叶斑病。

⑥ 丙环唑＋井冈霉素：防治水稻稻曲病、水稻纹枯病。

氟环唑 （epoxiconazole）

$C_{17}H_{13}ClFN_3O$，329.8，106325-08-0

化学名称　（2RS,3RS)-1-[3-(2-氯苯基)-2,3-环氧-2(4-氟苯基)丙基]-1H-1,2,4-三唑。

其他名称　环氧菌唑，欧霸，Opus。

理化性质　纯品氟环唑为无色结晶固体，熔点136.2℃；溶解性（20℃，g/kg）：水0.00663，丙酮14.4，二氯甲烷29.1。

毒性　氟环唑原药急性LD_{50}（mg/kg）：大鼠经口＞5000、经皮＞2000；对兔眼睛和皮肤无刺激性；对动物无致畸、致突变、致癌作用。

作用特点　属广谱内吸性杀菌剂，具有保护、治疗和铲除作用。甾醇脱甲基化抑制剂，麦角甾醇生物合成中抑制1,4-脱甲基化作用，引起麦角甾醇缺乏，导致真菌细胞膜不正常，使真菌死亡。抗菌谱广，持效期长。

适宜作物与安全性　禾谷类作物、糖用甜菜、花生、油菜、草坪、咖啡、水稻及果树等，推荐剂量下对作物安全、无药害。

防治对象　对子囊菌亚门和担子菌亚门真菌有较高活性，尤其对禾谷类作物病害如立枯病、白粉病、眼纹病等十多种真菌病害有很好的防治作用。

使用方法　喷雾处理，使用剂量通常为5～8.3g（a.i.）/亩。防治小麦锈病，发病初期用12.5%悬浮剂50～60mL/亩对水40～50kg喷雾；防治香蕉叶斑病，发病初期用75g/L悬浮剂4000～7500倍液喷雾。

另据资料报道，防治稻曲病和纹枯病，用12.5%氟环唑（福满门）悬浮剂40g/亩，防效显著；防治小麦主要病害（白粉病、锈病），用 12.5％氟环唑悬浮剂 20～40g/亩预防，发病初期可用 12.5％氟环唑悬浮剂 30～50g/亩喷雾；防治香蕉叶斑病，用 7.5％氟环唑乳油 250 倍液喷雾 3 次，防效显著。

丙环唑可以和多种杀菌剂混用，相关复配制剂如下。

① 氟环唑＋甲基硫菌灵：防治小麦白粉病。

② 氟环唑＋醚菌酯：防治水稻纹枯病。

③ 氟环唑＋多菌灵：防治小麦赤霉病。

④ 氟环唑＋烯肟菌酯：防治苹果斑点落叶病。

氟硅唑（flusilazole）

$C_{16}H_{15}F_2N_3Si$，316.4，85509-19-9

化学名称 双（4-氟苯基）甲基（1H-1,2,4-三唑-1-基亚甲基）硅烷。

其他名称 福星，克菌星，Nustar，Olymp，Punch，DPX-H 6573。

理化性质 纯品氟硅唑为白色晶体，熔点 53～55℃；溶解性（20℃）：易溶于多种有机溶剂。

毒性 氟硅唑原药急性 LD_{50}（mg/kg）：大鼠经口 1100（雄）、674（雌），兔经皮＞2000；对兔眼睛和皮肤中度刺激；10mg/kg 剂量饲喂大鼠两年，未发现异常；对动物无致畸、致突变、致癌作用。

作用特点 属广谱内吸性杀菌剂，具有内吸活性、保护和治疗作用。甾醇脱甲基化抑制剂，能抑制病原菌丝伸长，阻止病菌孢子芽管生长，破坏和阻止病菌的细胞膜重要组成成分麦角甾醇的生物合成，导致细胞膜不能形成，使病菌死亡。喷药后能迅速被作物叶面吸收并向下传导，产生保护作用。

适宜作物与安全性 苹果、梨、黄瓜、番茄和禾谷类等。对作物安全，对绝大多数作物非常安全（唯酥梨品种应避免在幼果前使用；梨肉的最大残留限量为 $0.05\mu g/g$，梨皮为 $0.5\mu g/g$，安全间隔期为 18d），对人、畜低毒，不危害有益动物和昆虫。

防治对象　防治子囊菌纲、担子菌纲和半知菌类真菌引起的多种病害如苹果黑星病、白粉病，禾谷类的麦类核腔属菌、壳针孢属菌、葡萄钩丝壳菌、葡萄球座菌引起的病害如眼点病、锈病、白粉病、颖枯病、叶斑病等，以及甜菜上的多种病害。对梨、黄瓜黑星病、白粉病，大麦叶斑病、颖枯病，花生叶斑病，番茄叶霉病、早疫病，葡萄白粉病也有效，持效期约为 7d。

使用方法　喷雾处理。

(1) 果树病害防治

① 梨黑星病，发病初期，用 40％乳油 10000 倍液，每隔 7～10d 喷雾 1 次，连喷 4 次，能有效防治梨黑星病，并可兼治梨赤星病，发病高峰期或雨水大的季节，喷药间隔期可适当缩短，采收前 18 天停止施药；

② 苹果黑星病、白粉病，在低剂量下，多种喷洒方法，间隔期 14d，可有效地防治叶片和果实黑星病和白粉病，该药剂不仅有保护作用，在侵染后长达 120h 后还具有治疗作用。对基腐病等的夏季腐烂病和霉污病无效，对叶片或果实的大小或形状都没明显药害；

③ 苹果炭疽病、轮纹病，发病前期，用 40％乳油 8000 倍液加50％多菌灵可湿性粉剂 1000 倍液喷雾，5 月中旬至采前 8d，间隔10～14d 喷一次药；

④ 防治葡萄黑痘病、白腐病、炭疽病、白粉病等，发病初期用 40％乳油 8000～10000 倍液喷雾，间隔 7～10 天左右施药 1 次；

⑤ 防治草莓白粉病，发病初期用 40％乳油 10000～12000 倍液喷雾，间隔 7～10 天左右施药 1 次，连续 4 次；

⑥ 防治香蕉树黑星病，发病初期用 10％乳油 4000～5000 倍液喷雾。

(2) 瓜菜类病害防治

① 黄瓜黑星病、白粉病，发病前期用 40％乳油 6000～8000 倍喷雾，间隔 7d 左右施药 1 次；

② 番茄叶霉病，发病初期用 40％乳油 7000～8000 倍液喷雾，间隔 7～10d 再喷 1 次；

③ 番茄早疫病，发病初期用 40％乳油 8000～10000 倍液喷雾，间隔 7d 左右施药 1 次；

④ 菜豆白粉病，发病初期用 40％乳油 10～15mL/亩对水 40～50kg 喷雾；

⑤ 甜瓜炭疽病，发病初期用 40％乳油 12～16mL/亩对水 40～50kg 喷雾；

⑥ 西葫芦白粉病，发病初期用 40％乳油 8000～10000 倍液喷雾。

（3）其他作物病害防治

① 花生病害，4.7～6.7g（a.i.）/亩剂量下可有效地防治花生叶斑病。

② 禾谷类病害，5.3～10.6g（a.i.）/亩剂量下可有效地防治禾谷类叶和穗病害如叶锈病、颖枯病、叶斑病和白粉病等。

（4）防治梨树黑星病，40％氟硅唑乳油 4000～8000 倍液喷雾，效果显著；防治葡萄白腐病，发病初期 400g/L 氟哇唑乳油 40～50mg/kg 水，间隔 10～14d，连喷 3 次，防治效果显著；防治黄瓜白粉病，发病初期用 8％氟硅唑微乳剂的 4.6～6g/亩对水 750kg，间隔期为 7d，共喷 3 次；防治葡萄黑痘病，发病初期 40％氟硅唑乳油 6000～8000 倍液喷雾，用水量 3.3kg/亩，效果显著；防治亚麻白粉病，用 40％氟硅唑乳油 8000 倍液，喷雾 4～5 次，具有很好的防效；防治黄瓜黑星病，发病初期用 40％氟硅唑乳油 17.5mL/亩，喷药液 60kg/亩，均匀喷雾，间隔 7～10d，共施药 3～4 次；防治甜瓜炭疽病，发病初期用 40％氟硅唑乳油 4.67～6.25g/亩，间隔 7d 施药 1 次，连续 3 次，防治效果明显；防治葡萄白粉病，发病初期 40％氟硅唑乳油 6000～8000 倍液喷雾，间隔 10 天施药一次，效果显著。

注意事项 氟硅唑对许多经济上重要的作物多种病害具有优良防效。在多变的气候条件和防治病害有效剂量下没有药害，对主要的禾谷类病害，包括斑点病、颖枯病、白粉病、锈病和叶斑病，施药 1~2 次；对叶、穗病害施药 2 次，一般能获得较好的防治效果。防治斑点病的剂量为 4~13.3g（a.i.）/亩，而对其他病害，10.7g（a.i.）/亩或较低剂量下即能得到满意的效果。根据作物及病害不同，其使用剂量通常为 4~13.3g（a.i.）/亩。为了避免病菌对氟环唑产生抗性，一个生长季内使用次数不宜超过 4 次，应与其他保护性药剂交替使用。

氟硅唑可以和多种杀菌剂混用，相关复配制剂如下。

① 氟硅唑＋代森锰锌：防治梨树黑星病。

② 氟硅唑＋多菌灵：防治苹果树轮纹病。

③ 氟硅唑＋甲基硫菌灵：防治梨树黑星病。

④ 氟硅唑＋噁唑菌酮：防治香蕉叶斑病、枣树锈病、苹果树轮纹病。

⑤ 氟硅唑＋氨基寡糖素：防治橡胶树黑星病。

⑥ 氟硅唑＋咪鲜胺：防治黄瓜炭疽病。

己唑醇 （hexaconazole）

$C_{14}H_{17}Cl_2N_3O$，314.21，79983-71-4

化学名称　(RS)-2-(2,4-二氯苯基)-1-(1H-1,2,4-三唑-1-基)己-2-醇。

其他名称　洋生，翠丽，翠禾，Anvil，Planete Aster，安福。

理化性质　纯品己唑醇为无色晶体，熔点 111℃；溶解性（20℃，g/kg）：水 0.017，二氯甲烷 336，甲醇 246，丙酮 164，乙酸乙酯 120，甲苯 59。

毒性　己唑醇原药急性 LD_{50}（mg/kg）：大鼠经口 2189（雄）、6071（雌），大鼠经皮＞2000；对兔眼睛有中度刺激性，对兔皮肤无刺激性；以 10mg/（kg·d）剂量饲喂大鼠两年，未发现异常现象；对动物无致畸、致突变、致癌作用。

作用特点　属广谱内吸性杀菌剂，有内吸活性、保护和治疗作用。是甾醇脱甲基化抑制剂，破坏和阻止病菌的麦角甾醇的生物合成，导致细胞膜不能形成，使病菌死亡，还能够抑制病原菌菌丝伸长，阻止已发芽的病菌孢子侵入作物组织。

适宜作物与安全性　果树如苹果、葡萄、香蕉，蔬菜（瓜果、辣椒等），花生，咖啡，禾谷类作物如小麦、水稻和观赏植物等。在推荐剂量下使用，对环境、作物安全；但有时对某些苹果品种有药害。

防治对象　有效地防治子囊菌、担子菌和半知菌所致病害，尤其是对担子菌纲和子囊菌纲引起的病害如白粉病、锈病、纹枯病、稻曲病、黑星病、褐斑病、炭疽病等有优异的铲除作用。

使用方法　茎叶喷雾，使用剂量通常为 1～16.7g（a.i.）/亩。

（1）禾谷类作物病害防治

① 防治小麦白粉病，发病初期用 5％悬浮剂 20～30mL/亩对水 40～50kg 喷雾；

② 防治小麦锈病，发病初期用 5％悬浮剂 30～40mL/亩对水 40～50kg 喷雾；

③ 防治水稻纹枯病，发病初期用 5％悬浮剂 50～80g/亩对水 40～50kg 喷雾；

④ 防治水稻稻曲病，发病初期用 5％悬浮剂 40～60mL/亩对水 40～50kg 喷雾。

（2）果树病害防治

① 防治苹果斑点落叶病、白粉病，发病初期用 50％悬浮剂 7000～9000 倍液喷雾；

② 防治苹果白粉病、苹果黑星病，发病初期用 50％悬浮剂 10～20mg/L 喷雾；

③ 防治梨树黑星病，发病初期用 50％悬浮剂 5～8mL/亩对水 40～50kg 喷雾；

④ 防治桃树褐腐病，发病初期用 5％悬浮剂 800～1000 倍液喷雾；

⑤ 防治葡萄白粉病、褐斑病，发病初期用 5％微乳剂 1500～2000 倍液喷雾。

（3）其他作物病害防治

① 防治黄瓜白粉病，发病初期用 5％悬浮剂 1000～1500 倍液喷雾；

② 防治番茄白粉病，发病初期用 5％悬浮剂 500～1000 倍液喷雾；

③ 防治大荚豌豆白粉病，发病初期用 5％微乳剂 30mL/亩对水 40～50kg 喷雾；

④ 防治咖啡锈病，发病初期用 5％微乳剂 40mL/亩对水 40～50kg 喷雾。

（4）防治水稻稻曲病，在孕穗后期和齐穗期用 30％己唑醇悬浮剂 10～20mL/亩，对水 50kg，效果显著；防治小麦锈病，用 30％己唑悬浮剂推荐有效剂量为 2.4～3g（a.i.）/亩，对水量 30kg/亩，一般喷施 1～2 次即可；防治苹果斑点落叶病，发病初期用 5％悬浮剂 1000～1500 倍液喷雾，间隔 10～14d 喷一次，连喷 3～4 次；防治水稻纹枯病，在分蘖末期和孕穗末期，用 30％的己唑醇悬浮剂 10～15mL/亩；防治水稻稻曲病，在抽穗前 5～7d 和齐穗期，30％的己唑醇悬浮剂 15mL/亩，均有很好的防治效果；防治番茄灰霉病，发病初期用 5％己唑醇悬浮剂 500～1000 倍液喷雾，一般用药 2～3 次。

注意事项

施药时不宜随意加大剂量，否则会抑制作物生长，施药时应使用安全防护用具，避免药液接触皮肤或眼睛。存放在儿童不易接触的地方，妥善处理剩余药剂。

己唑醇可以和多种杀菌剂混用，相关复配制剂如下。

① 己唑醇＋咪鲜胺锰盐：防治水稻纹枯病、水稻稻瘟病。

② 己唑醇＋稻瘟灵：防治水稻稻曲病、水稻稻瘟病、水稻纹枯病。

③ 己唑醇＋甲基硫菌灵：防治水稻纹枯病。

④ 己唑醇＋多菌灵：防治水稻纹枯病。

⑤ 己唑醇＋醚菌酯：防治黄瓜白粉病。

⑥ 己唑醇＋三环唑：防治水稻稻瘟病。

⑦ 己唑醇＋丙森锌：防治苹果树斑点落叶病。

⑧ 己唑醇＋苯醚甲环唑：防治水稻纹枯病。

⑨ 己唑醇＋井冈霉素：防治水稻纹枯病、小麦纹枯病。

⑩ 己唑醇＋腐霉利：防治番茄灰霉病。

⑪ 己唑醇＋噻呋酰胺：防治水稻纹枯病。

戊唑醇（tebuconazole）

$C_{16}H_{22}ClN_3O$，307.82，107534-96-3

化学名称　（*RS*）-1-(4-氯苯基)-4,4-二甲基-3-(1*H*-1,2,4-三唑-1-基甲基)戊-3-醇。

其他名称　立克秀，Folicur，Horizon，Silvacur，Raxil，Elite，terbuconazole，ethyltrianol，fenetrazole，HGWb 1608，科胜，菌立克，富力库，普果，奥宁。

理化性质　己唑醇为外消旋混合物，纯品无色晶体，熔点105℃；溶解性（20℃，g/kg）：水 0.036，二氯甲烷＞200，异丙醇、甲苯 50～100。

毒性　戊唑醇原药急性 LD_{50}（mg/kg）：大鼠经口 4000（雄）、1700（雌），小鼠 3000，大鼠经皮＞5000；对兔眼睛有严重刺激性，对兔皮肤无刺激性；以 300mg/kg 剂量饲喂大鼠两年，未发现异常现象；对动物无致畸、致突变、致癌作用。

作用特点　属高效广谱内吸性杀菌剂，有内吸活性、保护和治疗作用。是麦角甾醇生物合成抑制剂，能迅速被植物有生长力的部分吸收并主要向顶部转移。不仅具有杀菌活性，还可促进作物生长，使根系发达、叶色浓绿、植株健壮、有效分蘖增加，从而提高产量。

适宜作物与安全性　小麦、大麦、燕麦、黑麦、玉米、高粱、花生、香蕉、葡萄、茶、果树等。在推荐剂量下对作物安全。

防治对象　可以防治白粉菌属、柄锈菌属、喙孢属、核腔菌属和壳针孢属菌引起的病害，如小麦白粉病、小麦散黑穗病、小麦纹枯病、小麦雪腐病、小麦全蚀病、小麦腥黑穗病、大麦云纹病、大麦散黑穗病、大麦纹枯病、玉米丝黑穗病、高粱丝黑穗病、大豆锈病、油菜菌核病、香蕉叶斑病、茶饼病、苹果斑点落叶病、梨黑星病和葡萄灰霉病等。

使用方法 2%戊唑醇（立克秀）湿拌种剂，一般发病情况下，用药剂 10g/10kg 小麦种子，30g/10kg 玉米或高粱种子；病害大发生情况下或土传病害严重的地区，用药剂 15g/10kg 小麦种子，用药剂 60g/10kg 玉米或高粱种子。①人工拌种，按照所需的比例，将药剂和水混成糊状，最后将所需的种子倒入并充分搅拌，务必使每粒种子都均匀地沾上药剂，拌好的种子放在阴凉处晾干后即可播种。②机械化拌种，在特制的或有搅拌装置的预混桶内，加入所需量的水，再将所需的戊唑醇制剂慢慢倒入水中，静置 3min，待戊唑醇被水浸湿后，再开动搅拌装置使之成匀浆状液，在供药包衣期间，必须保持戊唑醇制剂浆液的搅动状态，用戊唑醇包衣或拌种处理的种子，在播种时要求将土地耙平，播种深度一般在 3～5cm 左右为宜，出苗可能稍迟，但不影响生长并能很快恢复正常。

戊唑醇主要用于重要经济作物的种子处理或叶面喷雾。以 16.7～25g（a.i.）/亩进行叶面喷雾可用于防治禾谷类作物锈病、白粉病、网斑病、根腐病及麦类赤霉病等；若进行种子处理，可防治腥黑粉菌属和黑粉菌属菌引起的病害，如可彻底防治大麦散黑穗病、燕麦散黑穗病，小麦网腥黑穗病，光腥黑穗病以及种传的轮斑病等；用 8.3g（a.i.）/亩喷雾，可防治花生褐斑病和轮斑病；用 6.7～16.7g（a.i.）/亩喷雾，可防治葡萄灰霉病、白粉病、香蕉叶斑病和茶树茶饼病。

戊唑醇可以与其他一些杀菌剂如抑霉唑、福美双等制成杀菌剂混剂使用，也可以与一些杀虫剂如克百威、甲基异柳磷、辛硫磷等混用，制成包衣剂拌种用以同时防治地上、地下害虫和土传、种传病害，任何与杀虫剂的混剂在进入大规模商业化应用前，必须进行严格的混用试验，以确认其安全性与防治效果。

（1）种子处理主要用于防治小麦散黑穗病、小麦纹枯病、小麦全蚀病、小麦腥黑穗病、玉米丝黑穗病、高粱丝黑穗病、大麦散黑穗病、大麦纹枯病等。

① 防治小麦纹枯病，用2%湿拌种剂100~200g/100kg种子包衣；

② 防治小麦散黑穗病，用6%悬浮种衣剂30~60mL/100kg种子包衣；

③ 防治小麦全蚀病，用25%可湿性粉剂按种子重量的0.2%拌种；

④ 防治水稻立枯病、恶苗病，用2%湿拌种剂150~250g/亩种子包衣；

⑤ 防治玉米丝黑穗病，用6%种子处理悬浮剂90~180mL/100kg种子包衣；

⑥ 防治棉花枯萎病，用2%干粉种衣剂种子处理（药种比）1：（250~500）；

⑦ 防治大麦纹枯病，用6%悬浮种衣剂25~50mL/100kg种子包衣。

（2）大田作物喷雾处理

① 防治小麦锈病、白粉病，花生叶斑病，发病初期用25%可湿性粉剂25~35g/亩对水40~50kg喷雾；

② 防治水稻稻瘟病，发病初期用6%微乳剂125~150mL/亩对水40~50kg喷雾；

③ 防治水稻稻曲病，发病初期用43%悬浮剂10~15mL/亩对水40~50kg喷雾；

④ 防治油菜菌核病，发病初期用25%水乳剂35~50mL/亩对水40~50kg喷雾。

（3）蔬菜、果树喷雾处理

① 防治黄瓜白粉病，发病初期用43%悬浮剂15~18mL/亩对水40~50kg喷雾；

② 防治苦瓜白粉病，发病初期用12.5%微乳剂40~60mL/亩对水40~50kg喷雾；

③ 防治豇豆锈病，发病初期用25%水乳剂25~50mL/亩对水40~50kg喷雾；

④ 防治大白菜黑斑病，发病初期用25%悬浮剂20~25mL/亩对水40~50kg喷雾；

⑤ 防治白菜黑星病，发病初期用 25% 水乳剂 35~50mL/亩对水 40~50kg 喷雾；

⑥ 防治苹果树斑点落叶病，发病初期用 43% 悬浮剂 5000~8000 倍液或每 100L 水加制剂 12.5~20mL 喷雾，隔 10d 喷药 1 次，春季喷药 3 次，或秋季喷药 2 次；

⑦ 防治苹果褐斑病、轮纹病、梨黑星病，发病初期用 43% 悬浮剂 3000~5000 倍液或每 100L 水加制剂 20~33.3mL 喷雾，隔 15d 喷药 1 次，共喷药 4~7 次；

⑧ 防治香蕉叶斑病，发病初期用 25% 水乳剂 1000~1500 倍液或每 100L 水加制剂 67~100mL 喷雾，隔 10d 喷药 1 次，共喷药 4 次；

⑨ 防治桃褐腐病、葡萄白腐病，发病初期用 25% 水乳剂 2000~3500 倍液喷雾；

⑩ 防治草莓灰霉病，发病初期用 25% 水乳剂 25~30mL/亩对水 40~50kg 喷雾。

(4) 防治小麦纹枯病，60g/L 戊唑醇悬浮种衣剂 58.33~66.67g/100kg 种子，具有较好的防治效果；防治花生冠腐病，60g/L 戊唑醇悬浮种衣剂 9g/100kg 种子，效果明显；防治苹果斑点落叶病，发病初期用 43% 戊唑醇悬浮剂 61.4~86.0mg（a.i.）/kg，间隔 7~10d 施药一次，施药时应重点喷施新梢及叶片；防治玉米丝黑穗病，用 60g/L 戊唑醇悬浮种衣剂 100mL（或 50~150g）/100kg 种子，或者 2% 戊唑醇湿拌种 500~600g/100kg（种子），有较好的防治效果，且对玉米安全；防治小麦白粉病和叶锈病，小麦齐穗期用 30% 戊唑醇悬浮剂 40~50g/亩，防效显著；防治水稻稻曲病，用 43% 戊唑醇（好力克）悬浮剂 20mL/亩，对水 50~60kg 均匀喷雾；防治水稻纹枯病，在水稻抽穗期、灌浆期用 25% 戊唑醇水乳剂 1000~1500 倍液喷雾，喷三次可有效控制纹枯病危害；防治香蕉蕉果黑星病，用 30% 戊唑醇悬浮剂 1000~1500 倍液喷施 2~3 次；防治小麦条锈病，用 80% 戊唑醇可湿性粉剂 8~10g/亩，效果显著且对小麦安全；防治杏穿孔病，25% 戊唑醇水乳剂 1500~2000 倍液喷施；防治苹果褐斑病，用 25% 戊唑醇悬浮剂 2000~2500 倍液喷施；防治水稻稻瘟病，6% 戊唑醇微乳剂

50～100mL/亩喷施，效果明显；防治花生叶斑病，发病初期用6％戊唑醇微乳剂160～200mL/亩，间隔10d喷施一次，连喷2～3次；防治油菜菌核病，在油菜盛花期用25％戊唑醇可湿性粉剂60～70g/亩喷雾，连喷2次。

注意事项 严格按照农药使用防护规则做好个人防护。拌种处理过的种子播种深度以2～5cm为宜。避免处理过的种子与粮食、饲料混放，药剂对水生生物有害，避免污染水源。

戊唑醇可以和多种杀菌剂混用，相关复配制剂如下。

① 戊唑醇＋井冈霉素：防治水稻稻曲病、水稻纹枯病。

② 戊唑醇＋丙森锌：防治苹果树斑点落叶病。

③ 戊唑醇＋异菌脲：防治苹果树斑点落叶病。

④ 戊唑醇＋多菌灵：防治苹果树轮纹病。

⑤ 戊唑醇＋咪鲜胺锰盐：防治苹果树炭疽病。

⑥ 戊唑醇＋氯啶菌酯：防治水稻稻瘟病、水稻纹枯病。

⑦ 戊唑醇＋代森锰锌：防治苹果树褐斑病。

⑧ 戊唑醇＋百菌清：防治小麦白粉病。

⑨ 戊唑醇＋甲基硫菌灵：防治苹果树轮纹病。

⑩ 戊唑醇＋苯醚甲环唑：防治小麦纹枯病。

⑪ 戊唑醇＋醚菌酯：防治苹果树斑点落叶病。

⑫ 戊唑醇＋噻唑锌：防治水稻纹枯病。

⑬ 戊唑醇＋腐霉利：防治番茄灰霉病。

⑭ 戊唑醇＋腈菌唑：防治小麦全蚀病。

⑮ 戊唑醇＋丙环唑：防治香蕉叶斑病。

⑯ 戊唑醇＋几丁聚糖：防治苹果树斑点落叶病。

亚胺唑（imibenconazole）

$C_{17}H_{13}Cl_3N_4S$，411.7，86598-92-7

化学名称 4-氯苄基-N-2,4-二氯苯基-2-(1H-1,2,4-三唑-1-

基）硫代乙酰胺酯。

其他名称 酰胺唑，霉能灵，Manage，HF 6305。

理化性质 纯品亚胺唑为浅黄色晶体，熔点 89.5～90℃；溶解性（20℃，g/L）：水 0.0017，甲醇 120，丙酮 1063，苯 580，二甲苯 250；在酸性和强碱性介质中不稳定。

毒性 亚胺唑原药急性 LD_{50}（mg/kg）：大鼠经口＞2800（雄）、＞3000（雌），大鼠经皮＞2000；对兔眼睛有轻微刺激性，对兔皮肤无刺激性；以 100mg/（kg·d）剂量饲喂大鼠两年，未发现异常现象；对动物无致畸、致突变、致癌作用。

作用特点 属广谱内吸性杀菌剂，具有保护和治疗作用。是甾醇合成抑制剂，重要作用机理是破坏和阻止麦角甾醇的生物合成，从而破坏细胞膜的形成，导致病菌死亡。喷到作物上后能快速渗透到植物体内，耐雨水冲刷，土壤施药不能被根吸收。

适宜作物与安全性 蔬菜、果树、禾谷类作物和观赏植物等。在推荐剂量下使用，对环境、作物安全。

防治对象 能有效地防治子囊菌、担子菌和半知菌所致病害，如桃、日本杏、柑橘树疮痂病，梨黑星病，苹果黑星病、锈病、白粉病、轮斑病，葡萄黑痘病，西瓜、甜瓜、烟草、玫瑰、日本卫茅、紫薇白粉病，花生褐斑病，茶炭疽病，玫瑰黑斑病，菊、草坪锈病等。尤其对柑橘疮痂病、葡萄黑痘病、梨黑星病具有显著的防治效果。对藻菌真菌无效。

使用方法 以 2.5～7.5g（a.i.）/100L 能有效防治苹果黑星病；7.5g（a.i.）/100L 能有效防治葡萄白粉病；以 15g（a.i.）/100kg 处理小麦种子，能防治小麦网腥黑穗病；在 120g/100kg 种子剂量下对作物仍无药害。每亩喷药液量一般为 100～300L，可视作物大小而定，以喷至作物叶片湿透为止。

（1）防治柑橘疮痂病 用 5％可湿性粉剂 600～900 倍液或每 100L 水加 5％可湿性粉剂 111～167g，喷药适期第一次在春芽刚开始萌发时；第二次在花落 2/3 时进行，以后每隔 10d 喷药 1 次，共喷 3～4 次（5、6 月份多雨和气温不很高的年份要适当增加喷药次数）。

（2）防治葡萄黑痘病　用5％可湿性粉剂800～1000倍液或每100L水加5％可湿性粉剂100～125g，于春季新梢生长达10cm时喷第一次（发病严重地区可适当提早喷药），以后每隔10～15d喷药一次，共喷4～5次。遇雨水较多时，要适当缩短喷药间隔期和增加喷药次数。

（3）防治梨黑星病　用5％可湿性粉剂1000～2000倍液或每100L水加5％可湿性粉剂83～100g，于发病初期开始喷药，每隔7～10d喷药一次，连续喷5～6次，不可超过6次。

注意事项　亚胺唑推荐使用剂量为4～10g（a.i.）/亩，亚胺唑不能与酸性和碱性农药混用，施用前建议先进行小范围试验，避免产生药害。不宜在鸭梨上使用，喷药时注意防护。柑橘收获前30天，梨、葡萄收获前21天停止使用。

苄氯三唑醇（diclobutrazol）

$C_{15}H_{19}Cl_2N_3O_2$，328.24，75736-33-3

化学名称　（2RS,3RS)-1-(2,4-二氯苯基)-4,4-二甲基-2-(1H-1,2,4-三唑-1-基）戊-3-醇。

其他名称　Vigil，Banner，Radar，Til，Dadar，PP 296，ICI 296 le，CGA 64250，粉锈清。

理化性质　纯品为白色结晶，熔点147～149℃。蒸气压为0.0027×10⁻³Pa（20℃），相对密度为1.25，pK_a<2。可溶于丙酮、氯仿、甲醇、乙醇等有机溶剂，溶解度大于或等于50g/L。在水中溶解度为9mg/L，分配系数（正辛醇）为6460，对酸碱、光热稳定，在强酸强碱条件下，80℃时水解半衰期为5d，在pH＝4～9条件下其水溶液对自然光稳定性33d以上，在50℃、37℃条件下原药稳定性分别在90d、182d以上。

毒性　急性经口LD₅₀（mg/kg）：大鼠4000，小鼠＞1000，豚鼠4000，家兔4000；兔和大鼠急性经皮LD₅₀＞1000mg/kg。对兔

皮肤有轻微刺激作用，对兔眼睛有中度刺激性。大鼠三个月饲喂试验无作用剂量为每天 2.5mg/kg，狗半年饲喂试验无作用剂量为每天 15mg/kg，虹鳟鱼 LC_{50} 为 9.6mg/kg，蜜蜂经口（或接触）LD_{50} 为 0.05mg/kg。

作用特点　属内吸性杀菌剂，具有三唑类杀菌剂相同的作用机理。是甾醇脱甲基化抑制剂。

适宜作物与安全性　禾谷类作物、番茄、咖啡、苹果、香蕉、柑橘。在推荐剂量下对作物安全。

防治对象　防治多种作物白粉病、禾谷类作物锈病、咖啡驼孢锈病、苹果黑星病，对番茄、香蕉和柑橘上的真菌有力效。

使用方法　田间喷雾量为有效成分 4～8g/亩。100mg/L 可防治大麦白粉病，也可完全抑制隐匿锈菌。

粉唑醇（flutriafol）

$C_{16}H_{13}F_2N_3O$，301.29，76674-21-0

化学名称　(RS)-2,4′-二氟-α-($1H$-1,2,4-三唑-1-基甲基）二苯基乙醇。

其他名称　Armour，Impact，Vaspact。

理化性质　纯品为无色晶体，熔点 130℃，相对密度 1.41。溶解度（20℃，g/L）：水 0.130（pH＝7）、丙酮 190、二氯化碳 150、己烷 0.300、甲醇 69、二甲苯 12。

毒性　雄、雌大鼠急性经口 LD_{50} 分别为 1140mg/kg、1480mg/kg，大鼠急性经皮 LD_{50}＞1000mg/kg，兔急性经皮 LD_{50}＞2000mg/kg。对大鼠和兔的皮肤无刺激，但对鼠眼睛有轻微刺激性。在 Ames 试验中无诱变作用，在活体细胞形成研究中为负结果，对大鼠和兔无致癌作用。

作用特点　属广谱内吸性杀菌剂，具有保护、治疗和铲除作用。是甾醇抑制剂，主要是与真菌蛋白色素相结合，抑制麦角甾醇的生物合成，引起真菌细胞壁破裂和抑制菌丝的生长。粉唑醇可通过植物的根、茎、叶吸收，再由维管束向上转移，根部的内吸能力大于茎、叶，但不能在韧皮部作横向或向基输导，在植物体内或体外都能抑制真菌的生长。

适宜作物与安全性　禾谷类作物如小麦、大麦、黑麦、玉米等，在推荐剂量下对作物安全。

防治对象　粉唑醇对担子菌和子囊菌引起的禾谷类作物茎叶、穗部病害、土传和种传病害如白粉病、锈病、云纹病、叶斑病、网斑病、黑穗病等具有良好的保护和治疗作用，并兼有一定的熏蒸作用，对谷物白粉病有特效，对麦类白粉病的孢子堆具有铲除作用，施药后 5～10d，原来形成的病斑可消失，但对卵菌和细菌无活性。

使用方法　粉唑醇既可茎叶处理，也可种子处理。茎叶处理使用剂量通常为 8.3g（a.i.）/亩，种子处理使用剂量通常为 75～300g（a.i.）/kg，防治土传病害用量 75mg/kg 种子，种传病害用量 200～300mg/kg 种子。拌种时，先将拌种所需的药量加水调成药浆，药浆的量为种子重量的 1.5%，拌种均匀后再播种。

（1）拌种处理　①防治麦类黑穗病，用 12.5% 乳油 200～300mL/100kg 种子（有效成分 25～37.5g）拌种；②防治玉米丝黑穗病，用 12.5% 乳油 320～480mL/100kg 玉米种子（有效成分 40～60g）拌种。

（2）喷雾处理　①防治麦类白粉病，在茎叶零星发病至病害上升期，或上部三叶发病率达 30%～50% 时开始喷药，用 12.5% 乳油 50mL/亩（有效成分 6.25g），对水 40～50kg 喷雾；②防治麦类锈病，在麦类锈病盛发期，用 12.5% 乳油 33.3～50mL/亩（有效成分 4.16～6.25g），对水 40～50kg 喷雾。

（3）防治苦瓜白粉病，发病初期用 12.5% 粉唑醇悬浮剂有效成分 0.084～0.125g/L，连续喷药 3 次，使用间隔期 10～15d；防治小麦白粉病，用 12.5% 粉唑醇悬浮剂 40～60g/亩处理，效果明显；防治小麦锈病，发病初期 25% 粉唑醇悬浮剂 4～5.3g/亩，有良好的防病效果和增产效果，且对小麦生长安全。

注意事项　施药时应使用安全防护用具，如不慎溅到皮肤或眼睛应立即用清水冲洗。不得与食品、饲料一起存放，废旧容器及剩余药剂应密封于原包装中妥善处理。

四氟醚唑 （tetraconazole）

$C_{13}H_{11}Cl_2F_4N_3O$，372.15，112281-77-3

化学名称　2-(2,4-二氯苯基)-3-(1H-1,2,4-三唑-1-基）丙基-1,1,2,2-四氟乙基醚。

其他名称　氟醚唑，Arpege，Buonjiorno，Concorde，Defender，Domark，Emerald，Eminent，Greman，Hokugyard，Juggler，Lospel，Soltiz，Thor，Timbel。

理化性质　黏稠油状物，20℃蒸气压 1.6mPa。20℃水中溶解度 150mg/L，可与丙酮、二氯甲烷、甲醇互溶，K_{ow} 3400（23℃）。水溶液对日光稳定，在 pH=5～9 下水解，对铜轻微腐蚀性。

毒性　大鼠急性经口 LD_{50}（mg/kg）：1250（雄），1031（雌）。大鼠急性经皮 LD_{50}＞2g/kg，无致突变性，Ames 试验无诱变性。鹌鹑 LC_{50}（8d）422mg/kg 饲料，鱼毒为 LC_{50}（96h），蓝鳃 4.0mg/L，虹鳟 4.8mg/L。

作用特点　属内吸性杀菌剂，具有内吸活性、保护和治疗作用。是甾醇脱甲基化抑制剂，可迅速地被植物吸收，并在内部传导，持效期 6 周。

适宜作物与安全性　禾谷类作物如小麦、大麦、燕麦、黑麦等，果树如香蕉、葡萄、梨、苹果等，蔬菜如瓜类、甜菜，观赏植物等。在推荐剂量下使用对作物和环境安全。

防治对象　可以防治白粉菌属、柄锈菌属、喙孢属、核腔菌属和壳针孢属菌引起的病害，如小麦白粉病、小麦散黑穗病、小麦锈病、小麦腥黑穗病、小麦颖枯病、大麦云纹病、大麦散黑穗病、大麦纹枯病、玉米丝黑穗病、高粱丝黑穗病、瓜果白粉病、香蕉叶斑病、苹果斑点落叶病、梨黑星病和葡萄白粉病等。

使用方法 既可茎叶处理，也可做种子处理使用。

（1）茎叶喷雾

① 防治禾谷类作物和甜菜病害，使用剂量为 6.7～8.3g（a.i.）/亩；

② 防治葡萄、观赏植物、仁果、核果病害，使用剂量为 1.3～3.3g（a.i.）/亩；

③ 防治蔬菜病害，使用剂量为 2.7～4g（a.i.）/亩；

④ 防治甜菜病害，使用剂量为 4～6.7g（a.i.）/亩。

（2）种子处理 通常使用剂量为 10～30g（a.i.）/100kg种子。

（3）另据资料报道，防治草莓白粉病，用 125g/L 四氟醚唑水乳剂 50～83.3g/亩喷雾，防效显著。

三氟苯唑（fluotrimazole）

$C_{22}H_{16}F_3N_3$，379.390，31251-03-3

化学名称 1-(3-三氯甲基三苯甲基)-1,2,4-三唑。

其他名称 菌唑灵，氟三唑，Persulon，BUE0620。

理化性质 无色结晶固体。熔点 132℃。20℃时的溶解度：水中为 1.5mg/L，二氯甲烷中为 40%，环己酮中为 20%，甲苯中为 10%，丙二醇中为 50g/L。在 0.1mol/L 氢氧化钠溶液中稳定，在 0.2mol/L 硫酸中分解率为 40%。

毒性 三氟苯唑的毒性很低。大鼠急性 LD_{50}（mg/kg）：5000（经口），>1000（经皮）。对蜜蜂无毒。

作用特点 属内吸性杀菌剂。氟原子引入唑类化合物，使其生物活性有明显的提高，而毒性有显著降低。

适宜作物与安全性 小麦、大麦、水稻。在推荐剂量下使用对作物和环境安全。

防治对象　白粉病、稻瘟病等病害有较好的作用。对白粉病有特效。

使用方法　防治白粉病，发病初期用 50％可湿性粉剂 500 倍液喷雾。

注意事项　存放在通风干燥处。配药时注意安全，防止吸入药液或沾染皮肤。喷雾要均匀。

戊环唑（azaconazole）

$C_{12}H_{11}ClN_3O_2$，300.10，60207-31-0

化学名称　1-{[2-(2,4-二氯苯基)-1,3-二氧五环-2-基]甲基}-1H-1,2,4-三唑。

其他名称　氧环唑，Rodewod，Safetray。

理化性质　固体，熔点 112.6℃，蒸气压 0.0086mPa（20℃）。溶解度（20℃，g/L）：甲醇 150，己烷 0.8，甲苯 79，丙酮 160，水 0.3。K_{ow}148（pH＝6.4）。呈碱性 pK_a＜3。稳定性≤220℃稳定；在通常贮存条件下，对光稳定但其酮溶液不稳定；在 pH＝4～9 无明显水解。闪点 180℃。

毒性　急性经口 LD_{50}（mg/kg）：308（大鼠），1123（小鼠），114～136（狗）。对兔皮肤和眼睛黏膜有轻度刺激作用。对豚鼠皮肤无致敏作用。大鼠急性吸入 LC_{50}（4h）＞0.64mg/L 空气（5％和 1％制剂）。大鼠饲喂实验无作用剂量为 2.5mg/（kg·d）。虹鳟 LC_{50}（96h）86mg/L，水蚤 LC_{50}（96h）86mg/L。

作用特点　属内吸性杀菌剂。是类固醇脱甲基化（麦角甾醇生物合成）抑制剂，能迅速被植物有生长力的部分吸收并主要向顶部转移。

适宜作物与安全性　在推荐剂量下使用对作物和环境安全。

使用方法　戊环唑 20％乳油 50～200 倍液用于木材防腐，也可用作蘑菇消毒剂和果树或蔬菜储存室有害病菌杀菌剂。

戊菌唑 （penconazole）

$C_{13}H_{15}Cl_2N_3$，284.19，66246-88-6

化学名称　1-[2-(2,4-二氯苯基)戊基]-1H-1,2,4-三唑。

其他名称　托扑死，Topas，Award,Topaz，Toraze，二氯戊三唑。

理化性质　纯品白色结晶体。熔点60℃，蒸气压$2.13×10^{-3}$。
20℃时溶解度：二氯甲烷800g/kg，甲醇800g/kg，丙烷700g/kg，
二甲苯500g/L，正己烷17g/L，水70mg/L。对热和水稳定。

毒性　大鼠急性LD_{50}（mg/kg）：2125（经口），>3000（经
皮）；对兔眼睛和皮肤有轻度刺激。大鼠亚慢性饲喂试验无作用剂
量10mg/kg。鲤鱼LC_{50} 3.8～4.6mg/L，虹鳟鱼1.7～4.3mg/L，
对鲇鱼低毒。对蜜蜂安全。

作用特点　属内吸性杀菌剂，具治疗、保护和铲除作用。是甾醇
脱甲基化抑制剂，破坏和阻止麦角甾醇生物合成，导致细胞膜不能形
成，使病菌死亡。戊菌唑可迅速地被植物吸收，并在内部传导。

适宜作物与安全性　果树如苹果、葡萄、梨、香蕉、蔬菜和观
赏植物等。在推荐剂量下使用对作物和环境安全。

防治对象　能有效地防治子囊菌、担子菌和半知菌所致病害，
尤其对白粉病、黑星病等有优异的防效。

使用方法　茎叶喷雾，使用剂量通常为1.7～5g（a.i.）/亩或
10%乳油10～30mL/亩对水40～50kg喷雾。

注意事项　使用时间尽可能在早晨，以免对作物产生不可逆危
害，加重病害。

乙环唑 （etaconazole）

$C_{14}H_{15}Cl_2N_3O_2$，328.20，60207-93-4

化学名称 1-[2-(2,4-二氯苯基)-4-乙基-1,3-二氧戊环-2-甲基]-1H-1,2,4-三唑。

其他名称 Vangard，Sonax，Benit。

理化性质 硝酸盐熔点122℃。难溶于水，易溶于有机溶剂。纯品为淡黄色或白色固体。

毒性 对温血动物低毒，大鼠急性 LD_{50}（mg/kg）：1343（经口），3100（经皮）。对鸟无毒性，对鱼中等毒性。

作用特点 属广谱内吸性杀菌剂，具有保护和治疗作用。是麦角甾醇生物合成抑制剂。乙环唑通过干扰 C-14 去甲基化而妨碍麦角甾醇的生物合成，从而阻止真菌细胞膜的形成，破坏真菌生长繁殖。

适宜作物与安全性 小麦、黄瓜、番茄、苹果、梨、柑橘、柠檬、烟草、秋海棠、玫瑰、香石竹等。在推荐剂量下使用对作物和环境安全。

防治对象 除对藻菌病害无效外，对子囊菌属、担子菌属、半知菌属真菌在粮食作物、蔬菜、水果以及观赏植物上引起的多种病害，都有很好的防治效果，持效期长达3～5周。

使用方法

（1）防治粮食作物病害。用乙环唑处理种子，防治种传、土传小麦腥黑穗病，效果也很优异，同三唑酮、三甲呋酰苯胺不相上下，而明显好于苯菌灵、五氯硝基苯。

（2）防治蔬菜病害。乙环唑在室内和田间对黄瓜白粉病防治效果很好。室内试验，10mg/L 就能完全保护黄瓜免遭白粉病菌的侵染。乙环唑对番茄白粉病防效亦好，还能防治芹菜叶斑病。

（3）防治水果病害。乙环唑对苹果白粉病、黑星病、锈病、青霉腐烂病，梨黑星癞、腐烂病，柑橘褐癞、酸腐病、绿霉病，香蕉叶斑病，柠檬酸腐病等，防效都很好，优于三唑酮。乙环唑作为水果保鲜剂，每吨水果用药 2～2.5g 即可。

（4）防治其他经济作物及观赏植物病害。对烟草黑腐病，在温室中用药剂浸灌幼苗，乙环唑用量 75～300mg/m²（土壤），比苯菌灵 10 倍用量的防效还要好。乙环唑能有效地防治玫瑰、秋海棠白粉病；对香石竹锈病防效很好，不过有使植株矮化的副作用。

呋醚唑 （furconazole-*cis*）

$C_{15}H_{14}Cl_2F_3N_3O_2$，396.2，112839-32-4

化学名称 （2*RS*，5*RS*）-5-（2，4-二氯苯基）四氢-5-(1*H*-1，2，4-三唑-1-基甲基)-2-呋喃基-2，2，2-三氟乙醚基。

理化性质 无色晶体，熔点 86℃，25℃时蒸气压 0.014MPa。溶解度：水 21mg/L，有机溶剂 370～1400g/L。

毒性 大鼠急性 LD_{50} （mg/kg）：450～900（经口），>2000（经皮）。对兔眼睛和皮肤无刺激作用。

作用特点 属内吸性杀菌剂，具有保护和治疗作用。是甾醇脱甲基化抑制剂。

适宜作物与安全性 禾谷类作物、苹果、葡萄、蔬菜、观赏植物等。在推荐剂量下使用对作物和环境安全。

防治对象 对子囊菌纲、担子菌纲和半知菌类真菌有优异活性，如白粉病、锈病、疮痂病、叶斑病和其他叶部病害等。

使用方法

（1）防治苹果白粉病，发病初期用 1.3～1.7g(a.i.)/亩对水喷雾；

（2）防治苹果疮痂病，发病初期用 0.7～1.3g(a.i.)/亩对水喷雾；

（3）防治葡萄白粉病，发病初期用 6.7g（a.i.）/亩对水喷雾；

（4）防治蔬菜和观赏植物白粉病、锈病，发病初期用 1.7～3.3g（a.i.）/亩对水喷雾。

丙硫菌唑 （prothioconazole）

$C_{14}H_{15}Cl_2N_3OS$，344.26，178928-70-6

化学名称 （*RS*)-2-[2-(1-氯环丙基)-3-(2-氯苯基)-2-羟基丙

基]-2,4-二氢-1,2,4-三唑-3-硫酮。

其他名称 Proline，Input。

理化性质 纯品为白色或浅灰棕色粉末状晶体，熔点 139.1～144.5℃。蒸气压（20℃）$<4\times10^{-7}$Pa。分配系数 K_{ow}lg$P=4.05$（20℃）0.3g/L。解离常数 p$K_a=6.9$。

毒性 大鼠急性 LD_{50}（mg/kg）：>6200（经口），>2000（经皮）。对兔皮肤和眼睛无刺激，对豚鼠皮肤无过敏现象。大鼠急性吸入 $LC_{50}>4990$mg/L。无致畸、致突变性，对胚胎无毒性。鹌鹑急性经口 $LD_{50}>2000$mg/kg。虹鳟鱼 LC_{50}（96h）1.83mg/L。藻类慢性 EC_{50}（72h）2.18mg/L。蚯蚓 LC_{50}（14d）>1000mg/kg干土。对蜜蜂无毒，对非靶标生物、土壤有机体无影响。丙硫菌唑及其代谢物在土壤中表现出相当低的淋溶和积累作用。丙硫菌唑具有良好的生物安全性和生态安全性，对使用者和环境安全。

作用特点 属广谱内吸性杀菌剂，具有优异的保护、治疗和铲除作用。丙硫菌唑是脱甲基化抑制剂，作用机理是抑制真菌中甾醇的前体——羊毛甾醇或 2,4-亚甲基二氢羊毛甾醇 14 位上的脱甲基化作用。具有很好的内吸活性，且持效期长。

适宜作物与安全性 小麦、大麦、油菜、花生、水稻和豆类作物。对作物不仅具有良好的安全性，防病治病效果好，而且增产明显。在推荐剂量下使用对作物和环境安全。

防治对象 几乎对所有麦类病害都有很好的防治效果，如小麦和大麦白粉病、纹枯病、枯萎病、叶斑病、锈病、菌核病、网斑病、云纹病等，还能防治油菜和花生土传病害，如菌核病，以及主要叶面病害，如灰霉病、黑斑病、褐斑病、黑胫病、菌核病和锈病等。

使用方法 使用剂量通常为 13.3g（a.i.）/亩，在此剂量下，活性优于或等于常规杀菌剂。

多菌灵（carbendazim）

$C_9H_9N_3O_2$，191.18，10605-21-7

化学名称 N-(2-苯并咪唑基）氨基甲酸酯。

其他名称 苯并咪唑 44 号，棉萎丹，棉萎灵，贝芬替（台湾），枯萎立克（草酸盐），溶菌灵（磺酸盐），防霉宝（盐酸盐），Delsence，Bavistin，Sanmate，Derosal，Hoe 17411，保卫田。

理化性质 纯品多菌灵为无色粉状固体，熔点 302～307℃；溶解性（24℃，g/L）：水 0.008，DMF 5，丙酮 0.3，乙醇 0.3，氯仿 0.1，乙酸乙酯 0.135；在碱性介质中缓慢水解，在酸性介质中稳定，可形成盐。

毒性 多菌灵原药急性 LD_{50}（mg/kg）：大鼠经口＞15000、经皮＞2000，兔经口＞10000；对兔眼睛和皮肤无刺激性；以 300mg/kg 剂量饲喂狗两年，未发现异常现象；对蚯蚓无毒。

作用特点 属广谱内吸性杀菌剂，具有保护和治疗作用。主要作用机制是干扰细胞有丝分裂过程中纺锤体的形成，从而影响菌的有丝分裂过程。多菌灵具有高效低毒、防病谱广的特点，有明显的向顶输导性能，除叶部喷雾外，也多作拌种和土壤消毒使用。

适宜作物与安全性 棉花、花生、禾谷类作物、苹果、葡萄、桃、烟草、番茄、甜菜、水稻等。在推荐剂量下使用对作物和环境安全。水稻安全间隔期为 30 天，小麦为 20 天。

防治对象 对葡萄孢菌、镰刀菌、小尾孢菌、青霉菌、壳针孢菌、核盘菌、黑星菌、轮枝孢菌、丝核菌等病菌引起的小麦网腥黑穗病、散黑穗病，燕麦散黑穗病，小麦颖枯病，谷类茎腐病，麦类白粉病，苹果、梨、葡萄、桃的白粉病，苹果褐斑病，梨黑星病，桃疮痂病，葡萄灰霉病，葡萄白腐病，棉花苗期立枯病，棉花烂铃病，花生黑斑病，花生基腐病，烟草炭疽病，番茄褐斑病，灰霉病，甘蔗凤梨病，甜菜褐斑病，水稻稻瘟病、纹枯病和胡麻斑病等病害有效。对藻状菌和细菌无效，对子囊菌纲的某些病原菌和半知菌类的大多数病原真菌有效。

使用方法

（1）防治禾本科作物病害

① 麦类病害 防治麦类黑穗病，用 40% 悬浮剂 25mL 对水 4kg 均匀喷洒 100kg 麦种，再堆闷 6h 后播种；防治小麦赤霉病，

在始花期，用40%可湿性粉剂121.7g/亩，加水50kg，均匀喷雾，或40%悬浮剂100～120mL/亩对水40～50kg喷雾，间隔7～10天再施药1次。

② 水稻病害　防治水稻稻瘟病，用50%悬浮剂75～100mL/亩对水40～50kg喷雾；防治叶瘟病可用40%可湿性粉剂121.7g/亩，加水70kg均匀喷雾，在发病中心或出现急性病斑时喷药1次；间隔7d，再喷药1次；防治穗瘟病用50%悬浮剂75～100mL/亩对水40～50kg喷雾，在破口期和齐穗期各喷药1次，喷药重点在水稻茎部；在病害发生初期或幼穗形成期至孕穗期喷药，间隔7d再喷药一次，可防治纹枯病；防治水稻小粒菌核病，在水稻圆秆拔节期至抽穗期，用50%悬浮剂75～100g/亩对水40～50kg喷施，间隔5～7天喷药1次，共喷2～3次。

（2）防治其他作物病害

① 棉花病害　防治立枯病、炭疽病，用50%可湿性粉剂1kg/100kg种子；防治棉花枯萎病、黄萎病，用40%悬浮剂375mL对水50kg，浸种20kg，14h后捞出滤去水分后播种。

② 花生病害　防治花生立枯病、茎腐病、根腐病，用50%可湿性粉剂500～1000g/100kg种子，也可以先将花生种子浸泡24h或将种子用水湿润后在用相同药量拌种；防治花生叶斑病，发病初期用25%可湿性粉剂125～150g/亩对水50～75kg喷雾。

③ 防治油菜菌核病，在盛花期和终花期各喷雾一次，用40%可湿性粉剂187.5～283.3g/亩或者50%悬浮剂75～125mL/亩对水40～50kg喷雾。

④ 防治甘薯黑斑病，用50mg/L浸种薯10min，或用30mg/L浸苗基部3～5min，药液可连续使用7～10次。

⑤ 防治地瓜黑斑病，移栽前用50%可湿性粉剂3000～4000倍液浸渍地瓜苗茎基部5min。

⑥ 防治甜菜褐斑病，发病初期，用25%可湿性粉剂150～250g对水50kg喷雾。

（3）防治果树病害

① 防治梨树黑星病，用50%悬浮剂500倍液喷雾，落花后喷

第 2 次。

② 防治桃疮痂病，在桃子套袋前，用 50％可湿性粉剂 600～800 倍液喷雾，间隔 7～10 天，再喷 1 次。

③ 防治苹果褐斑病，在病害始见后，用 50％可湿性粉剂 600～800 倍液喷雾，间隔 7～10 天，再喷 1 次；防治苹果轮纹病，发病初期用 80％可湿性粉剂 800～1200 倍液喷雾；防治苹果炭疽病，发病初期用 50％可湿性粉剂 600～800 倍液喷雾；防治苹果花腐病，发病初期用 50％可湿性粉剂 200～300 倍液灌根。

④ 防治葡萄黑痘病、白腐病、炭疽病，在葡萄展叶后到果实着色前，用 50％可湿性粉剂 500～800 倍液喷雾，间隔 10～15 天，再喷 1 次。

⑤ 防治桑树褐斑病，发病初期用 50％可湿性粉剂 800～1000 倍液喷雾。

⑥ 防治果树流胶病，开春后当树液开始流动时，先将病树周围垄一土圈，根据树龄的大小确定每棵树的用药量，一般 1～3 年生的树，每棵用 40％可湿性粉剂 100g，树龄较大的每棵用 40％可湿性粉剂 200g，稀释后灌根，开花坐果后再灌一次，病害可以得到控制。

（4）防治瓜菜类病害

① 防治黄瓜霜霉病，发病前至发病初期，用 50％悬浮剂 50～80mL/亩对水 40～50kg/亩喷雾。

② 防治番茄早疫病，发病初期用 50％悬浮剂 60～80mL/亩对水 40～50kg 喷雾，间隔 7～10 天喷药 1 次，连续喷药 3～5 次。

③ 防治辣椒疫病，发病前用 50％悬浮剂 60～80mL/亩对水 40～50kg 灌根或喷雾。

④ 防治瓜类枯萎病，大田定植前用 25％可湿性粉剂 2～2.5kg 加湿润细土 30kg 制成药土，撒于定植穴里，结果期发病用 50％可湿性粉剂 500 倍液灌根，每株灌 250mL。

⑤ 防治节瓜炭疽病，用 50％可湿性粉剂 1kg 加土杂肥 2000kg，配成药土覆盖。

⑥ 防治西瓜炭疽病，发病初期用 20％悬浮剂 100～120mL/亩对水 40～50kg 喷雾。

⑦ 防治芦笋茎枯病，发病初期用 20％悬浮剂 150～180mL/亩对水 40～50kg 喷雾。

⑧ 防治蘑菇褐腐病，用 50％可湿性粉剂 2～2.5g/m² 对水后营养土喷雾。

（5）防治大丽花花腐病、月季褐斑病、君子兰叶斑病、海棠灰斑病、兰花炭疽病、叶斑病、花卉白粉病等，发病初期用 40％可湿性粉剂 500 倍液喷雾，间隔 7～10 天喷 1 次。

（6）防治小麦赤霉病，小麦扬花盛期至小麦灌浆期用 25％多菌灵可湿性粉剂 200～260g/亩喷雾，防效较好，或者用 40％多菌灵悬浮剂 100～120g/亩，间隔 7～10d，连喷 2～3 次。

注意事项 多菌灵可与一般杀菌剂混用，不能与铜制剂混用，与杀虫、杀螨剂混用时要随混随用。配药时注意防止污染。多菌灵为单作用点杀菌剂，病原菌易产生抗性，如灰霉菌、恶苗病菌、黑星病菌、芦笋茎枯病菌、尾孢菌和核盘菌等。

多菌灵可以和多种杀菌剂混用，相关复配制剂如下。

① 多菌灵＋苯醚甲环唑：防治苹果树炭疽病。

② 多菌灵＋己唑醇：防治水稻纹枯病。

③ 多菌灵＋戊唑醇：防治苹果树轮纹病。

④ 多菌灵＋中生菌素：防治苹果树轮纹病。

⑤ 多菌灵＋氟硅唑：防治苹果树轮纹病、梨树黑星病。

⑥ 多菌灵＋三环唑：防治水稻稻瘟病。

⑦ 多菌灵＋氟环唑：防治小麦赤霉病。

⑧ 多菌灵＋三唑酮：防治水稻叶尖枯病、水稻纹枯病、小麦白粉病、小麦赤霉病。

⑨ 多菌灵＋甲拌磷：防治小麦纹枯病、小麦地下害虫。

⑩ 多菌灵＋吡虫啉＋三唑酮：防治小麦白粉病、小麦赤霉病、小麦蚜虫。

⑪ 多菌灵＋吡虫啉：防治小麦赤霉病、小麦蚜虫。

⑫ 多菌灵＋福美双：防治梨树黑星病。

⑬ 多菌灵＋代森锰锌：防治梨树黑星病。

⑭ 多菌灵＋福美双＋三唑酮：防治小麦白粉病、小麦赤霉病。

⑮ 多菌灵＋硫黄：防治花生叶斑病。

⑯ 多菌灵＋福美双＋硫磺：防治小麦赤霉病。

⑰ 多菌灵＋嘧霉胺：防治黄瓜灰霉病。

⑱ 多菌灵＋丙森锌：防治苹果树斑点落叶病。

⑲ 多菌灵＋丙环唑：防治香蕉叶斑病。

⑳ 多菌灵＋代森锰锌＋异菌脲：防治番茄灰霉病。

㉑ 多菌灵＋腐霉利：防治油菜菌核病。

㉒ 多菌灵＋井冈霉素＋三环唑：防治水稻稻瘟病、水稻纹枯病。

㉓ 多菌灵＋氢氧化铜：防治西瓜枯萎病。

㉔ 多菌灵＋福美双＋咪鲜胺：防治水稻恶苗病。

㉕ 多菌灵＋三乙膦酸铝：防治苹果树轮纹病。

㉖ 多菌灵＋异菌脲：防治苹果树斑点落叶病。

㉗ 多菌灵＋福美双＋甲基立枯磷：防治棉花苗期立枯病。

㉘ 多菌灵＋丙森锌：防治苹果树斑点落叶病。

㉙ 多菌灵＋烯唑醇：防治水稻稻粒黑粉病。

㉚ 多菌灵＋烯肟菌酯：防治小麦赤霉病。

㉛ 多菌灵＋硫酸铜钙：防治苹果轮纹病。

㉜ 多菌灵＋五氯硝基苯：防治西瓜枯萎病。

㉝ 多菌灵＋咪鲜胺锰盐：防治黄瓜炭疽病

㉞ 多菌灵＋甲基立枯磷：防治水稻立枯病、水稻苗期叶稻瘟病。

㉟ 多菌灵＋混合氨基酸铜：防治西瓜枯萎病。

㊱ 多菌灵＋春雷霉素：防治辣椒炭疽病。

㊲ 多菌灵＋氟环唑：防治橡胶树叶斑病。

㊳ 多菌灵＋溴菌清：防治柑橘树炭疽病。

㊴ 多菌灵＋代森铵：防治水稻恶苗病。

苯菌灵 （benomyl）

$C_{14}H_{18}N_4O_3$，290.18，17804-35-2

化学名称 1-（正丁基氨基甲酰基）苯并咪唑-2-基氨基甲酸甲酯。

其他名称 Benlate，Fitomyl PB，Tersan 1991，Agrocit，Arbortriute，苯来特，苯乃特。

理化性质 白色结晶固体，熔点 140℃（分解）。不溶于水和油类，溶于氯仿、丙酮、二甲基甲酰胺。稍有苦味。

毒性 苯菌灵原药急性 LD_{50}（mg/kg）：大鼠经口＞5000、兔急性经皮＞5000；对兔眼睛暂时刺激性；以 500mg/kg 剂量饲喂狗两年，未发现异常现象；对蚯蚓无毒。

作用特点 属高效、广谱、内吸性杀菌剂，具有保护、治疗和铲除等作用。除了具有杀菌活性外，还具有杀螨、杀线虫活性。

适宜作物与安全性 柑橘、苹果、梨、葡萄、大豆、花生、瓜类、茄子、黄瓜、番茄、芦笋、葱类、芹菜、小麦、水稻等。在推荐剂量下使用对作物和环境安全。

防治对象 对子囊菌纲、半知菌类及某些担子菌纲的真菌引起的病害有良好的抑制活性，对锈菌、鞭毛菌和接合菌无效。用于防治苹果、梨、葡萄白粉病，苹果、梨黑星病，小麦赤霉病，水稻稻瘟病，瓜类疮痂病、炭疽病，茄子灰霉病，番茄叶霉病，黄瓜黑星病，葱类灰色腐败病，芹菜灰斑病，芦笋茎枯病，柑橘疮痂病、灰霉病，大豆菌核病，花生褐斑病，甘薯黑斑病和腐烂病等。

使用方法 可用于喷洒、拌种和土壤处理，防治大田作物和蔬菜病害，使用剂量为 9.3～10g（a.i.）/亩，防治果树病害，使用剂量为 36.7～73.3g（a.i.）/亩，防治收获后作物病害，使用剂量为 1.7～13.3g（a.i.）/亩。

（1）防治果树病害

① 防治柑橘疮痂病、灰霉病，苹果黑星病、黑点病，梨黑星病，葡萄褐斑病、白粉病，发病前至发病初期，用 50%可湿性粉剂 33～50g，配成 2000～3000 倍液，喷雾，小树每亩喷 150～400kg，大树每亩喷 500kg。

② 防治苹果轮纹病，用 50%可湿性粉剂 800 倍液喷雾。

（2）防治瓜类、蔬菜病害

① 防治瓜类灰霉病、炭疽病，茄子灰霉病，番茄叶霉病，葱类灰色腐败病，芹菜灰斑病等，发病前至发病初期，用 50％可湿性粉剂 33～50g，配成 2000～3000 倍液，喷药液 65～75kg/亩。

② 防治黄瓜黑星病，用 50％可湿性粉剂 500 倍液浸种 20min。

③ 防治西瓜枯萎病，用 50％可湿性粉剂 1000～1500 倍液，处理土壤，从移栽开始间隔 7 天灌根一次，连续灌四次。

④ 防治芦笋茎枯病，发病初期用 50％可湿性粉剂 1500～1800 倍液喷雾。

（3）防治其他作物病害

① 防治大豆菌核病，在病害发病前至发病初期，用 50％可湿性粉剂 66～100g，配成 1000～1500 倍液，喷药液 50～75kg/亩。

② 防治花生褐斑病等，在病害初发时或发病期，用 50％可湿性粉剂 33～50g，配成 2000～3000 倍液，喷药液 50～60kg/亩。

注意事项　在梨、苹果、柑橘、甜菜上安全间隔期为 7 天，葡萄上为 21 天，在黄瓜、南瓜、甜瓜上的最大允许残留量为 0.5mg/L。不能与波尔多液和石硫合剂等碱性农药混用。防止产生耐药性，应与其他农药交替使用。

相关复配制剂如下。

苯菌灵＋福美双＋代森锰锌：防治苹果树轮纹病。

噻菌灵（thiabendazole）

$C_{10}H_7N_3S$，210.19，148-79-8

化学名称　2-(噻唑-4-基) 苯并咪唑。

其他名称　特克多，噻苯灵，涕必灵，腐绝，硫苯唑，Bioguard，Tecto，Mertect，Thibenzole，Eguizole，保唑霉，霉得克。

理化性质　纯品噻菌灵为无色粉状固体，熔点 297～298℃；溶解性（20℃，g/L）：水 0.03，丙酮 2.43，甲醇 8.28，二甲苯 0.13，乙酸乙酯 1.49，正辛醇 3.91。

毒性 噻菌灵原药急性 LD_{50}（mg/kg）：大鼠经口 3100，小鼠经口 3600，兔经皮 $>$ 2000；对兔眼睛和皮肤无刺激性；以 40mg/（kg·d）剂量饲喂狗两年，未发现异常现象；对动物无致畸、致突变、致癌作用。

作用特点 属高效低毒内吸性杀菌剂，具有治疗、保护和内吸传导作用。噻菌灵作用机制是药剂与真菌细胞的 β-微管蛋白结合而影响纺锤体的形成，继而影响细胞分裂，抑制真菌线粒体呼吸作用和细胞繁殖，与苯菌灵等苯并咪唑药剂有正交互耐药性，与多菌灵有相同的杀菌谱。根施时能向顶传导。

适宜作物与安全性 各种蔬菜和水果如柑橘、葡萄、柠檬、芒果、苹果、梨、香蕉、草莓、甘蓝、芹菜、芦笋、荷兰豆、马铃薯、花生、甜菜、甘蔗等。在推荐剂量下使用对作物和环境安全。

防治对象 对子囊菌、担子菌、半知菌中的主要病原菌具有较好的抗菌活性，而对毛霉属、霜霉属、疫霉属、腐霉属及根霉属等病菌无效，对卵菌、接合菌和病原细菌无活性。用于防治柑橘青霉病、绿霉病、蒂腐病、花腐病，草莓白粉病、灰霉病，甘蓝灰霉病、芹菜斑枯病、菌核病，芒果炭疽病，苹果青霉病、炭疽病、灰霉病、黑星病、白粉病，甜菜、花生孺孢叶斑病，甘蔗叶斑病，马铃薯贮藏期腐烂病等。噻菌灵更多地适用于果蔬贮藏防腐。

使用方法 可茎叶处理，也可做种子处理和茎部注射。

（1）防治果树病害

① 防治苹果轮纹病，发病初期用 40% 可湿性粉剂 1000～1500 倍液喷雾。

② 防治苹果和梨的青霉病、炭疽病、灰霉病、黑星病、白粉病，草莓白粉病、灰霉病，收获前用 50% 悬浮剂 60～120mL/亩对水 40～50kg 喷雾。

③ 防治芒果炭疽病，收获后用 50% 悬浮剂 200～500 倍液浸果。

④ 防治葡萄灰霉病收获前 50% 悬浮剂 400～500 倍液喷雾。

（2）防治其他作物病害

① 防治甜菜、花生叶斑病，发病前至发病初期，用 50% 悬浮

剂 25～50mL/亩对水 40～50kg 喷雾。

② 防治芹菜斑枯病、菌核病，发病前至发病初期，用 50％悬浮剂 40～80g/亩对水 40～50kg 喷雾。

③ 防治甘蓝灰霉病，收获后用 50％悬浮剂 750 倍液浸蘸。

④ 防治韭菜灰霉病，发病初期用 42％悬浮剂 1000 倍液喷雾，间隔 10 天喷一次，施药三次。

⑤ 防治蘑菇褐腐病，施药时期以培养基发酵前、散料时和覆土时各施药一次为宜，用 50％悬浮剂 40～60g/100kg 料进行培养及处理，80～120g/m³ 进行覆土处理和 10～15g/m² 进行料面处理为宜。施药方法上先将生产工具和器具、培养基原料进行喷雾处理，拌匀后再发酵，对散料的料面进行喷雾处理，然后对覆土进行拌土处理。

（3）防治贮藏期病害

① 柑橘贮藏防腐　柑橘采收后用 500～5000mg（a.i.）/L 药液浸果 3～5min，晾干装筐，低温保存，可以控制青霉病、绿霉病、蒂腐病、花腐病的危害。

② 香蕉贮藏防腐　香蕉采收后用 750～1000mg（a.i.）/L 药液浸果 1～3min，晾干装箱，可以控制贮运期间烂果。

③ 防治马铃薯贮藏期环腐病、干腐病、皮斑病和银皮病　将 45％悬浮剂 90mL/亩对水 30kg 喷雾。

注意事项　噻菌灵可用作涂料、合成树脂和纸制品的防霉剂，柑橘、香蕉的食品添加剂，动物用的驱虫药。本剂对鱼有毒，注意不要污染池塘和水源，药剂密封保存，放置在安全地方。避免与其他药剂混用，不应在烟草收获后的叶上使用。

相关复配制剂如下。

噻菌灵＋喹啉酮：防治葡萄黑痘病。

麦穗宁（fuberidazole）

$C_{11}H_8N_2O$，184.19，3878-19-1

化学名称 2-(2-呋喃基) 苯并咪唑。

其他名称 furidazol，furidazole，糠基苯并咪唑，呋喃苯并咪唑。

理化性质 原药为结晶粉末，熔点 286℃（分解）。室温下溶解度：二氯甲烷 1%，异丙醇 5%，水 0.0078%，此外可溶于甲醇、乙醇、丙酮。对光不稳定。

毒性 大鼠急性 LD_{50}（mg/kg）：经口 1100，经皮 1000 (7d)，大鼠急性经腹膜 LD_{50} 100mg/kg。大鼠 3 个月饲养试验无作用剂量 1.5g/kg 饲料。

作用特点 属高效低毒内吸性杀菌剂，具有内吸传导和治疗作用。作用机制是通过与 β-微管蛋白结合抑制有丝分裂，抑制真菌线粒体的呼吸作用和细胞增殖。与多菌灵同属苯并咪唑类药剂，有相同的杀菌谱。

适宜作物与安全性 小麦、大麦。在推荐剂量下使用对作物和环境安全。

防治对象 对子囊菌、担子菌、半知菌中的主要病原菌具有较好抗菌活性，而对卵菌、接合菌和病原细菌无活性。用于防治镰刀菌属病害，小麦黑穗病、雪腐病、赤霉病，大麦条纹病等。

使用方法 内吸性杀菌剂，主要用于种子处理，使用剂量为 4.5g（a.i.）/100kg 种子。

抑霉唑 (imazalil)

$C_{14}H_{14}Cl_2N_2O$，297.2，35554-44-0，60534-80-7（硫酸氢盐）；33586-66-2（硝酸盐）

化学名称 （RS）-1-（β-烯丙氧基-2，4-二氯苯乙基）咪唑或 (RS)-烯丙基-1-（2，4-二氯苯基）-2-咪唑-1-基乙基醚。

其他名称 万利得，戴唑霉，仙亮，烯菌灵，伊迈唑，Fungaflor，Fecundal，Fungazil，Magnate，Deccozil，Freshgard，Nuzone 10ME，Double K，Bromazil。

理化性质 纯品抑霉唑为浅黄色结晶固体，熔点 52.7℃；溶解性（20℃，g/L）：水 0.18，丙酮、二氯甲烷、甲醇、乙醇、异丙醇、苯、二甲苯、甲苯＞500。

毒性 大鼠急性 LD_{50}（mg/kg）：经口 320，经皮 4200～4880，大鼠急性吸入无症状，对眼睛有中等刺激，对豚鼠无致敏作用。原药对大鼠 90d 饲喂试验无作用剂量为每天 200mg/kg，大鼠 2 年饲喂试验无作用剂量为每天 80mg/kg 饲料，对繁殖无不良影响。无致癌作用和迟发神经毒性，对鱼类 LC_{50} 2.5mg/L（96h），水蚤 LC_{50} 3.2mg/L（45h），鹌鹑 LD_{50} 510mg/kg，野鸭 LD_{50} 2510mg/kg，正常使用对蜜蜂有毒。

作用特点 属广谱内吸性杀菌剂。作用机理是影响细胞膜的渗透性、生理功能和脂类合成代谢，从而破坏霉菌的细胞膜，同时抑制霉菌孢子的形成，对侵袭水果、蔬菜和观赏植物的许多真菌病害都有防效。抑霉唑对抗苯并咪唑类的青霉菌、绿霉菌有较高的防效。与咪鲜胺复配防治柑橘青霉病、绿霉病、酸腐病、蒂腐病等。

适宜作物与安全性 苹果、柑橘、香蕉、芒果、瓜类、大麦、小麦、番茄等。在推荐剂量下使用对作物和环境安全。

防治对象 对长蠕孢属、镰孢属和壳针孢属真菌具有高活性，推荐用作种子处理剂，防治谷物病害。对柑橘、香蕉和其他水果喷施或浸渍（在水或蜡状乳剂中）能防治收获后水果的腐烂。用于防治镰刀菌属、长蠕孢属病害，观赏植物白粉病，以及苹果、柑橘、芒果、香蕉和瓜类作物青霉病、绿霉病，香蕉轴腐病、炭疽病。

使用方法 茎叶处理推荐剂量为 5～30g（a.i.）/100L，种子处理 4～5g（a.i.）/100kg 种子，仓储水果防腐、防病推荐使用剂量为 2～4g（a.i.）/t 水果。

（1）0.1％抑霉唑浓水乳剂（仙亮）

① 原液涂抹 用清水清洗并擦干或晾干，用原液（用毛巾或海绵）涂抹，晾干。注意施药尽量薄，避免涂层过厚；

② 机械喷施 用于柑橘等水果处理系统的上蜡部分，药液不稀释，0.1％浓水乳剂 1L 可处理 1～1.5t 水果。

（2）25％抑霉唑乳油（戴唑霉）

①	原液涂抹　用清水清洗并擦干或晾干，用原液（用毛巾或海绵）涂抹，晾干。注意施药尽量薄，避免涂层过厚。

②	机械喷施　用于柑橘等水果处理系统的上蜡部分，稀释成250～500倍液，制成500～1000mg/L药液，进行机械喷涂。

③	药液浸果　挑选当天采收无伤口和无病斑的柑橘，并用清水洗去果面的灰尘和药迹，然后配制25%乳油2500倍液，将果放入药液中浸泡1～2min，然后捞起晾干，即可贮藏或运输。在通风条件下室温贮藏，可有效抑制青霉菌、绿霉菌危害，延长储藏时间，如能单果包装效果更佳。

（3）50%抑霉唑乳油（万利得）

① 防治苹果腐烂病，50%乳油6～9mL/m² 涂抹病部。

② 柑橘采收后防腐处理方法，挑选当天采收无伤口和无病斑的柑橘，并用清水洗去果面的灰尘和药迹，然后配制药液，长途运输的柑橘用50%乳油2000～3000倍液或每100L水加50%乳油33～50mL，短期贮藏的柑橘用50%乳油1500～2000倍液或每100L水加50%乳油50～67mL，贮藏3个月以上的柑橘用50%乳油1000～1500倍液或每100L水加50%乳油67～100mL，将果放入药液中浸泡1～2min，然后捞起晾干，即可贮藏或运输。在通风条件下室温贮藏，可有效抑制青霉菌、绿霉菌危害，延长储藏时间，如能单果包装效果更佳。

（4）防治番茄叶霉病，发病初期用15%烟剂250～350g/亩熏烟。

（5）另据资料报道，防治柑橘青霉、绿霉病，用400～800mg/kg的抑霉唑药液浸果1min，捞起晾干，装箱入库常温贮藏，防效显著。

注意事项　药剂应存放于阴凉干燥处，使用时避免接触皮肤、眼睛，如接触需用大量清水冲洗，并送医院治疗。不能与碱性农药混用。

相关复配制剂如下。

① 抑霉唑＋苯醚甲环唑：防治苹果炭疽病。

② 抑霉唑＋咪鲜胺：防治苹果树炭疽病。

氟菌唑 （triflumizole）

$C_{15}H_{15}ClF_3N_3O$，345.7，99387-89-0

化学名称 （E）-4-氯-α,α,α-三氟-N-（1-咪唑-1-基-2-正丙氧基亚乙基）邻甲苯胺。

其他名称 特富灵，Trifmine，Procure，三氟咪唑。

理化性质 纯品氟菌唑为无色结晶固体，熔点 63.5℃；溶解性（20℃，g/L）：水 12.5，氯仿 2220，己烷 17.6，二甲苯 639，丙酮 1440，甲醇 496；在强碱、强酸介质中不稳定。

毒性 雄性大鼠急性经口 $LD_{50}>715mg/kg$，雌性 695mg/kg；雄性小鼠急性经口 LD_{50} 560mg/kg，雌性 510mg/kg；雄性大鼠腹腔注射 LD_{50} 895mg/kg，雌性 710mg/kg；雄性小鼠腹腔注射 LD_{50} 710mg/kg，雌性 530mg/kg；大鼠、小鼠皮下注射 $LD_{50}>$ 5000mg/kg；大鼠小鼠急性经皮 $LD_{50}>5000mg/kg$；大鼠急性吸入 $LC_{50}>3.2mg/L$。对兔皮肤无刺激作用，对眼睛黏膜有轻度刺激。大鼠慢性饲喂试验无作用剂量为 3.7mg/kg 饲料。动物实验未见致癌、致畸、致突变作用。鲤鱼 LC_{50} 1.26mg/L（48h），鹌鹑急性经口 LD_{50} 2467mg/kg，对蜜蜂安全。

作用特点 属广谱内吸性杀菌剂，具有保护、治疗和铲除作用。氟菌唑为甾醇脱甲基化抑制剂。

适宜作物与安全性 麦类、各种蔬菜、果树及其他作物，在推荐剂量下使用对作物和环境安全。日本推荐最高残留限量蔬菜为 1mg/kg，果树为 2mg/kg，番茄为 2mg/kg，小麦为 1mg/kg，茶为 15mg/kg。

防治对象 用于防治仁果上的胶锈菌属和黑星菌属菌，果实和蔬菜上的白粉菌科、镰孢霉属和链核盘菌属菌，禾谷类上的长蠕孢属、腥黑粉菌属和黑粉菌属菌，麦类种子可防治黑穗病、白粉病和条纹病白粉病、锈病，茶树炭疽病、条饼病，桃褐腐病等。

使用方法　通常用作茎叶喷雾，也可作种子处理。蔬菜用量为12～20g（a.i.）/亩，果树用量为46.7～66.7g（a.i.）/亩。

（1）防治禾谷类作物病害　①防治麦类白粉病，在发病初期，用30％可湿性粉剂13.3～20g/亩对水喷雾，间隔7～10d，共喷2～3次，最后一次喷药要在收割前14d。②防治麦类白粉病、赤霉病，发病初期用30％可湿性粉剂13～20g/亩对水50kg喷雾，间隔7～10d，共喷2～3次。③防治水稻稻瘟病、恶苗病、胡麻斑病，用30％可湿性粉剂20～30倍液浸种10min。

（2）防治果树、蔬菜病害

① 防治黄瓜白粉病，发病初期用30％可湿性粉剂13～20g/亩对水50kg喷雾，间隔10d，共喷两次。

② 防治豌豆白粉病，用30％可湿性粉剂2000倍液喷雾，用水量苗期60kg/亩为宜，中后期75kg/亩为宜，间隔7d，共喷三次。

③ 防治梨黑星病，发病初期用30％可湿性粉剂2000～3000倍液喷雾，间隔7～10d再喷一次。

④ 防治草莓白粉病，发病初期用30％可湿性粉剂2000倍液喷雾，间隔7d，共喷四次。

注意事项　用药量人工每亩喷40～50L，拖拉机喷7～13L。施药选早晚气温低、无风时进行。晴天上午9时至下午4时应停止施药，温度超过28℃，空气相对湿度低于65％、风速每秒超过4m应停止施药。

相关复配制剂如下。

氟菌唑＋醚菌酯：防治梨树黑星病。

氰霜唑（cyazofamid）

$C_{13}H_{13}ClN_4O_2S$，324.78，120116-88-3

化学名称　4-氯-2-氰基-N,N-二甲基-5-对甲苯基咪唑-1-磺酰胺。

其他名称 氰唑磺菌胺，Docious，Ranmman，Mildicut，科佳。

理化性质 纯品氰霜唑为浅黄色粉状固体，熔点 152.7℃；溶解性（20℃，g/L）：难溶于水。

毒性 氰霜唑原药急性 LD_{50}（mg/kg）：大、小鼠经口＞5000、经皮＞2000；对兔眼睛和皮肤无刺激性；对动物无致畸、致突变、致癌作用。

作用特点 氰霜唑具有很好的保护、治疗作用和一定的内吸活性。是线粒体呼吸抑制剂，是细胞色素 bc1 中 Q_i 抑制剂，不同于 β-甲氧基丙烯酸酯（是细胞色素 bc1 中 Q_o 抑制剂）。持效期长，且耐雨水冲刷。对卵菌所有生长阶段均有作用，对敏感或对甲霜灵产生抗性的病菌均有活性。

适宜作物与安全性 马铃薯、葡萄、荔枝、黄瓜、白菜、番茄、洋葱、莴苣、草坪。在推荐剂量下使用对作物和环境安全。

防治对象 霜霉病、疫病如黄瓜霜霉病、葡萄霜霉病、番茄晚疫病、马铃薯晚疫病等。

使用方法 既可用作茎叶处理，也可用于土壤处理（防治草坪和白菜病害）。使用剂量为 4～6.7g（a.i.）/亩。

（1）防治蔬菜病害 ①防治番茄晚疫病、黄瓜霜霉病，发病初期用 10％悬浮剂 50～70mL/亩对水 40～50kg 喷雾；②防治马铃薯晚疫病，发病初期用 10％悬浮剂 2000～2500 倍液喷雾。

（2）防治果树病害 防治葡萄霜霉病、荔枝霜疫霉病、疫病，发病初期用 10％悬浮剂 2000～2500 倍液喷雾。

（3）另据资料报道，防治大白菜根肿病，用 10％氰霜唑悬浮剂 150mL/亩，连续施药 2～3 次，第 1 次于播种前拌毒土穴施塘底，再播种；第 2 次于出苗后（播种后 5～7d）按 2000 倍液用药液 300L/亩，灌根，间隔 7～10d 再灌 1 次，防效显著；防治番茄晚疫病，发病初期用 10％氰霜唑悬浮剂 30～40mL/亩，间隔 7～10d，连续施药 2～3 次；防治荔枝霜疫霉病，在荔枝花蕾期至成熟期用 10％氰霜唑悬浮剂 2000～2500 倍，花穗期喷药 1～2 次，挂果期喷药 3～4 次，即在小果期、中果期、膨大期或果实转色前期、果实转色期或采果前 10～20d 各喷药 1 次，施药间隔时间为 10～15d。

注意事项　防治番茄晚疫病时为防止长期单独使用产生抗性，与其他杀菌剂交替轮换使用。

咪菌腈（fenapanil）

$C_{16}H_{19}N_3$，253.34，61019-78-1

化学名称　2-正丁基-2-苯基-3-（1H-咪唑基-1-基）丙腈。

其他名称　Sisthane，phenaproni，菌灭清。

理化性质　黏稠和深褐色液体。沸点 200℃（93Pa），蒸气压（25℃）为 0.133Pa。溶解度：在水中为 1%，在乙二醇中为 25%，在两酮和二甲苯中均为 50%。在酸性或碱性介质中稳定。其盐酸盐的熔点 160～162℃。

毒性　大鼠急性经口 LD_{50} 1590mg/kg，家兔急性经皮 LD_{50} 5000mg/kg。

作用特点　属广谱内吸杀菌剂。作用机制是抑制麦角甾醇生物合成。

适宜作物与安全性　小麦、大麦、水稻、蔬菜、蚕豆、苹果等。在推荐剂量下使用对作物和环境安全。

防治对象　可防治子囊菌、担子菌和半知菌等多种真菌病害，主要用于防治白粉病、锈病、叶斑病、稻瘟病、胡麻斑病、苹果轮纹病、黑星病等。

使用方法

（1）防治禾谷类作物病害

① 防治小麦秆锈病，发病初期用 25% 乳油 60mL/亩对水 40～50kg 喷雾。

② 防治水稻稻瘟病、胡麻斑病，在扬花期用 25% 乳油 133mL/亩对水 40～50kg 喷雾。

（2）防治其他作物病害

① 防治花椰菜淡斑病，发病初期用 25％乳油 160mL/亩对水 40～50kg 喷雾。

② 防治蚕豆幼苗褐斑病，处理种子用 25％乳油 100mL/100kg 种子。

稻瘟酯 （pefurazoate）

$$CH_3CH_2-CH-CO_2(CH_2)_3CH=CH_2$$

$C_{18}H_{23}N_3O_4$ ，345.4，101903-30-4

化学名称 N-糠基-N-咪唑-1-基羰基-DL-高丙氨酸（戊-4-烯）酯或 N-（呋-2-基）甲基-N-咪唑-1-基羰基-DL-高丙氨酸（戊-4-烯）酯。

其他名称 净种灵，Healthied，UHF 8615，UR 0003，拌种唑。

理化性质 纯品稻瘟酯为淡棕色液体，沸点235℃（分解）；溶解性（25℃，g/L）：水 0.443，正己烷 12，二甲亚砜、乙醇、丙酮、乙腈、氯仿、乙酸乙酯、甲苯＞1000。

毒性 稻瘟酯原药急性 LD_{50}（mg/kg）：大鼠经口 981（雄）、1051（雌），小鼠经口 1299（雄）、946（雌），大鼠经皮＞2000；对兔眼睛有轻微刺激性，对兔皮肤无刺激性；对动物无致畸、致突变、致癌作用。

作用特点 属咪唑类杀菌剂。作用机制是破坏和阻止病菌细胞膜重要组成成分麦角甾醇的生物合成，影响病菌的繁殖和赤霉素的合成，通过抑制萌发管和菌丝的生长来阻止种传病原真菌的生长发育。该药剂对对抗苯菌灵的炭疽病菌有特效。

适宜作物与安全性 水稻、草莓等。在推荐剂量下使用对作物和环境安全。

防治对象 稻瘟酯对众多的植物病原真菌具有较高的活性，其中包括子囊菌、担子菌和半知菌的致病真菌，但对藻状菌纲稍差，对种传病原真菌，特别是由串珠镰孢引起的水稻恶苗病、由稻梨孢引起的稻瘟病和由宫部旋孢腔菌引起的水稻胡麻斑病有效。

使用方法　20％可湿性粉剂：①浸种，稀释 20 倍，浸 10min，稀释 200 倍，浸 24h；②种子包衣，剂量为种子干重的 0.5％；③种子喷洒，以 7.5 倍的稀释药液喷雾，用量 30mL/kg 干种。

（1）防治水稻稻瘟病、白叶枯病、纹枯病、绵腐病　0.5kg 种子用清水预浸 12h，捞起洗净用 20％可湿性粉剂 1g 对水 0.5kg，配成药液浸种 12h，捞起清洗数次，换清水浸至种子吸足水分，然后播种。

（2）防治草莓炭疽病　发病初期用 20％可湿性粉剂 1000 倍液喷雾。

注意事项　在 100μg/mL 的浓度下，尽管该化合物几乎不能抑制这些致病菌孢子的萌发，但用浓度 10μg/mL 处理后，孢子即出现萌发牙管逐渐膨胀、异常分歧和矮化现象。藤仓赤霉的许多病株由日本各地区收集得来的感染种子分离而得，它们对稻瘟酯具有敏感性。稻瘟酯的最低抑制浓度从 0.78～12.5mg/L 各不相同，未发现对稻瘟酯不敏感的菌株。不能与碱性农药混用，种子处理时用量要准确，以免产生药害影响发芽率。存放于阴凉干燥处。

恶霉灵（hymexazol）

$C_4H_5NO_2$，99.2，10004-44-1

化学名称　3-羟基-5-甲基异恶唑。

其他名称　土菌消，立枯灵，Tachigaren，克霉灵，杀纹宁。

理化性质　纯品恶霉灵为无色晶体，熔点 86～87℃，沸点 200～204℃；溶解性（20℃，g/L）：水 65.1，丙酮 730，二氯甲烷 602，乙酸乙酯 437，甲醇 968，甲苯 176，正己烷 12.2。

毒性　恶霉灵原药急性 LD_{50}（mg/kg）：大鼠经口 4678（雄）、3909（雌），小鼠经口 2148（雄）、1968（雌），大鼠经皮＞10000；对兔眼睛有刺激性，对兔皮肤无刺激性；以 30mg/（kg·d）剂量饲喂大鼠两年，未发现异常现象；对动物无致畸、致突变、致癌作用；对蜜蜂无毒。

作用特点 属广谱内吸性杀菌剂，具有治疗、内吸和传导作用。作为土壤消毒剂，噁霉灵与土壤中的铁、铝离子结合，抑制孢子的萌发。噁霉灵能被植物的根吸收并在根系内迅速移动（3h能从根系内移动到茎部，24h移动至全株），在植株内代谢产生两种糖苷，对作物有提高生理活性的效果，能促进植株的生长、根的分蘖、根毛的增加，提高根的活性。土壤吸附的能力极强，在垂直和水平方向的移动性很小。对多种病原真菌引起的病害有较好的防治效果，对水稻生理病害也有好的效果，两周内仍有杀菌活性。因噁霉灵对土壤中病原菌以外的细菌、放线菌的影响很小，所以对土壤中微生物的生态不产生影响，在土壤中能分解成毒性很低的化合物，对环境安全。

适宜作物与安全性 水稻、甜菜、饲料甜菜、蔬菜、黄瓜、西瓜、葫芦、果树、人参、观赏作物、康乃馨以及苗圃等。在推荐剂量下使用对作物和环境安全。

防治对象 用于防治鞭毛菌、子囊菌、担子菌、半知菌的腐霉菌、镰刀菌、丝核菌、伏革菌、根壳菌、雪霉菌都有很好的效果。作为土壤消毒剂，对腐霉菌、镰刀菌等引起的土传病害如猝倒病、立枯病、枯萎病、菌核病等有较好的预防效果。

使用方法 主要用作拌种、拌土或随水灌溉，拌种用量为5～90g（a.i.）/kg种子，拌土用量为30～60g（a.i.）/100L土，噁霉灵与福美双混配，用于种子消毒和土壤处理效果更佳。

（1）防治水稻病害 水稻恶苗立枯病，苗床或育秧箱，每次用30%水剂3～6mL（有效成分0.9～1.8g）/m²，对水喷施，然后再播种，移栽前以相同药量再喷一次。

（2）防治瓜菜病害

① 防治黄瓜立枯病 发病初期用70%可湿性粉剂1～1.5g/m²对水喷淋幼苗。

② 防治甜菜立枯病 主要采用拌种处理，干拌法每100kg甜菜种子，用70%噁霉灵可湿性粉剂400～700g（有效成分280～490g）与50%福美双可湿性粉剂400～800g（有效成分200～400g）混合均匀后再拌种；湿拌法100kg种子，先用种子重量的

30%水把种子拌湿，然后用70%噁霉灵可湿性粉剂 400～700g（有效成分 280～490g）与 50%福美双可湿性粉剂 400～800g（有效成分 200～400g）混合均匀后再拌种。

③ 防治西瓜枯萎病　用 70%可湿性粉剂 2000 倍液处理种子，也可用 70%可湿性粉剂 4000 倍液在生长期喷雾。

（3）防治其他病害

① 防治果树圆斑根腐病　先挖开土壤将烂根去掉，然后用 70%可湿性粉剂 2000 倍液灌根。

② 防治人参立枯病　在人参出苗前，用 70%可湿性粉剂 2000 倍液灌溉土壤 2～3cm。

注意事项　该药用于拌种时宜干拌，湿拌和闷种易出现药害。严格控制用药量，施药时注意防护，避免接触皮肤和眼睛。存放在干燥阴凉处。

噁霉灵可以和多种杀菌剂混用，相关复配制剂如下。

① 噁霉灵＋精甲霜灵：防治水稻立枯病。

② 噁霉灵＋甲霜灵＋咪鲜胺：防治水稻恶苗病、水稻立枯病。

③ 噁霉灵＋甲霜灵：防治水稻苗床立枯病。

④ 噁霉灵＋稻瘟灵：防治水稻立枯病。

⑤ 噁霉灵＋福美双：防治黄瓜枯萎病。

⑥ 噁霉灵＋甲基硫菌灵：防治西瓜枯萎病。

⑦ 噁霉灵＋络氨铜：防治烟草赤星病。

叶枯唑（bismerthiazol）

$C_5H_6N_6S_4$，278.38

化学名称　N,N'-亚甲基-双（2-氨基-5-巯基-1,3,4-噻二唑）。

其他名称　叶青双，叶枯宁，噻枯唑，叶枯双，川化 018。

理化性质　纯品叶枯唑为白色长方柱状结晶或浅黄色疏松粉末，熔点 172～174℃；难溶于水，稍溶于丙酮、甲醇、乙醇，溶于二甲基甲酰胺、二甲亚砜、吡啶。

毒性 叶枯唑原药急性 LD_{50}（mg/kg）：大鼠经口 3160～8250，小鼠经口 3480～6200，以 0.25mg/（kg·d）剂量饲喂大鼠1年，未发现异常现象；对动物无致畸、致突变、致癌作用。

作用特点 属内吸性杀菌剂，具有保护和治疗作用。主要用于防治植物细菌性病害，对水稻白叶枯病、细菌性条斑病、柑橘溃疡病有一定防效。

适宜作物与安全性 水稻、柑橘、番茄、大白菜、桃树等。在推荐剂量下使用对作物和环境安全。

防治对象 主要用于防治水稻白叶枯病、细菌性条斑病、柑橘溃疡病、番茄青枯病、大白菜软腐病、桃树穿孔病。

使用方法

（1）防治水稻病害 水稻白叶枯病、水稻细菌性条斑病，发病初期及齐穗期用 25％可湿性粉剂 100～150g/亩对水 40～50kg 喷雾，间隔 7～10 天。

（2）防治蔬菜病害

① 防治番茄青枯病，发病初期用 20％可湿性粉剂 300～500 倍液灌根。

② 防治大白菜软腐病，用 20％可湿性粉剂 100～150g/亩对水 40～50kg 喷雾。

（3）防治果树病害

① 防治桃树穿孔病，在盛花期，用 20％可湿性粉剂 800 倍液喷雾，1 个月后再喷一次。

② 防治柑橘溃疡病，在苗木或幼龄树的新芽萌发后 20～30 天（梢长 1.5～3cm，叶片刚转绿期）各喷一次药，结果树在春梢、夏秋梢萌发初期喷药 1～2 次，用 25％可湿性粉剂 500～750 倍液喷雾，间隔 10d 左右，视树冠大小喷足药量，重点在嫩梢、叶等部位。

（4）防治桃树细菌性穿孔病，发病初期用 20％叶枯唑可湿性粉剂 600～800 倍液（施用量为 250～333.3mg/kg），间隔 10～14d 喷 1 次，连喷 3～4 次；防治白菜细菌性角斑病，发病初期用 20％叶枯唑可湿性粉剂 500～800，防效显著；防治大白菜软腐病，发病初期 20％叶枯唑可湿性粉剂 400～500 倍液，间隔 7 天施一次，连续施药 3 次，选择晴天进行喷药，喷雾时力求均匀喷湿至大白菜基部。

注意事项　不宜做毒土使用，不宜与碱性农药混用。水稻收割和柑橘采收前 30 天内停止使用。置于干燥阴凉处。

噻唑菌胺（ethaboxam）

$C_{14}H_{16}N_4OS_2$，320.1，162650-77-3

化学名称　(RS)-N-(α-氰基-2-噻吩甲基)-4-乙基-2-乙氨基噻唑-5-甲酰胺。

其他名称　Guardian，韩乐宁。

理化性质　纯品噻唑菌胺为白色粉末，没有固定熔点，在 185℃熔化过程分解。

毒性　噻唑菌胺原药急性 LD_{50}（mg/kg）：大、小鼠经口＞5000，大鼠和兔经皮＞5000；对兔眼睛和皮肤无刺激性；对动物无致畸、致突变、致癌作用；对蜜蜂无毒。

作用特点　具有预防、治疗作用和内吸活性。噻唑菌胺能有效抑制马铃薯晚疫病病原菌（疫霉菌）生活史中菌丝体生长和孢子的形成，但对该菌孢子囊萌发、孢囊的生长以及游动孢子几乎没有任何活性，这种作用机制区别于防治该菌的其他杀菌剂。

适宜作物与安全性　葡萄、马铃薯、瓜类、黄瓜、辣椒等。在推荐剂量下使用对作物和环境安全。

防治对象　主要用于防治卵菌纲病原菌引起的病害如葡萄霜霉病、马铃薯晚疫病、瓜类霜霉病等。

使用方法　使用剂量通常为 6.7～16.7g（a.i.）/亩。

（1）防治葡萄霜霉病、马铃薯晚疫病，用 20％噻唑菌胺可湿性粉剂在大田应用时，推荐使用剂量分别为 13.3g（a.i.）/亩和 16.7g（a.i.）/亩，间隔 7～10d。

（2）防治黄瓜霜霉病、辣椒疫病，发病初期用 12.5％可湿性粉剂 75～100g/亩对水 40～50kg 喷雾。

苯噻氰（benthiazole）

$C_9H_6N_2S_3$，238，21564-17-0

化学名称　2-(硫氰基甲基硫基) 苯并噻唑。

其他名称　苯噻硫氰，苯噻菌清，倍生，苯噻清，Busan，硫氰苯噻。

理化性质　原油为棕红色液体，纯度 80%，相对密度 1.38，130℃以上分解，闪点不低于 120.7℃，蒸气压小于 1.33Pa。在碱性条件下分解，储存有效期 1 年以上。

毒性　原油大鼠急性经口 LD_{50} 2664mg/kg，兔急性经皮 LD_{50} 2000mg/kg。对兔眼睛、皮肤有刺激性。狗亚急性经口无作用剂量 333mg/L；大鼠亚急性经口无作用剂量 500mg/L。在试验剂量下，未见对动物有致畸、致突变、致癌作用。虹鳟鱼 LC_{50}（96h）0.029mg/L，野鸭经口 LD_{50} 10000mg/kg。

作用特点　属广谱性种子保护剂，可以预防和治疗经由土壤及种子传播的真菌或细菌引起的一类病害。可用于种子处理，也可用于木材防腐。

适宜作物与安全性　水稻、小麦、瓜类、甜菜、棉花、甘蔗、柑橘等。在推荐剂量下使用对作物和环境安全。

防治对象　防治稻胡麻斑病和由镰刀菌属、赤霉属、长蠕孢属、丛梗孢属、梨孢属、柄锈菌属、腐霉属、腥黑粉菌属、黑粉菌属、轮枝孢属、黑星菌属病菌引起的病害，如瓜类猝倒病、蔓割病、立枯病等，水稻稻瘟病、苗期叶瘟病、胡麻叶斑病、白叶枯病、纹枯病等，甘蔗凤梨病，蔬菜炭疽病、立枯病，柑橘溃疡病等。

使用方法　既可用于茎叶处理，种子处理，还可用于土壤处理如灌根等。

（1）防治禾谷类作物病害

① 防治水稻苗期叶瘟病、徒长病、胡麻叶斑病、白叶枯病等，用 30％乳油配成 1000 倍液（有效浓度 30mg/L）浸种 6h。浸种时搅拌，捞出再浸种催芽、播种，药液可连续使用两次。

② 防治水稻稻瘟病、胡麻叶斑病、白叶枯病、纹枯病，发病初期，每次用 30％乳油 50mL/亩对水 40～50kg 喷雾，每隔 7～14d 喷施一次。

③ 防治谷子粒黑穗病，用 30％乳油 50mL/100kg 谷种拌种。

（2）防治果树、蔬菜、瓜类病害

① 防治甘蔗凤梨病、蔬菜炭疽病、立枯病，柑橘溃疡病，每次用 30％乳油 50mL/亩对水 40～50kg 喷雾，每隔 7～14d 喷施一次。

② 防治瓜类猝倒病、蔓割病、立枯病，发病初期用 30％乳油 200～375mg/L 药液灌根。

注意事项　对鱼类有毒。避免接触皮肤和眼睛。

烯丙苯噻唑（probenazole）

C₁₀H₉NO₃S，223.2，27605-76-1

化学名称　3-烯丙氧基-1,2-苯并异噻唑-1,1-二氧化物。

其他名称　烯丙异噻唑，Oryzemate，噻菌烯。

理化性质　纯品为无色结晶固体，熔点 138～139℃。难溶于正己烷和石油醚，微溶于水（150mg/L）、甲醇、乙醇、乙醚和苯，易溶于丙酮、DMF、氯仿等。

毒性　急性经口 LD₅₀（mg/kg）：大鼠 2030，小鼠 2750～3000。大鼠急性经皮 LD₅₀＞5000mg/kg，无致突变作用，600mg/kg 饲料喂养大鼠无致畸作用。

作用特点　属杂环类内吸性杀菌剂。水杨酸免疫系统促进剂。在离体试验中，稍有抗微生物活性。

适宜作物与安全性　水稻。在推荐剂量下使用对作物和环境安全。

防治对象　稻瘟病、白叶枯病。

使用方法　通常在移植前以粒剂［160～213.3g（a.i.）/亩］施于水稻或者1.6～2.4g/育苗箱（30cm×60cm×3cm）。如以50g（a.i.）/亩防治水稻稻瘟病，其防效可达97％。

（1）防治水稻稻瘟病，发病前用8％颗粒剂1.65～2kg/亩均匀撒施。

（2）防治水稻白叶枯病，发病初期用8％颗粒剂2～2.65kg/亩均匀撒施。

注意事项　处理水稻，促进根系吸收，保护作物不受稻瘟病菌和白叶枯病菌侵染。施药稻田要保持水深不低于3cm，并要保水4～5d，有鱼的稻田勿用此药，禁止与敌稗除草剂混用。

拌种灵（amicarthiazol）

$C_{11}H_{11}N_3OS$，233.3，21452-14-2

化学名称　2-氨基-4-甲基-5-甲酰苯氨基噻唑。

其他名称　Seedavay，Sivax，F 849，G 849。

理化性质　纯品为白色粉末状结晶，熔点222～223℃，于270～285℃分解。微溶于水，在一般有机溶剂中溶解度也很小，易溶于二甲基甲酰胺。29℃时在下列溶剂中的溶解度分别为（g/100mL）水0.008、苯0.05、甲苯0.21、乙醇1.72、甲醇3.52、二甲基甲酰胺51。遇碱易分解，遇酸生成对应的盐，其盐酸盐可溶于乙醇和热水。粗品呈米黄色或淡粉红色固体，熔点210℃左右。

毒性　拌种灵属低等毒性，大白鼠经口急性LD_{50} 820mg/kg（雄），817.9mg/kg（雌），大白鼠经皮急性LD_{50}＞820mg/kg。三个月饲喂试验的无作用剂量为220mg/kg，无胚胎毒性和致畸作用，对仔鼠生长发育无不良影响。初步建议ADI 5mg/kg。

作用特点　属内吸性杀菌剂。拌种后可进入种皮或种胚，可杀死种子表面或种子内部的病原菌，同时也可进入幼芽和幼根，减少土壤中病原菌对幼苗的侵染。

适宜作物与安全性　禾谷类作物、小麦、玉米、高粱、花生、棉花等。在推荐剂量下使用对作物和环境安全。

防治对象　小麦黑穗病、玉米黑穗病、高粱黑穗病、花生锈病、棉花苗期病害、炭疽病等。

使用方法

（1）防治玉米黑穗病，用40%可湿性粉剂200g/100kg种子拌种；

（2）防治花生锈病，用40%可湿性粉剂500倍液喷雾；

（3）防治棉花苗期病害，用40%可湿性粉剂200g/100kg种子拌种；

（4）防治红麻炭疽病，用40%可湿性粉剂160倍液浸种。

注意事项　拌种灵主要用于作物拌种使用。用于谷类种子浸种，能够有效防治黑穗病和其他农作物的炭疽病，与福美双混配可防治小麦黑穗病、高粱黑穗病、棉花苗期病害等。处理过的种子要妥善保管，避免误食。用药时注意安全防护。

拌种灵可以和多种杀菌剂混用，相关复配制剂如下。

① 拌种灵＋吡虫啉＋福美双：防治棉花立枯病、棉花棉蚜。

② 拌种灵＋福美双：防治花生锈病、红麻炭疽病、小麦黑穗病、高粱黑穗病、棉花苗期病害、玉米黑穗病、棉花立枯病。

螺环菌胺（spiroxamine）

$C_{18}H_{35}NO_2$，297.5，118134-30-8

化学名称　8-叔丁基-1,4-二氧杂螺［4,5］癸烷-2-基甲基（乙基）（正丙基）胺。

其他名称　Impulse，Prosper，Pronto，螺恶茂胺。

理化性质　螺环菌胺是两个异构体A（49%～56%）和B

（44%～51%）组成的混合物，纯品为淡黄色液体，沸点120℃（分解）；溶解性（20℃，g/L）：水>200。

毒性 螺环菌胺原药急性 LD_{50}（mg/kg）：大鼠经口595（雄）、550～560（雌），大鼠经皮>1600；对兔皮肤有严重刺激性，对兔眼睛无刺激性；以70mg/kg剂量饲喂大鼠两年，未发现异常现象；对动物无致畸、致突变、致癌作用。

作用特点 属内吸性叶面杀菌剂，具有保护和治疗作用。螺环菌胺属甾醇脱甲基化抑制剂，主要抑制C-14脱甲基酶的合成，作用速度快，持效期长。

适宜作物与安全性 小麦、大麦等。在推荐剂量下使用对作物和环境安全。

防治对象 白粉病、锈病、云纹病、条纹病等。

使用方法 防治小麦白粉病和各种锈病，大麦云纹病和条纹病，使用剂量为有效成分25～50g/亩。

注意事项 可单独使用，也可与其他杀菌剂混用以扩大杀菌谱。对白粉病有特效。

稻瘟灵 （isoprothiolane）

$$\text{S} \diagdown \text{CO}_2\text{CH(CH}_3)_2$$
$$\text{S} \diagup \text{CO}_2\text{CH(CH}_3)_2$$

$C_{12}H_{18}O_4S_2$，290.4，50512-35-1

化学名称 1,3-二硫戊环-2-亚基丙二酸二异丙酯。

其他名称 富士一号，异丙硫环，Fuji-One，NNF 109，Fudiolan，SS 11946。

理化性质 纯品稻瘟灵为白色晶体，熔点54～54.5℃；溶解性（20℃，g/kg）：水0.048，有机溶剂溶解性（25℃，kg/kg）：乙醇1.5，二甲亚砜2.3，氯仿2.3，二甲基甲酰胺2.3，二甲苯2.3，苯3.0，丙酮4.0。工业品为淡黄色晶体，有有机硫的特殊气味。

毒性 稻瘟灵原药急性 LD_{50}（mg/kg）：大白鼠经口1100（雄）、1340（雌），大鼠经皮>10250；对兔皮肤和眼睛无刺激性；

对动物无致畸、致突变、致癌作用；对鸟和蜜蜂无毒。

作用特点　属含硫杂环杀菌剂，具有保护和治疗作用。作用机制是抑制纤维素酶的形成，从而阻止菌丝生长。具有渗透性，通过根和叶吸收，向上向下传导，从而转移到整个植株。对稻瘟病有防治效果，兼有抑制稻褐飞虱、白背飞虱密度的效果。稻瘟灵能够使稻瘟病菌分生孢子失去侵入宿主的能力，阻碍磷脂合成（由甲基化生成的磷脂酰胆碱），对病菌含甾族化合物的脂类代谢有影响，对病菌细胞壁成分有影响，能抑制菌体侵入，防止吸器形成，控制芽孢生成和病斑扩大。

适宜作物与安全性　水稻、果树、茶树、桑树、块根蔬菜等。在推荐剂量下使用对作物和环境安全。

防治对象　水稻稻瘟病（叶瘟和穗瘟）、果树、茶树、桑树、块根蔬菜上的根腐病。

使用方法　主要用于防治水稻稻瘟病，茎叶处理使用剂量为26.7～40g（a.i.）/亩，水田撒施240～400g（a.i.）/亩。

（1）防治叶瘟病，在秧田后期或水稻分蘗期，用40%可湿性粉剂75～100g/亩对水50～75kg均匀喷雾，在常发生地区或根据当年叶瘟病发生时间，在发病前7～10d，用40%可湿性粉剂0.6～1kg/亩对水400kg泼浇，保持水层2～3d后自然落干，药效可达6～7周。防治穗瘟病，在水稻孕穗后期到破口期以及齐穗期，用40%乳油75～100mL/亩对水60～75kg喷雾。

（2）防治树木根腐病，每株树用40%乳油300g对水灌根。

另据资料报道，防治水稻稻瘟病，在破口始穗期和齐穗期用40%稻瘟灵乳油600～800倍液。

注意事项　不可与强碱性农药混用，水稻收获前15天停止使用。

稻瘟灵可以和多种杀菌剂混用，相关复配制剂如下。

① 稻瘟灵＋己唑醇：防治水稻稻曲病、水稻稻瘟病、水稻纹枯病。

② 稻瘟灵＋咪鲜胺：防治水稻稻瘟病。

③ 稻瘟灵＋异稻瘟净：防治水稻稻瘟病。

④ 稻瘟灵＋噁霉灵：防治水稻立枯病。

⑤ 稻瘟灵＋福美双＋甲霜灵：防治水稻秧苗立枯病。

⑥ 稻瘟灵＋春雷霉素：防治水稻稻瘟病。

拌种咯 （fenpiclonil）

$C_{11}H_6Cl_2N_2$，237.1，74738-17-3

化学名称 4-（2,3-二氯苯基）吡咯-3-腈。

其他名称 Beret，Gallbas，CGA 142705。

理化性质 纯品为无色晶体，水中溶解度（20℃）2mg/L，熔点 152.9℃，蒸气压为 420nPa（20℃），250℃ 以下稳定；100℃、pH＝3～9 下 6h 不水解。

毒性 大鼠、小鼠和兔的急性经口 LD_{50}＞5000mg/kg，大鼠急性经皮 LD_{50}＞2000mg/kg。对兔眼睛和皮肤均无刺激作用，虹鳟鱼（96h）LD_{50} 0.8mg/L。对蜜蜂无毒。无致畸、无诱变、无胚胎毒性。

作用特点 属吡咯腈类保护性杀菌剂，主要抑制菌体内氨基酸合成和葡萄糖磷酰化有关的转移，并抑制真菌菌丝体的生长，最终导致病菌死亡。持效期 4 个月以上。

适宜作物与安全性 小麦、大麦、玉米、棉花、大豆、花生、水稻、油菜、马铃薯、蔬菜等。

防治对象 对禾谷类作物种传病菌如雪腐镰刀菌有效，也可防治土传病害的病菌如链格孢属、壳二孢属、曲霉属、葡萄孢属、链孢霉属、长蠕孢属、丝核菌属和青霉属菌。

使用方法 禾谷类作物和豌豆种子处理剂量为 20g（a.i.）/100kg 种子，马铃薯用 10～50g（a.i.）/1000kg。防治大麦条纹病、大麦网斑病、麦类雪腐病、大麦散黑穗病、水稻恶苗病、稻瘟病、水稻胡麻斑病，用 5％悬浮种衣剂 4g 拌种 1kg。

咯菌腈（fluudioxnil）

$C_{12}H_6F_2N_2O_2$，248.2，131341-86-1

化学名称 4-(2,2-二氟-1,3-苯并二氧-4-基）吡咯-3-腈。

其他名称 氟咯菌腈，适乐时，Maxim。

理化性质 咯菌腈纯品为无色、无味的结晶状固体。纯度 99.8％的咯菌腈熔点 199.8℃；相对密度 1.54；25℃下的蒸气压 3.9×10^{-7} Pa；25℃下在不同溶剂中的溶解度（g/L）：丙酮 190，乙醇 44，正辛烷 20，甲苯 2.7，正己烷 0.0078，水 0.0018。

毒性 咯菌腈原药的毒性很低，加工成制剂后的毒性更低，对大鼠急性经口 $LD_{50} > 5000$mg/kg，急性经皮 $LD_{50} > 2000$mg/kg，吸入 $LD_{50} > 26000$mg/m³（4h）；对家兔皮肤无刺激；对人没有遗传变异。对鸟类、蜜蜂无毒，但有效成分在实验室内对藻类、水蚤及鱼类有毒。

作用特点 属于非内吸性的广谱杀菌剂。主要抑制葡萄糖磷酰化有关酶的转移，并抑制真菌菌丝体的生长，最终导致病菌死亡。与现有杀菌剂无交互抗性。作为叶面杀菌剂防治雪腐镰刀菌、小麦网腥黑穗病菌、立枯病菌等，对灰霉病有特效；种子处理防治链格孢属、壳二孢属、曲霉属、镰孢属、长蠕孢属、丝核菌属及青霉属等病原菌。

适宜作物与安全性 小麦、大麦、玉米、豌豆、油菜、水稻、观赏作物、葡萄、蔬菜和草坪等。推荐剂量下对作物和环境安全。

防治对象 防治的病害有：小麦腥黑穗病、雪腐病、雪霉病、纹枯病、根腐病、全蚀病、颖枯病、秆黑粉病，大麦条纹病、网斑病、坚黑穗病、雪腐病，玉米青枯病、茎基腐病、猝倒病，棉花立枯病、红腐病、炭疽病、黑根病、种子腐烂病，大豆立枯病、根腐病、花生立枯病、茎腐病，水稻恶苗病、胡麻叶斑病、早期叶瘟病、立枯病，油菜黑斑病、黑胫病；马铃薯立枯病、疮痂病，蔬菜枯萎病、炭疽病、褐斑病、蔓枯病。

使用方法 种子处理使用剂量为 2.5～10g（a.i.）/100kg 种子，茎叶处理使用剂量为 16.7～33.3g（a.i.）/亩，防治草坪病害使用剂量为 26.7～53.3g（a.i.）/亩，防治收获后水果病害使用剂量为 30～60g（a.i.）/100L。拌种时种子量为 100kg 情况下，2.5％制剂：大麦、小麦、玉米、花生、马铃薯用 100～200mL，棉花用 100～400mL，大豆用 200～400mL，水稻用 200～800mL，油菜用 600mL，蔬菜用 400～800mL；10％制剂：大麦、小麦、玉米、花生、马铃薯用 25～50mL，棉花用 25～100mL，大豆用 50～100mL，水稻用 50～200mL，油菜用 150mL，蔬菜用 100～200mL。

（1）防治禾谷类作物病害

① 防治小麦散黑穗病、根腐病，用 2.5％悬浮种衣剂 5～15mL/100kg 种子拌种。

② 防治小麦纹枯病，用 2.5％悬浮种衣剂 150～200mL/100kg 种子拌种。

③ 防治水稻恶苗病，用 2.5％悬浮种衣剂 10～15mL/100kg 种子拌种。

④ 防治玉米茎基腐病，用 2.5％悬浮种衣剂 4～6g/100kg 种子包衣。

⑤ 防治玉米苗枯病，用 2.5％悬浮种衣剂 10g 对水 100g 种子 5kg 拌种。

（2）防治其他作物病害

① 防治向日葵菌核病、棉花立枯病、花生根腐病、大豆根腐病，用 2.5％悬浮种衣剂 15～20mL/100kg 种子拌种。

② 防治花生茎枯病，用 2.5％悬浮种衣剂 400～800mL/100kg 种子拌种。

③ 防治棉花立枯病，用 2.5％悬浮种衣剂 15～20g/100kg 种子包衣。

④ 防治西瓜枯萎病，用 2.5％悬浮种衣剂 10～15g/100kg 种子包衣。

⑤ 防治烟草黑胫病、猝倒病、赤星病、病毒病等，用 2.5% 悬浮种衣剂按种子量的 0.15% 拌种。

⑥ 防治蔬菜枯萎病，用 2.5% 悬浮种衣剂 800～1500 倍液灌根。

⑦ 防治观赏菊花灰霉病，发病初期用 50% 可湿性粉剂 4000～6000 倍液喷雾。

注意事项 避免与皮肤接触。勿将剩余药液倒入池塘、河流中。存放在阴凉干燥通风处。

咯菌腈可以和多种杀菌剂混用，相关复配制剂如下。

① 咯菌腈＋精甲霜灵＋嘧菌酯：防治棉花猝倒病、棉花立枯病。

② 咯菌腈＋嘧菌环胺：防治芒果树炭疽病、观赏百合灰霉病。

③ 咯菌腈＋精甲霜灵：防治玉米茎基腐霉。

④ 咯菌腈＋苯醚甲环唑：防治小麦散黑穗病。

硅氟唑（simeconazole）

$C_{14}H_{20}FN_3OSi$，293.41，149508-90-7

化学名称 (RS)-2-(4-氟苯基)-1-(1H-1,2,4-三唑-1-基)-3-(三甲基硅基) 丙-2-醇。

其他名称 Mongarit，Patchikoron，Sanlit。

理化性质 硅氟唑纯品为白色结晶状固体。熔点 118.5～120.5℃；20℃ 下在水中的溶解度 57.5mg/L，溶于大多数有机溶剂。

毒性 急性经口 LD_{50} 雌大鼠为 682mg/kg，雄大鼠为 611mg/kg，雌小鼠为 1018mg/kg，雄小鼠为 1178mg/kg，大鼠急性经皮 $LD_{50}>5000mg/kg$，吸入 $LC_{50}>5.17mg/L$（4h）；对家兔皮肤无刺激。

作用特点　属于内吸性杀菌剂，具有保护、治疗作用和内吸活性。硅氟唑是甾醇脱甲基化抑制剂，主要破坏和阻止病菌的细胞膜重要组成成分麦角甾醇生物合成，导致细胞膜不能形成，使病菌死亡。硅氟唑可迅速被植物吸收，并在内部传导，明显提高作物产量。

适宜作物与安全性　水稻、小麦、苹果、梨、桃、茶、蔬菜、草坪等。推荐剂量下对作物和环境安全。

防治对象　能有效地防治众多子囊菌、担子菌和半知菌所致病害，尤其对各类白粉病、黑星病、锈病、立枯病、纹枯病等具有优异的防效。

使用方法　种子处理使用剂量为 $25 \sim 75g$（a.i.）/100kg 种子，茎叶喷雾使用剂量为 $3.3 \sim 6.7g$（a.i.）/亩。　防治散黑穗病，使用 $4 \sim 10g$（a.i.）/100kg 小麦种子；防治大多数土传或气传病害如白粉病、立枯病、纹枯病和网斑病，使用 $50 \sim 100g$（a.i.）/100kg 种子。

灭菌唑（triticonazole）

$C_{17}H_{20}ClN_3O$，317.81，131983-72-7

化学名称　(RS)-(E)-5-(4-氯亚苄基)-2,2-二甲基-1-($1H$-1,2,4-三唑-1-基甲基)环戊醇。

其他名称　扑力猛，Alios，Charter，Flite，Legat，Premis，Real。

理化性质　灭菌唑原药纯度为 95%，纯品为无臭、无色粉状固体，熔点 $139 \sim 145℃$，当温度达到 $180℃$ 时开始分解。相对密度 $1.326 \sim 1.369$，蒸气压小于 1×10^{-5} mPa（50℃），水中溶解度为 $9.3mg/L$（20℃）.

毒性　大鼠急性经口 $LD_{50} > 2000mg/kg$，急性经皮 $LD_{50} >$

2000mg/kg，吸入 LC_{50}＞1.4mg/L（4h），对兔眼睛及皮肤无刺激，山齿鹑急性经口 LD_{50}＞2000mg/kg，虹鳟鱼 LC_{50}＞10mg/L（96h），水蚤 LC_{50}＞9.3mg/L（48h），对蚯蚓有毒。

作用特点　属于内吸性广谱杀菌剂。灭菌唑是甾醇生物合成 C-14 脱甲基化酶抑制剂，抑制和干扰菌体的附着孢和吸器的生长发育，主要作为种子处理剂，也可茎叶喷雾，对种传病害有效特，持效期可达 4～6 周。

适宜作物与安全性　禾谷类作物、豆科作物、果树如苹果等。推荐剂量下对作物和环境安全。

防治对象　防治镰孢霉属、柄锈菌属、麦类核腔菌属、黑粉菌属、腥黑粉菌属、白粉菌属、圆核腔菌属、壳针孢属、柱隔孢属等引起的病害，如白粉病、黑星病、锈病、网斑病等。

使用方法　种子处理使用剂量为 2.5g（a.i.）/100kg 小麦种子或 20g（a.i.）/100kg 玉米种子，茎叶喷雾使用剂量为 4g（a.i.）/亩。防治小麦散黑穗病，发病初期用 2.5％悬浮种衣剂3～5g/100kg 种子。

种菌唑（ipconazole）

$C_{18}H_{24}ClN_3O$，333.90，125225-28-7

化学名称　（1RS，2RS，5RS；1RS，2RS，5RS)-2-(4-氯苄基)-5-异丙基-1-(1H-1,2,4-三唑-1-基甲基）环戊醇。

理化性质　种菌唑是由异构体Ⅰ（1RS，2RS，5RS）和异构体Ⅱ（1RS，2RS，5RS）组成的，纯品为无色晶体，熔点 88～90℃，蒸气压为 $3.58×10^{-3}$ mPa（25℃），水中溶解度为 6.93mg/L（20℃）.

毒性　大鼠急性经口 LD_{50} 为 1338mg/kg，急性经皮 LD_{50}＞2000mg/kg，对兔皮肤无刺激，对眼睛有轻微刺激性，无皮肤过敏现象，鲤鱼 LC_{50} 为 2.5mg/L（48h）。

作用特点 属于内吸性广谱杀菌剂。种菌唑是麦角甾醇生物合成抑制剂。

适宜作物与安全性 水稻和其他作物。推荐剂量下对作物和环境安全。

防治对象 主要防治水稻和其他作物的种传病害，如水稻恶苗病、水稻胡麻斑病、水稻稻瘟病等。

使用方法 种子处理使用剂量为 3～6g（a.i.）/100kg 种子。防治小麦散黑穗病，发病初期用 2.5％悬浮种衣剂 3～5g/100kg 种子。

相关复配制剂如下。

甲霜灵＋种菌唑：防治棉花立枯病、玉米茎基腐病、玉米丝黑穗病。

<h2 style="text-align:center">咪鲜胺（prochloraz）</h2>

$C_{15}H_{16}Cl_3N_3O_2$，376.7，67747-09-5

化学名称 N-丙基-N-[2-(2,4,6-三氯苯氧基)乙基]-1H-咪唑-1-甲酰胺。

其他名称 施保克，使百克，BTS40542，丙灭菌，氯灵，扑霉灵，Sportak，Trimidal，Mirage，Abarit，Ascurit，Octare，Omega，Prelnde。

理化性质 咪鲜胺为白色结晶固体，熔点 46.5～49.3℃，沸点 208～210℃（0.2mmHg 分解），蒸气压 20℃时 0.09mPa，30℃时 0.436μPa，相对密度 1.42（20℃），溶解度（25℃）：丙酮 3500g/L，氯仿 2500g/L，甲苯 2500g/L，乙醚 2500g/L，二甲苯 2500g/L，水 34.4mg/L，在 20℃，pH 值 7 的水中稳定，对浓酸、碱和阳光不稳定。

毒性 大鼠急性经口 LD_{50} 为 1600～2400mg/kg，经皮 LD_{50} 为 2.1g/kg，小鼠急性经口 LD_{50} 为 2400mg/kg，对兔急性经皮

$LD_{50} > 3g/kg$。

作用特点 属于咪唑类广谱杀菌剂，具有保护和铲除作用。咪鲜胺通过抑制甾醇生物合成起作用，尽管不具有内吸作用，但具有一定的传导性能。在土壤中主要降解为易挥发的代谢产物，易被土壤颗粒吸附，不易被雨水冲刷。对土壤中生物低毒，对某些土壤中的真菌有抑制作用。可用于水果采后处理，防治贮藏期病害。种子处理时对禾谷类作物种传和土传真菌病害有较好的活性。

适宜作物与安全性 水稻、麦类、油菜、大豆、向日葵、甜菜、柑橘、芒果、葡萄等多种蔬菜、花卉、果树。推荐剂量下对作物和环境安全。

防治对象 水稻恶苗病、胡麻斑病、稻瘟病，小麦赤霉病，大豆炭疽病、褐斑病，向日葵炭疽病，甜菜褐斑病，柑橘炭疽病、蒂腐病、青绿霉病、黄瓜炭疽病、灰霉病、白粉病，荔枝黑腐病，香蕉叶斑病、炭疽病、冠腐病，芒果黑腐病、轴腐病、炭疽病等病害。

使用方法

(1) 防治禾谷类作物病害

① 防治水稻恶苗病，在不同地区用法不同，长江流域及长江以南地区，用25%乳油2000～3000倍液或每100L水加25%乳油33.2～50mL（有效浓度83.3～125mg/L），浸种1～2d，取出用清水催芽；黄河流域及黄河以北地区，用25%乳油3000～4000倍液或100L水加25%乳油25～33.2mL（有效浓度62.5～83.3mg/L），浸种3～5d，取出用清水催芽；东北地区，用25%乳油3000～5000倍液或100L水加25%乳油20～33.2mL（有效浓度50～83.3mg/L），浸种5～7d。温度高浸种时间短，温度低浸种时间长。

② 防治水稻稻瘟病，在水稻"破肚"出穗前和扬花前后，用25%乳油40～60mL/亩对水40kg喷雾，喷1～2次。防治穗颈稻瘟病，病轻时喷一次即可，发病重的年份在第一次喷药后间隔7d再喷一次。

③ 防治小麦赤霉病，小麦抽穗扬花期，用25%乳油800～

1000 倍液喷雾。

④ 防治小麦白粉病，发病初期用 25％乳油 50～60mL/亩对水40～50kg 喷雾，视病情，6～7d 再喷一次。

⑤ 防治大麦散黑穗病，播种前用 25％乳油 3000 倍液浸种48h，随浸随播。

（2）防治果树病害

① 防治苹果炭疽病，发病初期用 25％乳油 800～1000 倍液喷雾。

② 防治葡萄炭疽病，发病初期用 25％乳油 800～1200 倍液喷雾。

③ 防治柑橘青霉病、绿霉病、炭疽病、蒂腐病，当天收获的果实，常温下用 25％乳油 500～1000 倍液浸果 1min 后捞起晾干，单果包装。

④ 防治香蕉轴腐病、炭疽病，当天采收的香蕉，常温下用25％乳油 500～1000 倍液浸果 1min 后捞起晾干，可用于防腐保鲜。

⑤ 防治芒果炭疽病，采前园地叶面喷施，芒果花蕾期至收获期用 25％乳油 500～1000 倍液，施药 5～6 次，第一次在花蕾期，第二次在始花期，以后间隔 7d 喷施，采前 10d 最后喷药一次。

⑥ 防治龙眼炭疽病，在龙眼第一次生理落果时用 25％乳油1200 倍液喷雾，间隔 7d 喷施一次，连喷 4 次。

（3）防治瓜菜类病害

① 防治黄瓜炭疽病，发病初期用 50％可湿性粉剂 30～50g/亩对水 40～50kg 喷雾。

② 防治番茄炭疽病，发病初期用 45％乳油 1500～2000 倍液喷雾，间隔 7～10d 喷一次，连喷 2～3 次。

③ 防治辣椒炭疽病，发病初期用 45％乳油 15～30mL/亩对水40～50kg 喷雾。

④ 防治辣椒白粉病，发病初期用 25％乳油 50～70mL/亩对水40～50kg 喷雾。

⑤ 防治西瓜炭疽病、蔓枯病，发病初期用 25％乳油 500～1000 倍液喷雾，间隔 7～10d 喷一次，连喷 2 次。

⑥ 防治蘑菇褐腐病、白腐病,用50%可湿性粉剂0.4～0.6g/m² 拌于覆盖土或喷淋菇床。

⑦ 防治甜瓜炭疽病,发病初期用25%乳油1200～1500倍液喷雾,间隔7d喷一次。

⑧ 防治大蒜叶枯病,发病初期用25%乳油1000～1500倍液喷雾,间隔6～8d喷一次,连喷3次。

(4) 防治其他作物病害

① 防治花生褐斑病,发病初期用25%乳油30～50g/亩对水40～50kg喷雾,间隔8d喷一次,连喷3次。

② 防治烟草赤星病,发病初期用50%可湿性粉剂2000倍液喷雾,间隔7d喷一次,连喷3次。

③ 防治甜菜褐斑病,7月下旬甜菜出现第一批褐斑时,用25%乳油1000倍液喷雾,间隔10d喷一次,连喷2～3次。

④ 防治茶炭疽病,茶树夏梢始盛期,用50%可湿性粉剂1000～2000倍液喷雾,间隔7d喷一次,连喷3次。

⑤ 防治人参炭疽病、黑斑病,发病初期用25%乳油2500倍液喷雾,间隔7～10d喷一次,连喷10次。

(5) 防治水稻稻瘟病,发病初期用45%咪鲜胺微乳剂有效成分20～25g/亩,隔7d喷施一次,均匀喷雾于植株上下;防治香蕉贮藏期炭疽病,发病阶段及口食阶段用450g/L咪鲜胺水250～500mg(a.i.)/kg,有较好防效,且无药害,对香蕉安全;防治香蕉冠腐病,用25%咪鲜胺水乳剂500～375倍液喷雾,防效显著;防治黄瓜炭疽病,发病前或初期用50%咪鲜胺可湿性粉剂30～37.5g/亩,连续喷施2～3次,喷施药液量60kg/亩;防治水稻稻曲病,水稻破口前7d左右开始25%咪鲜胺乳油对12.5～15g/亩,喷施药液量60kg/亩,如病情发生严重,可于破口期再施药一次;防治甜瓜炭疽病,发病初期用25%咪鲜胺乳油1200～1500倍液喷雾,防治效果显著,对甜瓜安全。

注意事项 使用时严格按照使用说明。对水生动物有毒,不可污染鱼塘、河道和水沟。防腐保鲜浸果前务必将药剂搅拌均匀,浸果1min后捞起晾干。水稻浸种长江流域以南浸种1～2d,黄河流域以北浸种 3～5d 后用清水催芽播种。

咪鲜胺可以和多种杀菌剂混用，相关复配制剂如下。

① 咪鲜胺＋丙环唑：防治水稻稻曲病、水稻稻瘟病、水稻纹枯病。

② 咪鲜胺＋几丁聚糖：防治柑橘炭疽病。

③ 咪鲜胺＋戊唑醇：防治香蕉叶斑病。

④ 咪鲜胺＋苯醚甲环唑：防治黄瓜靶斑病、苹果树炭疽病、梨树黑星病、黄瓜炭疽病。

⑤ 咪鲜胺＋稻瘟灵：防治水稻稻瘟病。

⑥ 咪鲜胺＋异菌腈：防治香蕉冠腐病。

⑦ 咪鲜胺＋甲霜灵＋噁霉灵：防治水稻恶苗病、水稻立枯病。

⑧ 咪鲜胺＋抑霉唑：防治苹果树炭疽病。

⑨ 咪鲜胺＋嘧菌酯：防治水稻稻瘟病、水稻纹枯病。

⑩ 咪鲜胺＋腈菌唑：防治香蕉叶斑病。

⑪ 咪鲜胺＋杀螟丹：防治水稻干尖线虫病、水稻恶苗病。

⑫ 咪鲜胺＋三唑酮：防治橡胶树白粉病、橡胶树炭疽病。

⑬ 咪鲜胺＋多菌灵＋福美双：防治水稻恶苗病。

⑭ 咪鲜胺＋异菌脲：防治香蕉叶斑病。

⑮ 咪鲜胺＋三环唑：防治水稻稻瘟病。

⑯ 咪鲜胺＋多菌灵：防治西瓜炭疽病、芒果树炭疽病、小麦赤霉病。

⑰ 咪鲜胺＋甲霜灵：防治水稻恶苗病、水稻立枯病。

⑱ 咪鲜胺＋戊唑醇：防治小麦赤霉病、香蕉黑星病。

⑲ 咪鲜胺＋丙环唑：防治水稻纹枯病、水稻稻曲病、水稻稻瘟病。

⑳ 咪鲜胺＋百菌清＋三唑酮：防治橡胶树白粉病、橡胶树炭疽病。

㉑ 咪鲜胺＋福美双＋甲霜灵：防治水稻恶苗病、水稻立枯病。

㉒ 咪鲜胺＋溴菌清：防治西瓜炭疽病。

㉓ 咪鲜胺＋烯酰吗啉：防治荔枝树霜疫霉病。

㉔ 咪鲜胺＋氟硅唑：防治黄瓜炭疽病。

丙硫多菌灵 （albendazole）

$C_{12}H_{15}N_3O_2S$，265.33，54965-21-8

化学名称 N-(5-丙硫基-1H-苯并咪唑-2-基) 氨基甲酸甲酯。

其他名称 施宝灵，丙硫咪唑，阿草达唑。

理化性质 丙硫多菌灵为无臭无味、白色粉末，微溶于乙醇、氯仿、热稀盐酸和稀硫酸，溶于冰醋酸，在水中不溶，熔点 206～212℃，熔融时分解。

毒性 大鼠急性经口 LD_{50} 为 4287mg/kg，急性经皮 LD_{50} 为 608mg/kg，小鼠急性经口 LD_{50} 为 17531mg/kg。

作用特点 属于高效、低毒、内吸性广谱杀菌剂，具有保护和治疗作用。作用机制与苯并咪唑类杀菌剂相似，对病原菌孢子萌发有较强的抑制作用。

适宜作物与安全性 水稻、西瓜、辣椒、大白菜、黄瓜、烟草和果树等。推荐剂量下对作物和环境安全。

防治对象 对于多种担子菌和半知菌引起的作物病害有效。可有效防治水稻稻瘟病、烟草炭疽病、西瓜炭疽病、辣椒疫病、大白菜霜霉病、黄瓜灰霉病等。

使用方法 ①防治水稻稻瘟病、大白菜霜霉病，发病初期用 20％悬浮剂 75～100mL/亩对水 40～50kg 喷雾；②防治西瓜炭疽病，发病前至发病初期用 10％水分散粒剂 150g/亩对水 40～50kg 喷雾；③防治烟草炭疽病，发病初期用 20％悬浮剂 75～100mL/亩对水 40～50kg 喷雾，间隔 7～10d 再喷一次；④防治辣椒疫病，发病前至发病初期用 20％可湿性粉剂 40～60g/亩对水 40～50kg 喷雾；⑤防治叶菜类和黄瓜灰霉病等，用 20％可湿性粉剂 10～25g/亩对水 40～50kg 喷雾，间隔 7d 喷一次，视病情严重情况喷 2～3次；⑥防治某些果树茎腐病、根腐病，用 20％悬浮剂 1000～2000倍液灌根。

注意事项 可与一般杀菌剂、大多数杀虫剂、杀螨剂混用，不能与铜制剂混用。安全操作使用，存放于阴暗处。喷药后24h内下雨应尽快补喷，可视病害严重程度，适当加大剂量和次数。

相关复配制剂如下。

① 丙硫多菌灵＋盐酸吗啉胍：防治烟草病毒病。

② 丙硫多菌灵＋多菌灵：防治水稻稻瘟病。

氟喹唑（fluquinconazole）

$C_{16}H_8Cl_2FN_5O$，376.2，136426-54-5

化学名称　3-(2,4-二氯苯基)-6-氟-2-(1H-1,2,4-三唑-1-基)喹唑啉-4-(3H)-酮。

其他名称　SN597265。

理化性质　氟喹唑为灰白色固体颗粒，熔点191.9～193℃（工业品184～192℃），蒸气压为$6.4×10^{-6}$mPa（20℃），相对密度1.58，溶解度（20℃）：水0.001g/L，丙酮50g/L，二甲苯10g/L，乙醇3g/L，二甲基亚砜200g/L，油-水（正辛醇/水）分配系数为3.2g/L，在水中DT_{50}为21.8天（25℃，pH值为7）。

毒性　大鼠急性经口LD_{50}为112mg/kg，急性经皮LD_{50}雄性为2679mg/kg，雌性为625mg/kg，小鼠急性经口LD_{50}雄性为325mg/kg，雌性为180mg/kg。

作用特点　属于内吸性杀菌剂，具有保护和治疗作用。氟喹唑对麦角甾醇生物合成有良好的抑制作用。对作物非常安全。

适宜作物与安全性　苹果、大麦、葡萄、豆科植物、核果类作物、咖啡和草坪等。推荐剂量下对作物和环境安全。

防治对象　可有效防治子囊菌、半知菌和担子菌引起的病害，如链核盘菌属、尾孢霉属、茎点霉属、壳针孢属、核盘菌属、柄锈菌属、驼孢锈菌属、禾白粉菌、葡萄钩丝壳等引起的植物病害。

使用方法　防治苹果黑星病、白粉病，发病初期用25％可湿性粉剂5000倍液喷雾，间隔10～14d喷一次，共喷施5～9次。

叶菌唑 （metconazole）

C₁₇H₂₂ClN₃O，319.8，125116-23-6

$C_{17}H_{22}ClN_3O$，319.8，125116-23-6

化学名称　　（1RS，5RS；1RS，5RS)-5-(4-氯苯基)-2,2-二甲基-1-(1H-1,2,4-三唑-1-基甲基）环戊醇。

理化性质　　纯品为白色无味结晶固体，熔点110～113℃，水中溶解度为15mg/L，有很好的热稳定性和水解稳定性。

毒性　　大鼠急性经口 LD₅₀＞1459mg/kg，急性经皮 LD₅₀ 为2000mg/kg，对豚鼠皮肤过敏性为阴性，对兔皮肤无刺激，对兔眼睛有轻微刺激作用。

作用特点　　属于内吸性杀菌剂，具有预防和治疗作用。氟喹唑为麦角甾醇生物合成抑制剂。顺式异构式的活性最高，对壳针孢菌和锈菌有优异防效。

适宜作物与安全性　　禾谷类作物。推荐剂量下对作物和环境安全。

防治对象　　可有效防治壳针孢属、柄锈菌属、黑麦喙孢、圆核腔菌、小麦网腥黑粉菌、黑粉菌属和核腔菌属等禾谷类作物的其他病害。

应用技术　　防治小麦条纹病、大麦条纹病，用 50～75mg（a.i.）/kg 种子拌种。

噁唑菌酮 （famoxadone）

C₂₂H₁₈N₂O₄，374.39，131807-57-3

$C_{22}H_{18}N_2O_4$，374.39，131807-57-3

化学名称　　3-苯氨基-5-甲基-5-(4-苯氧基苯基)-1,3-噁唑啉-2,4-二酮。

其他名称 Famoxate，Charisma，Equation contact，Equation Pro，Horizon，Tanos。

理化性质 噁唑菌酮纯品为无色结晶状固体，水中溶解度为52mg/L。

毒性 大鼠急性经口 $LD_{50} > 5000mg/kg$，急性经皮 $LD_{50} > 2000mg/kg$，对兔眼睛及皮肤无刺激。

作用特点 属于内吸性杀菌剂，具有保护和治疗作用。噁唑菌酮为线粒体电子传递抑制剂，对复合体Ⅲ中细胞色素 C 氧化还原酶有抑制作用。同甲氧基丙烯酸酯类杀菌剂有交互抗性，与苯基酰胺类杀菌剂无交互抗性。

适宜作物与安全性 禾谷类作物、葡萄、马铃薯、番茄、瓜类、辣椒。推荐剂量下对作物和环境安全。

防治对象 可有效防治子囊菌亚门、担子菌亚门、卵菌纲中的重要病害，如白粉病、锈病、颖枯病、网斑病、霜霉病、晚疫病等。

使用方法 推荐使用剂量 3.3～6.7g（a.i.）/亩，禾谷类作物最大用量为 18.7g（a.i.）/亩。对瓜类霜霉病、辣椒疫病等也有优良的活性。

（1）防治葡萄霜霉病，发病初期用 3.3～6.7g（a.i.）/亩对水喷雾；

（2）防治马铃薯、番茄晚疫病，发病初期用 6.7～13.3g（a.i.）/亩对水喷雾；

（3）防治小麦颖枯病、网斑病、白粉病、锈病，发病初期用 10～13.3g（a.i.）/亩对水喷雾，与氟硅唑混用效果更好。

咪鲜胺锰络化合物（prochloraz manganese chloride complex）

$C_{30}H_{32}Cl_8MnN_6O_4$，879.1749，69192-23-0

化学名称 N-丙基-N-[2-(2,4,6-三氯苯氧基)乙基]-1H-咪唑-1-甲酰胺-氯化锰。

其他名称 施保功，使百功。

理化性质 咪鲜胺锰络化合物为白色至褐色沙砾状粉末，有微芳香气味，熔点 $141 \sim 142.5℃$，溶解度：水为 $40mg/L$，丙酮为 $7g/L$，蒸气压为 $0.02Pa$（$25℃$），在水溶液和悬浮液中，此复合物能很快分离成咪鲜胺和氯化锰，在 $25℃$ 下，分离度为 55%（$4h$）。

毒性 大鼠急性经口 LD_{50} 为 $1600 \sim 3200mg/kg$，急性经皮 $LD_{50} > 5000mg/kg$，吸入 $LC_{50} > 1096mg/L$，对兔眼睛有轻微刺激，皮肤无刺激，在试验剂量内，未发现"三致"现象，三代繁殖试验未见异常。

作用特点 属于咪唑类杀菌剂。咪鲜胺锰络化合物通过抑制麦角甾醇生物合成而起作用。主要用于使用咪鲜胺易引起药害的作物上，不具有内吸作用，但有一定的渗透传导性能，对子囊菌引起的多种作物病害有特效，还可以用于水果采后处理，防治贮藏期病害，在土壤中主要降解为易挥发的代谢产物，易被土壤颗粒吸附，不易被雨水冲刷。对土壤中的生物低毒，但对某些土壤中的真菌有抑制作用。

适宜作物与安全性 水稻、黄瓜、辣椒、大蒜、西瓜、烟草、柑橘、芒果、葡萄、蘑菇等。推荐剂量下对作物和环境安全。

防治对象 可有效防治水稻恶苗病，蘑菇褐腐病、白腐病，柑橘炭疽病、蒂腐病、青霉病、绿霉病，黄瓜炭疽病，烟草赤星病、炭疽病，芒果炭疽病，香蕉冠腐病、炭疽病等病害。

使用方法

（1）防治作物病害

① 防治黄瓜炭疽病，发病初期用 50% 可湿性粉剂 $1000 \sim 2000$ 倍液喷雾，间隔 $7 \sim 10d$ 施药一次；

② 防治水稻恶苗病，用 50% 可湿性粉剂 $4000 \sim 6000$ 倍液浸种；

③ 防治辣椒炭疽病，发病初期用 25% 可湿性粉剂 $80 \sim 120g/$ 亩对水 $40 \sim 50kg$ 喷雾；

④ 防治大蒜叶枯病，发病初期用 50% 可湿性粉剂 $50 \sim 60g/$ 亩对水 $40 \sim 50kg$ 喷雾；

⑤ 防治西瓜枯萎病，在西瓜移栽后，用50％可湿性粉剂800～1000倍液灌根，每株100mL，间隔7～10d，连灌3～4次；

⑥ 防治节瓜炭疽病，发病初期用50％可湿性粉剂1000～1500倍液喷雾；

⑦ 防治葡萄黑痘病，发病初期用50％可湿性粉剂1500～2000倍液喷雾；

⑧ 防治烟草炭疽病，发病初期用50％可湿性粉剂1000倍液喷雾；

⑨ 防治烟草赤星病，发病初期用50％可湿性粉剂1500～2500倍液喷雾；

⑩ 防治蘑菇褐腐病、白腐病，用50％可湿性粉剂$0.8～1.2g/m^2$，第一次施药在覆土前，覆盖土用$0.4～0.6g/m^2$，加水1kg，均匀拌土；第二次施药在每二潮菇转批后，用50％可湿性粉剂800～1200倍液，菇床上用药$1kg/m^2$均匀喷施。

（2）采果后防腐保鲜处理

① 防治柑橘青霉病、绿霉病、炭疽病、蒂腐病等，用50％可湿性粉剂1000～2000倍，常温药液浸果1min后捞出晾干，如能结合单果包装的方式，则效果更佳；

② 防治芒果炭疽病及保鲜，芒果采收前，花蕾期至收获期，用50％可湿性粉剂1000～2000倍液喷雾，第一次在花蕾期，第二次在始花期，间隔7d施药一次，共喷洒5～6次，采前10d最后一次施药，当天采收的芒果，用50％可湿性粉剂用500～1000倍液，常温药液浸果1min后捞出晾干，如能结合单果包装的方式，则效果更佳。

糠菌唑（bromuconzole）

$C_{13}H_{12}BrCl_2N_3O$，377.1，116255-48-2

化学名称　1-[（2RS，4RS，2RS，4SR）-4-溴-2-（2,4-二氯苯

基)四氢糠基]-1H-1,2,4-三唑。

理化性质　纯品为无色粉末，熔点 84℃，25℃时蒸气压为 0.004mPa，相对密度为 1.72，水中溶解度为 50mg/L，溶于有机溶剂。

毒性　大鼠急性经口 LD_{50} 为 365mg/kg，急性经皮 LD_{50}＞2g/kg，小鼠急性经口 LD_{50} 为 1151mg/kg，对兔眼睛及皮肤无刺激作用，豚鼠无皮肤过敏。兔急性吸入 LC_{50}＞5mg/L（4h），鹌鹑和野鸭急性经口 LD_{50}＞2150mg/kg，鱼毒 LC_{50} 为 3.1mg/L（96h），虹鳟鱼为 1.7mg/L，水蚤 LC_{50}＞5mg/L（48h），Ames 试验无诱变性。

作用特点　属于内吸性杀菌剂。能够抑制甾醇脱甲基化。

适宜作物与安全性　禾谷类作物、蔬菜、果树等。推荐剂量下对作物和环境安全。

防治对象　可有效防治禾谷类作物、蔬菜、果树上的子囊菌纲、担子菌纲和半知菌病原菌，对链隔孢属、镰孢菌属病原菌也有很好的效果。用 0.02％悬浮剂 0.66～1kg/亩对水 40～50kg 喷雾。

噁咪唑 （oxpoconazole）

$C_{19}H_{24}ClN_3O_2$，134074-64-9

化学名称　(RS)-2-[3-(4-氯苯基)丙基]-2,4,4-三甲基-1,3-噁唑啉-3-基-咪唑-1-基酮。

理化性质　噁咪唑富马酸盐为无色透明结晶状固体，熔点 123.6～124.5℃，蒸气压为 $5.42×10^{-6}$mPa（25℃），水中溶解度为 0.0895g/L（25℃）。

毒性　噁咪唑富马酸盐对哺乳动物、鸟类、水生生物、有益生物毒性低，各种毒理研究表明，其没有任何不良毒性。

作用特点　属于甾醇脱甲基化抑制剂。抑制真菌麦角甾醇生物合成，还可能抑制病原菌几丁质的生物合成。噁咪唑富马酸盐对灰霉病菌具有突出的杀菌活性，对灰霉病有很好的防治效果。

适宜作物与安全性 苹果、梨、桃、葡萄、柑橘、樱桃等。推荐剂量下对作物和环境安全。

防治对象 可有效防治苹果和梨的黑星病、锈病、花腐病、斑点落叶病、黑斑病，樱桃褐腐病，桃子褐腐病、疮痂病、褐纹病，葡萄白粉病、炭疽病、灰霉病，柑橘疮痂病、灰霉病、绿霉病、青霉病等。

使用方法

（1）防治苹果黑星病、锈病，梨树黑星病、锈病、黑斑病，发病初期，用20％可湿性粉剂3000～4000倍液喷雾；

（2）防治苹果斑点落叶病、花腐病、黑斑病，桃子褐腐病、疮痂病、褐纹病，葡萄白粉病、灰霉病、炭疽病，发病初期，用20％可湿性粉剂2000～3000倍液喷雾；

（3）防治樱桃褐腐病，发病初期，用20％可湿性粉剂3000倍液喷雾；

（4）防治柑橘疮痂病、灰霉病、青霉病、绿霉病，发病初期，用20％可湿性粉剂2000倍液喷雾。

硫菌灵 （thiophanate）

$$C_{14}H_{18}N_4O_4S_2，370.5，23564-06-9$$

化学名称 4,4′-(1,2-亚苯基) 双（3硫代脲基甲酸乙酯）。

其他名称 乙基托布津，统扑净，托布津，NF35，3336-F，Topsin，Cercobin，Fnovit，Spectro。

理化性质 硫菌灵为无色片状结晶，熔点195℃（分解），难溶于水，溶于二甲基甲酰胺、乙腈和环己酮等有机溶剂，在乙醇、丙酮等溶剂中能重结晶，化学性质稳定。

毒性 小鼠急性经口 $LD_{50}>15g/kg$，对鱼、贝类毒性很低，对鲤鱼的 $TLm>20mg/L$。

作用特点 属于广谱内吸性杀菌剂，具有保护和治疗作用。喷到植物上后很快转化成乙基多菌灵，使病原菌孢子萌发芽管扭曲异常，细胞壁扭曲，影响附着胞形成。具有高效低毒、残效期长的特点，还有促进植物生长的作用。

适宜作物与安全性　禾谷类作物、棉花、豌豆、菜豆、甜菜、烟草、马铃薯、甘薯、番茄、黄瓜、辣椒、梨、葡萄、桃、柑橘、桑树等。推荐剂量下对作物和环境安全。

防治对象　可有效防治麦类赤霉病、麦类白粉病、小麦腥黑穗病、莜麦坚黑穗病、玉米和高粱的丝黑穗病、谷子粒黑穗病、糜子黑穗病、水稻稻瘟病、水稻纹枯病、水稻小粒菌核病、马铃薯环腐病、甘薯黑斑病、黄瓜白粉病、番茄叶霉病、油菜菌核病、豌豆白粉病、油菜褐斑病、棉苗病害、烟草白粉病、梨白粉病、梨黑星病、柑橘疮痂病、柑橘绿霉病、柑橘青霉病、葡萄白腐病、桃炭疽病等病害。

使用方法

（1）防治禾谷类作物病害

① 防治小麦腥黑穗病、莜麦坚黑穗病，用种子重量 0.1%～0.3% 的 50% 可湿性粉剂拌种；

② 防治麦类赤霉病和白粉病、水稻纹枯病，在麦类始花期开始，在水稻分蘖期到拔节圆秆期，用 50% 可湿性粉剂 50～60g/亩对水 50～75kg 喷雾，喷 2～3 次，间隔 5～7d；

③ 防治水稻稻瘟病，抽穗期，用 50% 可湿性粉剂 1000～1500 倍液喷雾；

④ 防治水稻小粒菌核病，在水稻拔节圆秆期至抽穗期，用 50% 可湿性粉剂 500～1000 倍液喷雾，喷 2～3 次，间隔 10d；

⑤ 防治玉米和高粱的丝黑穗病，用 50% 可湿性粉剂 250～350g 拌种 50kg；

⑥ 防治谷子粒黑穗病、糜子黑穗病，用 50% 可湿性粉剂 500～800 倍液浸种 4h。

（2）防治蔬菜及瓜类病害

① 防治番茄叶霉病，发病初期，用 50% 可湿性粉剂 500 倍液喷雾，喷 3 次，间隔 7～10d；

② 防治辣椒炭疽病、茄子绵疫病、菜豆灰霉病等，发病初期，用 50％可湿性粉剂 1000 倍液喷雾，间隔 7～10d；

③ 防治油菜菌核病，发病前至发病初期，用 50％可湿性粉剂 1000～1500 倍液喷雾；

④ 防治瓜类灰霉病、白粉病、炭疽病、褐斑病等，发病初期，用 50％可湿性粉剂 50～60g/亩对水 50～60kg 喷雾，间隔 7～10d；

⑤ 防治马铃薯环腐病，用 50％可湿性粉剂 500 倍液浸种 2h。

（3）防治果树病害

① 防治葡萄白腐病、梨白粉病、黑星病、柑橘疮痂病、桃炭疽病，发病初期，用 50％可湿性粉剂 500～800 倍液喷雾；

② 防治桑树白粉病、污叶病，发病初期，用 50％可湿性粉剂 500～1000 倍液喷雾。

（4）防治其他作物病害

① 防治棉花苗期病害，用种子重量 1％的 50％可湿性粉剂拌种；

② 防治甜菜褐斑病，发病前至发病初期，用 50％可湿性粉剂 1000 倍液喷雾；

③ 防治烟草白粉病，发病前至发病初期，用 50％可湿性粉剂 500～1000 倍液喷雾；

④ 防治甘薯黑斑病，用 50％可湿性粉剂 500～1000 倍液浸薯种 10min。

注意事项　可与多种农药混合使用，但不能与铜制剂混用，不能长期单一使用，应与其他保护性杀菌剂交替使用或混用，存放于阴凉干燥处，施药后应及时冲洗干净。

咪唑菌酮（fenamidone）

$C_{17}H_{17}N_3OS$，311.4，161326-34-7

化学名称　（S)-1-苯氨基-4-甲基-2-甲硫基-4-苯基咪唑啉-

5-酮。

其他名称 Censor，Fenomen，Reason，Sonata，Sagaie，Genmini。

理化性质 咪唑菌酮纯品为白色羊毛状粉末，熔点 137℃，蒸气压 3.4×10^{-4} mPa（25℃），相对密度 1.285，水中溶解度为 7.8mg/L（20℃）。

毒性 大鼠急性经口 LD_{50} 雄性 $>$ 5000mg/kg，雌性为 2028mg/kg，急性经皮 $LD_{50} >$ 2000mg/kg，对兔眼睛及皮肤无刺激，对豚鼠皮肤无刺激。Ames 和微核试验测试为阴性，对大鼠和兔无致畸性，山齿鹑急性经口 $LD_{50} >$ 2000mg/kg，鱼 LC_{50} 为 0.74mg/L（96h），山齿鹑和野鸭（饲料）$LC_{50} >$ 5200mg/kg（8d）。

作用特点 属于内吸性杀菌剂，具有保护和治疗作用。咪唑菌酮通过在氢化辅酶 Q-细胞色素 C 氧化还原酶水平上阻滞电子转移来抑制线粒体呼吸。

适宜作物与安全性 小麦、棉花、葡萄、烟草、草坪、向日葵、玫瑰、马铃薯、番茄等。推荐剂量下对作物和环境安全。

防治对象 防治各种霜霉病、晚疫病、疫霉病、猝倒病、黑斑病、斑腐病等。

使用方法 咪唑菌酮主要用于叶面处理，使用剂量为 5～10g（a.i.）/亩，同三乙膦酸铝等一起使用具有增效作用。

第六章

有机磷和甲氧基丙烯
酸酯类杀菌剂

（1）有机磷杀菌剂　该类杀菌剂结构特征是分子为磷酸酯或硫代磷酸酯类化合物。

敌瘟磷

异稻瘟净

甲基立枯磷

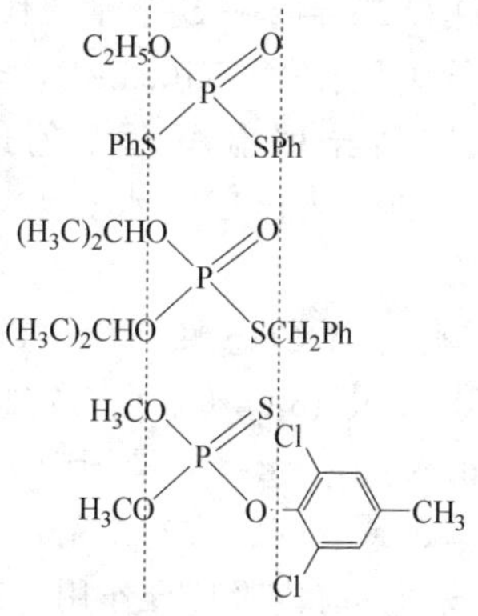

磷酸酯或硫代磷酸酯结构

（2）甲氧基丙烯酸酯类杀菌剂　该类杀菌剂结构特点如下：

嘧菌酯　　　　　醚菌酯　　　　　苯氧菌胺

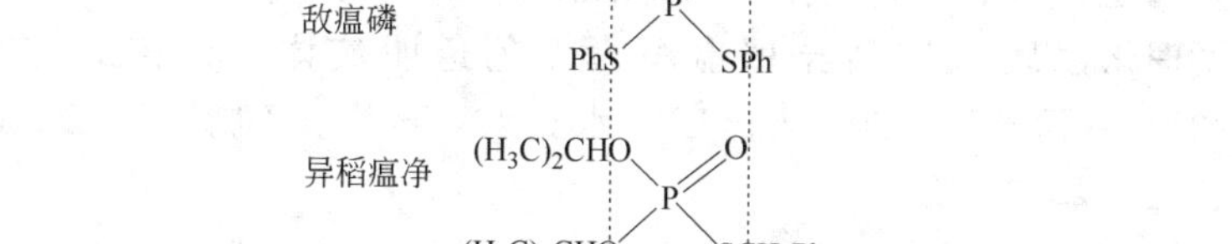

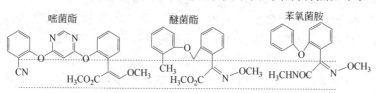

甲氧基丙烯酸、甲氧亚氨基乙酸和甲氧亚氨基酰胺

甲氧基丙烯酸酯类杀菌剂或称 strobilurins 类似物是近年来发展的一类新颖杀菌剂。此类杀菌剂来源于天然微生物 Strobilurin，它们通过阻碍细胞色素 b 和 c1 之间的电子传递，抑制线粒体的呼吸，属于病原菌线粒体呼吸抑制剂。此类杀菌剂最早为巴斯夫公司和先正达公司开发，自 1996 年首个此类杀菌剂品种上市，至目前已经有十多个品种，市场份额已经达到杀菌剂的 25％左右。因此可以说，此类杀菌剂的问世，是继苯并咪唑类、三唑类之后又一里程碑。

此类杀菌剂可分为甲氧基丙烯酸类、甲氧亚氨基乙酸类和甲氧亚氨基酰胺类。

异稻瘟净（iprobenfos）

$$(H_3C)_2CHO \underset{(H_3C)_2CHO}{\overset{O}{\underset{}{\parallel}}} P—SCH_2Ph$$

$C_{13}H_{21}O_3PS$，288.3，26087-47-8

化学名称 O,O-二异丙基-S-苄基硫代磷酸酯。

其他名称 丙基喜乐松，Kitazin P，probenfos。

理化性质 纯品异稻瘟净为无色透明液体，沸点 126℃/（5.3Pa）；溶解性（20℃，g/L）：水 0.43，丙酮、乙腈、乙醇、甲醇、二甲苯＞1000。

毒性 异稻瘟净原药急性 LD_{50}（mg/kg）：大鼠经口 790（雄）、680（雌），小鼠 1830（雄）、1760（雌），小鼠经皮 4000；以 0.45～0.036mg/（kg·d）剂量饲喂大鼠两年，未发现异常现象；对动物无致畸、致突变、致癌作用；对蜜蜂无毒。

作用特点 该药具有内吸传导作用，通过干扰细胞膜透性，防止某些亲脂几丁质前体通过细胞质膜，从而使几丁质的合成受阻，细胞壁不能正常生长，达到抑制病原菌正常发育的作用。

适宜作物与安全性 玉米、水稻、棉花等作物。对水稻施用时，如果喷雾不匀，浓度过高，或者药量过多，稻苗可能会产生褐色药害斑。特别需要注意的是其对大豆、豌豆等有药害。

防治对象 水稻稻瘟病，水稻纹枯病，小球菌核病，玉米大、小斑病等。

使用方法　对于稻瘟病，在发病初期用 40％乳油 600～1200 倍液喷雾。对于苗、叶稻瘟病，在初发期喷 1 次，5～7 天后再喷 1 次；对于穗颈瘟病，在水稻破口至齐穗期各喷 1 次；对前期叶瘟较重，田间菌源多，水稻生长嫩绿，抽穗不整齐的地块，在灌浆期应再喷 1 次，以提高防治效果，预防叶稻瘟病应在发病前 5～10 天施药，穗颈瘟应在抽穗前 7～20 天施药。

注意事项

（1）在临近棉田使用时应特别注意，防止雾滴漂移，因为异稻瘟净是一种棉花脱叶剂。

（2）施药时喷雾要均匀、浓度不能过高、药量要适当，否则水稻幼苗将会产生褐色药害斑。

（3）本品易燃，应储藏在阴凉干燥处。另外，不得长期储放在铁桶内，以免变质。

（4）不可与碱性农药混用，也不能与亚氯酸钠混用。

相关复配制剂如下。

① 异稻瘟净＋三环唑：防治水稻稻瘟病。

② 异稻瘟净＋稻瘟灵：防治水稻稻瘟病。

稻瘟净（EBP）

$$C_2H_5O \quad O$$
$$P{-}SCH_2Ph$$
$$C_2H_5O$$

$C_{11}H_{17}O_3PS$，260.3，13286-32-3

化学名称　O,O-二乙基-S-苄基硫代磷酸酯。

其他名称　喜乐松，Kitazin，Kitazine。

理化性质　纯品为无声透明液体；工业品为淡黄色液体，稍有特殊臭味。沸点 130℃/26.66Pa，相对密度 1.5258，折射率 n_D^{20}1.1569，闪点 25～32℃，蒸气压为 1.32Pa（20℃）。易溶于乙醇、乙醚、二甲苯、环己酮等有机溶剂，难溶于水。对光较稳定，遇碱性物质易分解，高温易分解。

毒性　小鼠急性经口 LD_{50} 238mg/kg，大鼠急性经皮 LD_{50} 570mg/kg。蓄积毒性低，大鼠 90d 饲喂无作用剂量为 5mg/kg。对鱼、贝类无药害，对人眼、皮肤无刺激作用。

作用特点　稻瘟净是有机磷杀菌剂，有内吸性。可以抑制稻瘟病菌乙酰氨基葡萄糖的聚合，使组成细胞壁的壳质无法形成，从而阻止了菌丝生长和孢子产生，起到保护和治疗的作用。

适宜作物与安全性　主要用于防治稻瘟病，缺点是容易产生药害，使稻米产生异味，目前已很少使用。

防治对象　主要用于防治稻瘟病，另外对水稻小粒菌核病、纹枯病，玉米大、小斑病，茭白胡麻斑病均有效。

使用方法　防治稻苗瘟和叶瘟，应在发病初期喷药，间隔1周再喷1次；防治穗颈瘟需在始穗期、齐穗期各喷1次，如果前期的叶瘟很严重，田间菌源多，而植株长势嫩绿、抽穗不整齐，在灌浆时应该再喷1次；防治稻瘟病用40%乳油600倍药液；防治叶瘟在发病初期喷雾1次，根据病情隔5～7d再喷1次；防治穗瘟在水稻破口和齐穗期各喷药1次；防治玉米大小斑病每亩用40%乳油60～70mL对水50kg喷雾。

注意事项

① 不能与碱性农药混用，以免降低药效。也不能与磷胺、亚胺硫磷、五氯酚钠混用，否则会产生药害。

② 要注意使用的浓度和时间。水稻4叶期以前，浓度不宜偏高，否则容易产生药害；齐穗后最好不要继续施药，以免稻米产生异味。

③ 储存时严防潮湿和暴晒，须保持良好通风。另外本品易燃，不能接近火种。

④ 误食后要彻底清除毒物，并迅速用碱性液洗胃，冲洗皮肤，可用阿托品和解磷定进行治疗。

吡菌磷（**pyrazophos**）

$C_{14}H_2ON_3O_5PS$，373，13457-18-6

化学名称　*O，O-*二乙基-*O-*（6-乙氧羰基-5-甲基吡唑［1，

5*a*]并嘧啶基-2）硫代磷酸酯。

其他名称 吡嘧磷，粉菌磷，定菌磷，Afugan，Curamil，Missile，Siganex。

理化性质 纯品吡菌磷为无色结晶状固体，熔点 51～52℃，在 160℃开始分解；溶解性（20℃，g/L）：水 0.0042，易溶于大多数有机溶剂如二甲苯、苯、四氯化碳、二氯甲烷、三氯乙烯等。

毒性 吡菌磷原药急性 LD_{50}（mg/kg）：大鼠经口 151～778、经皮＞2000；对兔皮肤无刺激性，对兔眼睛有轻微刺激性；以 5mg/（kg·d）剂量饲喂大鼠两年，未发现异常现象；对动物无致畸、致突变、致癌作用；对蜜蜂无毒。

作用特点 对真菌作用与其非磷代谢物 6-乙氧羰基-2-羟基-5-甲基吡唑（1，5a）嘧啶（PP）有直接关系，此代谢物能强烈抑制菌丝呼吸作用及 DNA、RNA 蛋白的合成，也有研究表明该药主要通过抑制黑色素的生物合成来发挥作用。药物通过绿色茎、叶被吸收，在植物体内具有强烈的向顶性内吸传导作用，具有保护和治疗作用。但根对该药剂吸收不良，不宜拌种和土壤施用，宜用做预防性喷洒。

适宜作物与安全性 适用于禾谷类作物，黄瓜、番茄、草莓等蔬菜，苹果、核桃、葡萄等果树。推荐剂量下可安全使用（某些葡萄品种除外）。

防治对象 主要用于防治谷类、蔬菜、花卉和果树等各种白粉病，还可防治禾谷类作物的根腐病和云纹病等。

使用方法 茎叶喷雾，根据作物不同，使用剂量控制在 6.7～40g（a.i.）/亩。

① 当大麦和小麦开始出现白粉病症状时，用 100～133mL/亩对水 40～50kg 喷洒，二次喷洒需在孕穗后期进行；

② 防治果树如苹果白粉病，从苹果出现红色小蓓蕾到 6 月下旬，每隔 14 天喷洒，每次 30％乳油 600～800 倍喷洒；

③ 防治葫芦科植物白粉病时，在病害发生初期，用 30％乳油 100mL/亩，对水 40～50kg 喷雾，每 7 天用药一次，收获前 3 天不宜用药。

注意事项

① 使用时需充分注意，与碱性农药不能混用，此外避免误食、误用，若发生中毒，立即就医。

② 蜜源作物要避开花期施药，避开蜜蜂活动高峰期。对蔷薇科植物施药时，低浓度（0.015％）安全，高浓度易产生药害。

敌瘟磷（edifenphos）

$C_{14}H_{15}O_2PS_2$，310.4，17109-49-8

化学名称　O-乙基-S，S-二苯基二硫代磷酸酯。

其他名称　克瘟散，稻瘟光，护粒松，Hinosan，Bayer 78418。

理化性质　敌瘟磷纯品为浅黄色至浅棕色油状液体，有硫酚气味。不溶于水，易溶于甲醇、乙醚、丙酮、氯仿等有机溶剂。相对密度 1.23；沸点为 154℃（1.33Pa）。难溶于水，易溶于丙酮、氯仿、甲醇和二甲苯。在酸性条件下较稳定；在碱性条件下，特别是温度较高时，易发生水解、皂化酯交换反应。对紫外线不稳定。

毒性　敌瘟磷属中等毒性杀菌剂。原药大鼠急性经口 LD_{50} 雄性为 340mg/kg，雌性为 150mg/kg，急性经皮 LD_{50}（4h）大于 1230mg/kg。在试验剂量内，对动物未见致畸、致突变和致癌作用。在三代繁殖试验和神经毒性试验中未见异常。对鱼类和水生生物高毒，其 LC_{50}（96h）在 0.43～2.5mg/kg 之间。对鸟类和蜜蜂低毒。

作用特点　抑制稻瘟病病菌脂质代谢和几丁质合成，主要直接破坏细胞结构，间接影响细胞壁的合成，对稻瘟病防治和治疗效果较好。

适宜作物与安全性　稻谷类作物如水稻、谷子、玉米以及麦类等。该药不能与碱性药剂混用，且使用敌稗后 10 天内，不能使用敌瘟磷。敌瘟磷乳油最好别与沙蚕毒素类杀虫剂混用。

防治对象 对稻瘟病有良好的防治效果，对胡麻叶斑病、水稻纹枯病、谷子瘟病、小球菌核病、粟瘟病，玉米大斑病、小斑病及麦类赤霉病等均具有良好防治效果。

使用方法 30％敌瘟磷乳油防治水稻叶瘟病每亩用药量以80mL为最佳，防治水稻穗颈瘟病，每亩用药量以120mL为好。稻瘟病严重时可适当提高用药量，为有效控制叶瘟和穗颈瘟，对水稻安全，在破口前期和齐穗期施药两次为宜。

① 防治水稻苗瘟，用40％乳油1000倍液浸种1h后播种，可有效防治苗床苗瘟的发生；

② 防治水稻叶瘟，应注意易感病分蘖盛期的保护，在叶瘟发病初期喷药，每亩用30％乳油100～133mL，对水喷雾，如果病情较重，一周后可再喷药一次；

③ 防治水稻穗瘟，适宜在破口期和齐穗期进行防治，每亩用30％乳油100～133mL，对水喷雾，病情严重时，一周后可再喷药一次；

④ 防治麦类赤霉病，用40％乳油每亩50～75mL，对水40～50kg喷雾，在小麦齐穗期到始花期，此时进行第一次喷药，隔5～7天进行第二次喷药；

⑤ 防治玉米大斑病及小斑病，用40％乳油500～800倍液喷雾，当中下部叶片出现病斑时开始喷药。

注意事项

① 该药不能与碱性农药混用，且使用除草剂敌稗前后10天禁止使用敌瘟磷。人体每日允许摄入量（ADI）是$3\mu g/kg$，使用时应遵守我国农药合理使用准则。

② 切记不要迎风搬运及喷雾，在使用过程中不可饮食和吸烟。

③ 工作完毕后应用肥皂水清洗手、面部以及所有接触药液的部位。

④ 存放时，应放到儿童接触不到的地方，远离食物及饲料。若处理或使用不当引发中毒，应立刻将中毒者平躺于空气流通的地方，保持身体温暖，并服用大量医用活性炭。如果暂时找不到医生，可先给中毒者服用两片硫酸阿托品（每片含量为0.5mg），必

要时可重复服用此剂量。治疗时刻参考以 2mg 硫酸阿托品作静脉注射，中毒严重者可增至 4mg，然后每隔 10～15 分钟注射 2mg 直至中毒者有明显好转为止。除硫酸阿托品外，也可静脉注射解磷定（PAM）0.5～1g 或 0.25g。

⑤ 此外，氧气、兴奋剂、镇静剂或人工呼吸的使用可视病情而定。

甲基立枯磷（tolclofos-methyl）

$C_9H_{11}Cl_2O_3PS$，301.1，57018-04-9

化学名称　O-2,6-二氯对甲苯基-O,O-二甲基硫代磷酸酯。

其他名称　灭菌磷，利克菌，Rizolex。

理化性质　纯品为白色晶体，原药为无色至浅棕色固体。熔点 78～80℃，蒸气压为 56.9mPa（20℃），90.5mPa（25℃）。几乎不溶于水，易溶于二甲苯、丙酮、环己烷、氯仿等溶剂。对光、热和潮湿都较稳定。贮藏稳定性好，5℃下贮存 10 个月无分解现象，40～60℃下贮存 10 个月含量几乎无变化。

毒性　对人畜低毒，大白鼠急性 LD_{50}（mg/kg）：经口 5000，经皮 5000 以上，腹腔注射 LD_{50} 5000mg/kg。小白鼠急性经口 LD_{50} 3600mg/kg，对眼睛、皮肤无刺激作用。

作用特点　是一种具有保护和治疗作用的内吸型杀菌剂，通过抑制磷酸的生物合成，达到抑制菌丝生长以及孢子萌发的目的。该药吸附作用强，不易流失，在土壤中也有一定持效期。

适宜作物与安全性　是一种土壤杀菌剂，具有较高的雾化以及迅速生物降解的特性，在土壤深处有适宜的持效性。广泛适用于马铃薯、谷类、甜菜、棉花、花生、蔬菜、观赏植物、球茎花和草坪等的病害防治。按规定剂量使用，该药剂对多数作物无药害，但有时因过量用药，产生抑制发芽和抽穗的作用。该土壤杀菌剂可以高剂量使用于消毒土壤，而对环境影响甚微。

防治对象　适用于防治土壤传播的病害，并避免与碱性药剂混用。对半知菌类、担子菌类以及子囊菌类病原菌均具有很强的杀菌活性。该杀菌剂除预防外还有治疗作用，可有效防治由丝核菌属、小菌核属和雪腐病菌引起的各种土传病害，对立枯病菌、雪腐病菌和菌核病菌等有卓越的杀菌作用，对五氯硝基苯产生抗性的苗立枯病也有效。

使用方法　该药可作为种子、块茎或球茎处理剂，通过毒土、土壤浇灌、拌种、浸渍、种苗浸秧、叶面喷雾等方法施用。

① 防治黄瓜、冬瓜、番茄、茄子、辣椒、白菜等的苗期立枯病，发病初期喷洒 20％乳油 1200 倍液，每平方米喷洒 2～3kg，依据病情隔 7～10 天喷一次，连续防治 2～3 次；

② 防治水稻苗期立枯病，每亩用 20％乳油 150～220mL，对水喷洒苗床；

③ 防治烟草立枯病，发病初期，喷洒 20％乳油 1200 倍液，隔 7～10 天喷洒一次，共喷 2～3 次；

④ 防治棉花立枯病等苗期病害，每 100kg 种子用 20％乳油 1000 倍液拌种；

⑤ 防治甘蔗虎斑病，发病初期，喷布 20％乳油 1200 倍液；

⑥ 防治薄荷白绢病，发现病株应及时拔除，对病穴及邻近植株，淋灌 20％乳油 1000 倍液，每穴（株）淋药液 400～500mL。

注意事项

① 该药适用于病害发生前或发病初期，且不能与碱性药剂混用，可与苯并咪唑类、克菌丹、福美双等农药混用。

② 该药剂对西洋草会产生药害，在草地附近喷洒时需注意。

③ 该药剂对人、畜毒副作用虽小，但喷药时仍需戴口罩以及手套，不要将药液吸入口中或喷洒至皮肤上。

④ 喷药后应立即清洗手、脸及脚等裸露部位，并漱口。

⑤ 存放时需放置在小孩不易接触到的地方。

相关复配制剂如下。

① 甲基立枯磷＋福美双：防治棉花苗期立枯病、炭疽病。

② 甲基立枯磷＋福美双＋多菌灵：防治棉花苗期立枯病。

③ 甲基立枯磷＋多菌灵：防治水稻立枯病、苗期叶稻瘟病。

嘧菌酯（azoxystrobin）

$C_{22}H_{17}N_3O_5$，403.39，131860-33-8

化学名称 (E)-2-{2-[6-(2-氰基苯氧基)嘧啶-4-基氧基]苯基}-3-甲氧基丙烯酸甲酯。

其他名称 腈嘧菌酯，阿米西达，安灭达，Heritage，A-bound，Amistar，Heritage，Quadris，Amistar Admire。

理化性质 纯品嘧菌酯为白色结晶状固体，熔点116℃；溶解性（20℃，g/L）：水0.006，微溶于己烷、正辛醇，溶于二甲苯、苯、甲醇、丙酮等，易溶于乙酸乙酯、乙腈、二氯甲烷等。

毒性 嘧菌酯原药急性LD_{50}（mg/kg）：大鼠经口＞5000、经皮＞2000；对兔皮肤和眼睛有轻微刺激性；以18mg/（kg·d）剂量饲喂大鼠两年，未发现异常现象；对动物无致畸、致突变、致癌作用；对蜜蜂无毒。

作用特点 是一种具有保护、治疗、铲除、渗透作用以及内吸活性的高效广谱杀菌剂。药剂进入病菌细胞内，与线粒体上细胞色素b上的Qo位点相结合，阻断细胞色素b和细胞色素c1间的电子传递，从而抑制线粒体的呼吸作用，破坏病菌的能量合成，因此，病菌孢子萌发、菌丝生长等都受到抑制。具有新的作用方式，对那些对其他常用杀菌剂敏感性降低的菌株仍然有效。该杀菌剂能够增强植物的抗逆性，促进植物生长，具有延缓衰老，增加光合产物，提高作物品质和产量的作用。对小麦穗部白粉病有良好防效，并对由丝核菌属引起的突发眼点病有高效。不仅具有超广的杀菌谱，而且具有超强药效，优秀的毒理环境特性，对环境及非靶标生物友善，非常适合在有害生物综合治理（IPM）项目中综合运用。对作物安全（少数苹果品种除外），在推荐剂量下，对作物安全。一次用药可保持药效14天左右。

适宜作物与安全性 禾谷类作物、水稻、蔬菜、花生、葡萄、马铃薯、咖啡、果树、草坪等。推荐剂量下对作物相对安全，但对某些苹果品种有药害。对环境和地下水等安全。

防治对象　该药剂杀菌谱广，对子囊菌、担子菌、半知菌和卵菌纲中的大部分病原菌均有效，并且杀菌活性高，可控制多种重要经济作物上混合发生的多种病害，该药对禾谷类病害也有很高的防效。

使用方法　施用剂量根据作物和病害的不同为 1.7～26.7g（a.i.）/亩，通常使用剂量为 6.7～25g（a.i.）/亩。

① 防治大豆锈病，发病初期，用 25％悬浮剂 40～60mL/亩对水 40～50kg 喷雾；

② 防治冬瓜霜霉病、丝瓜霜霉病，发病初期，用 25％悬浮剂 50～100mL/亩对水 40～50kg 喷雾；

③ 防治黄瓜白粉病、蔓枯病，发病初期，用 25％悬浮剂 60～90mL/亩对水 40～50kg 喷雾，黄瓜霜霉病、褐斑病，发病初期，用 25％悬浮剂 40～60mL/亩对水 40～50kg 喷雾；

④ 防治西瓜、蔓枯病、甜瓜炭疽病，发病初期，用 25％悬浮剂 800～1600 倍液喷雾；

⑤ 防治番茄晚疫病、叶腐病，发病初期，用 25％悬浮剂 60～90mL/亩对水 40～50kg 喷雾；防治番茄早疫病，发病初期，用 25％悬浮剂 1000～1500 倍液喷雾；

⑥ 防治花椰菜霜霉病，发病初期，用 25％悬浮剂 40～70mL/亩对水 40～50kg 喷雾；

⑦ 防治辣椒疫病，发病初期，用 25％悬浮剂 48g/亩对水 60kg 对辣椒茎基部喷雾；

⑧ 防治马铃薯晚疫病、早疫病、黑痣病，发病初期，用 25％悬浮剂 35～60mL/亩对水 40～50kg 喷雾；

⑨ 防治柑橘疮痂病、炭疽病，发病初期，用 25％悬浮剂 800～1200 倍液喷雾；

⑩ 防治葡萄霜霉病、白腐病、黑痘病，发病初期，用 25％悬浮剂 800～1200 倍液喷雾；

⑪ 防治香蕉叶斑病，发病初期，用 25％悬浮剂 1000～1500 倍

液喷雾。

注意事项

① 在病害发生初期、多发期以及作物生长旺盛时期使用，每个生长季节不超过 3～4 次，与其他杀菌剂轮换使用。

② 在推荐剂量下，除少数苹果品种和烟草生长早期外，对作物安全，也不会影响种子发芽或栽播下茬作物。

③ 能在土壤中通过微生物和光学过程迅速降解，半衰期为 1～4 周，不会在环境中积累。

嘧菌酯可以和多种杀菌剂混用，相关复配制剂如下。

① 嘧菌酯＋精甲霜灵＋咯菌腈：防治棉花猝倒病、立枯病。

② 嘧菌酯＋丙环唑：防治玉米小斑病、大斑病，香蕉叶斑病。

③ 嘧菌酯＋苯醚甲环唑：防治辣椒炭疽病。

④ 嘧菌酯＋烯酰吗啉：防治黄瓜霜霉病。

⑤ 嘧菌酯＋霜霉威盐酸盐：防治番茄晚疫病。

⑥ 嘧菌酯＋精甲霜灵：防治草坪腐霉根腐病、非食用玫瑰霜霉病。

⑦ 嘧菌酯＋戊唑醇：防治水稻纹枯病。

⑧ 嘧菌酯＋咪鲜胺：防治水稻纹枯病、稻瘟病。

⑨ 嘧菌酯＋甲基硫菌灵＋甲霜灵：防治水稻恶苗病。

⑩ 嘧菌酯＋腐霉利：防治番茄灰霉病。

⑪ 嘧菌酯＋百菌清：防治番茄早疫病、西瓜蔓枯病、辣椒炭疽病。

⑫ 嘧菌酯＋氨基寡糖素：防治黄瓜白粉病。

醚菌胺 （dimoxystrobin）

$C_{19}H_{22}N_2O_3$, 326.40, 149961-52-4

化学名称　　(E)-2-(甲氧亚氨基)-N-甲基-2-[α-(2,5-二甲基苯氧基) 邻甲苯基] 乙酰胺。

其他名称 二甲苯氧菌胺。

理化性质 纯品醚菌胺为白色结晶状固体，熔点 138.1～139.7℃；溶解性（20℃，g/L）：水 0.0043。

毒性 醚菌胺原药急性 LD_{50}（mg/kg）：大鼠经口＞5000、经皮＞2000；对兔皮肤无刺激性，对兔眼睛有轻微刺激性。

作用特点 该杀菌剂是一种具有保护、治疗、铲除、渗透作用及内吸活性的线粒体呼吸抑制剂，通过抑制细胞色素 b 和细胞色素 c1 间的电子转移，从而抑制线粒体呼吸。对 14-脱甲基化酶抑制剂、苯甲酰胺类、二羧酰亚胺类和苯并咪唑类产生抗性的菌株有效。

使用方法 主要用于防治白粉病、霜霉病、稻瘟病、纹枯病等。

氟嘧菌酯（fluoxastrobin）

$C_{21}H_{16}ClFN_4O_5$，458.8，193740-76-0

化学名称 {2-[6-(2-氯苯氧基)-5-氟嘧啶-4-基氧]苯基}(5,6-二氢-1,4,2-二恶嗪-3-基)甲酮 O-甲基肟。

其他名称 Fandango。

理化性质 纯品氟嘧菌酯为白色结晶状固体，熔点 75℃；溶解性（20℃，g/L）：水 0.0029。

毒性 大鼠急性 LD_{50}（mg/kg）：经口＞2500，经皮＞2000。对兔眼有刺激性，对兔皮肤无刺激性，对豚鼠皮肤无过敏现象。对大鼠或兔未经发现胚胎毒性、繁殖毒性和致畸作用，无致癌作用和神经毒性。鹌鹑急性经口 LD_{50}＞2000mg/kg。鳟鱼 LC_{50}（96h）＞0.44mg/L。水蚤 EC_{50}（48h）＞0.48mg/L，蜜蜂 L_{50}＞843μg/只（经口），＞200μg/只（接触）。蚯蚓 LC_{50}（14h）＞1000mg/kg 土壤。

作用特点 是一种线粒体呼吸抑制剂，通过抑制细胞色素 b 和细胞色素 c1 间的电子转移抑制线粒体的呼吸，其与细胞色素 b 的作用部位与其他杀菌剂不同，因此可有效防治对甾醇抑制剂、苯基酰胺类、二羧酰胺类和苯并咪唑类产生抗性的菌株。具有速效和持效期长双重特性，对作物具有很好的相容性，对孢子萌发和初期侵染最有效。内吸活性优异，并能在叶部均匀的向顶部传递，故具有很好的耐雨水冲刷能力。

适宜作物与安全性 禾谷类作物、蔬菜、马铃薯和咖啡等。推荐剂量下对作物、地下水以及环境都相对安全。

防治对象 该杀菌剂具有广谱杀菌活性，对几乎所有担子菌纲、子囊菌纲、半知菌纲和卵菌纲等真菌病害如锈病、颖枯病、网斑病、白粉病、霜霉病等数十种病害都有很好的活性。

使用方法 主要用于茎叶处理，使用剂量通常为 3.3～20g（a.i.）/亩。该杀菌剂具有速效和持效期长双重特性，对作物具有很好的相容性，适当的加工剂型可进一步提高其通过角质层进入叶部的渗透作用。

（1）防治马铃薯早疫病、晚疫病、蔬菜叶斑病、霜霉病可用 6.7～13.3g（a.i.）/亩药液做茎叶喷雾；

（2）针对咖啡锈病可用 5～6.7g（a.i.）/亩药液茎叶喷雾；

（3）针对禾谷类作物叶斑病、颖枯病、褐锈病、条锈病、云纹病、网斑病、褐斑病用 13.3g（a.i.）/亩药液喷雾，兼治白粉病、全蚀病；用于禾谷类作物种子处理，每 100kg 种子用 5～10g（a.i.），对雪霉病、腥黑穗病和坚黑穗病等种传、土传病害有效，兼治散黑穗病和叶条纹病。

注意事项 避免误食、误用，若发生中毒，立马就医。

醚菌酯 （kresoxim-methyl）

$C_{18}H_{19}NO_4$，313.35，143390-89-0

化学名称 （E）-2-甲氧亚氨基-2-[2-（邻甲基苯氧基甲基）苯

基]乙酸甲酯。

其他名称 翠贝，苯氧菌酯，Allegro，Candit，Cygnus，Discus，Kenbyo，Mentor，Sovran，Stroby。

理化性质 纯品为白色具有芳香性气体的结晶状固体，熔点 $101.6\sim102.5$℃，相对密度 1.258。蒸气压 2.3×10^{-6} Pa （25℃），分配系数（pH＝7，25℃）$K_{ow}lgP=3.4$。Henry 常数 3.6×10^{-4} Pa·m^3/mol，水中溶解度 2mg/L （20℃）。水解半衰期 DT_{50}：34d （pH＝7）、7h （pH＝9），在 25℃、pH＝5 条件下相对稳定。

毒性 大鼠急性 LD_{50} （mg／kg）：经口＞5000，经皮＞2000；大鼠急性吸入 LC_{50} （4h）＞5.6mg／L。对兔眼睛、皮肤无刺激作用。NOEL 数据雄大鼠 （180d） 146mg／kg，雌大鼠 （180d） 43mg／kg。ADI 值 0.4mg／kg。无致畸、致癌、致突变作用。野鸭急性经口 LD_{50} （14d）＞2150mg／kg，山齿鹑和野鸭饲喂 LC_{50} （8h）＞1500mg／L 饲料。鱼毒 LC_{50} （96h，mg／L）：虹鳟鱼 0.19，大翻车鱼 0.499。水蚤 LC_{50} （48h）＞0.186 mg／L。蜜蜂 LD_{50} （48d）＞$20\mu g$／只（接触）。蚯蚓 LC_{50} （14h）＞937mg／kg 土壤。

作用特点 有广谱的杀菌活性，具有铲除、渗透、保护、治疗作用，有内吸活性。主要表现为抑制真菌的孢子萌发，阻止病害侵入发病，对植物病害的防治以保护作用为主。同时也有较强的渗透作用和局部移动的能力，具有局部治疗作用。作为线粒体呼吸抑制剂，醚菌酯作用于真菌的线粒体，即通过在细胞色素 b 和 c1 间电子转移抑制线粒体的呼吸。有效防治对 14-脱甲基化酶抑制剂、苯甲酰胺类、二羧酰胺类、和苯并咪唑类产生抗性的菌株，但不能在植物体内系统运输和二次分配。与其他常用的杀菌剂无交互抗性，且比常规杀菌剂持效期长。对子囊菌纲、担子菌纲、半知菌类和卵菌亚纲等致病真菌引起的大多数病害具有保护、治疗和铲除作用。

适宜作物与安全性 适宜在和谷类作物、水稻、马铃薯、苹果、梨、南瓜、葡萄等作物。推荐剂量下对作物安全、无药害、对环境安全。

防治对象 对子囊菌纲、担子菌纲、半知菌类和卵菌亚纲等致病真菌引起的大多数病害具有保护、治疗和铲除作用。

果树类：梨白粉病、黑星病、轮纹病、锈病，葡萄白粉病、蔓枯病、炭疽病、黑痘病、灰霉病、黑斑病、霜霉病，柑橘疮痂病、炭疽病、砂皮病。瓜果类：瓜类（西瓜、黄瓜等）白粉病、炭疽病、蔓枯病、黑星病、霜霉病、疫病，草莓白粉病、灰霉病、叶枯病。茄果类：甜（辣）椒白粉病、早疫病，番茄早疫病、晚疫病、灰霉病。叶菜类：叶菜白粉病、炭疽病，葱霜霉病、紫斑病，芹菜叶斑病，甘蓝白锈病。豆类：豌豆白粉病、根腐病、疫病，菜豆锈病、叶斑病、茎（荚）斑点病。其他作物：马铃薯早疫病、晚疫病，芦笋茎枯病、锈病、叶斑病，禾谷类作物白粉病、锈病、大（小）斑病，花卉类的菊花锈病，玫瑰白粉病、锈病、黑斑病。

使用方法　使用浓度及间隔期：在蔬菜瓜果上稀释 3000 倍左右（2000～4000 倍）；在果树上稀释 5000 倍左右（4000～6000 倍），单用喷雾。若与其他杀菌剂混用稀释 5000 倍（蔬菜瓜果）～7000 倍左右（果树）。用作预防保护的一般用低浓度，每 10～14 天一次；用作治疗铲除的一般用高浓度，每 7～10 天一次，用药次数视病情而定。醚菌酯是一种广谱杀菌剂，且持效期长。对苹果和梨黑星病、白粉病有很好的防效，使用剂量为 3.3～6.7g（a.i.）/亩。对葡萄霜霉病、白粉病亦有很好的防效，使用剂量为 6.7～10g（a.i.）/亩。对小麦锈病、颖枯病、网斑病等有很好的防效，使用剂量为 13.3～16.7g（a.i.）/亩。

防治葡萄霜霉病，30%悬浮剂用水稀释 2200～3200 倍液（94～136mg/L）喷雾。防治茶树炭疽病，发病初期，用 25%乳油 1000～2000 倍液喷雾。防治小麦白粉病、锈病，发病初期，用 30%悬浮剂 30～50mL/亩，对水 40～50kg 喷雾。防治黄瓜白粉病，每亩用 50%水分散粒剂 13.4～20g（有效成分 6.7～10g/亩），对水喷雾。防治黄瓜霜霉病，发病初期，用 25%乳油 20～40mL/亩对水 40～50kg 喷雾。防治甜瓜白粉病，每亩用 100～150g，对水常规喷雾，隔 6d 再喷 1 次。防治辣椒白粉病，发病初期，用 50%水分散粒剂 20g/亩对水 40～50kg 喷雾。防治番茄早疫病，发病初期，用 30%悬浮剂 40～60mL/亩对水 40～50kg 对水喷雾。防治苹果树黑星病，用50％水分散粒剂稀释5000～7000倍液喷雾。

注意事项 提倡与其他杀菌剂交换用和混用（醚菌酯防治白粉病效果非常好，由于白粉病菌容易产生耐药性，用醚菌酯防治白粉病时，需与甲基托布津或者硫黄混用，也可与三唑类药剂轮换使用），不要连续使用，每茬作物使用次数不超过3次。醚菌酯对鱼类有一定毒性，应远离水源。本品不可与强碱、强酸性的农药等物质混合使用。产品安全间隔为4天，作物每季度最多喷施3～4次。苗期注意减少用量，以免对新叶产生危害。使用时应穿戴防护服、口罩、手套和护眼镜，施药期间不可进食和饮水，施药后应及时洗手和洗脸。应干燥、通风远离火源储存。

醚菌酯可以和多种杀菌剂混用，相关复配制剂如下。

① 醚菌酯＋烯酰吗啉：防治黄瓜霜霉病。

② 醚菌酯＋苯醚甲环唑：防治水稻纹枯病、西瓜炭疽病、苹果树斑点落叶病、辣椒炭疽病。

③ 醚菌酯＋甲基硫菌灵：防治苹果树轮纹病。

④ 醚菌酯＋甲霜灵：黄瓜霜霉病。

⑤ 醚菌酯＋己唑醇：防治黄瓜白粉病。

⑥ 醚菌酯＋丙森锌：防治苹果树斑点落叶病。

⑦ 醚菌酯＋戊唑醇：防治苹果树斑点落叶病。

⑧ 醚菌酯＋氟环唑：防治水稻纹枯病。

⑨ 醚菌酯＋氟菌唑：防治梨树黑星病。

⑩ 醚菌酯＋啶酰菌胺：防治黄瓜白粉病、甜瓜白粉病、草莓白粉病、苹果白粉病。

肟菌酯（trifloxystrobin）

$C_{20}H_{19}F_3N_2O_4$，408.37，141517-21-7

化学名称 (E)-甲氧亚胺-$\{(E)$-α-[1-(α，α，α-三氟间甲苯基）乙亚胺氧]邻甲苯基$\}$乙酸甲酯。

理化性质　纯品肟菌酯为白色固体，熔点 72.9℃；溶解性（20℃，g/L）：难溶于水。

其他名称　Aprix，Compass，Consist，Dexter，Éclair，Flint，Natcher，Swift，Tega 等。

毒性　大鼠急性 LD_{50}（mg/kg）：经口＞5000，经皮＞2000。大鼠急性吸入 LC_{50}（4h）＞4646mg/m³。对兔眼睛和皮肤无刺激。无致畸、致癌、致突变作用，对遗传亦无不良影响。ADI 0.05mg/kg。山齿鹑急性经口 LD_{50}＞2000mg/kg。虹鳟鱼 LC_{50}（96h）0.015mg/L，实验室测定对水生生物有毒，但推荐剂量低、生物降解快，且不用于水田，故认为较安全。蜜蜂 LD_{50}＞200mg/只（经口）。蚯蚓 LC_{50}（40d）＞1000mg/kg 土壤。

作用特点　是线粒体呼吸抑制剂，与吗啉类、三唑类、苯胺基嘧啶类、苯基吡咯类、苯基酰胺类如甲霜灵无交互抗性。具有广谱杀菌性、渗透、快速吸收分布，作物吸收快，加之其具有向上的内吸性，故耐雨水冲刷性能好、持效期长，因此被认为是第 2 代甲氧基丙烯酸酯类杀菌剂。肟菌酯主要用于茎叶处理，保护活性优异，具有一定的治疗活性，且活性不受环境影响，应用最佳期为孢子萌发和发病初期阶段，对黑星病各个时期均有活性。

适宜作物与安全性　葡萄、苹果、小麦、花生、香蕉、蔬菜等。CGA 279202 对作物安全，因其在土壤、水中可快速降解，故对环境安全。

防治对象　肟菌酯具有广谱的杀菌活性。除对白粉病、叶斑病有特效外，对锈病、霜霉病、立枯病、苹果黑腥病病亦有很好的活性。文献报道肟菌酯还具有杀虫活性（EPO373775）。

使用方法　肟菌酯主要用于茎叶处理，根据不同作物、不同的病害类型，使用剂量也不尽相同，通常使用剂量为 13.3g（a.i.）/亩。6.7～12.5g（a.i.）/亩即可有效地防治麦类病害如白粉病、锈病等，3.3～9.3g（a.i.）/亩即可有效地防治果树、蔬菜各类病害，还可与多种杀菌剂混用如与霜脲氰以 12.5g＋12g（a.i.）/100L 剂量混配，可有效地防治霜霉病。

防治黄瓜霜霉病，发病初期，用 25%悬浮剂 30～50mL/亩对水 40～50kg 喷雾。

防治麦类白粉病、锈病，发病初期，用 25％悬浮剂 26.8～50g/亩对水 40～50kg 喷雾。

注意事项 肟菌酯对鱼类和水生生物高毒，高风险；对鸟类、蜜蜂、家蚕、蚯蚓均为低毒。在配药和施药时，应注意切勿使该药剂污染水源，禁止在河塘等水体中清洗施药器械。

相关复配制剂如下。

肟菌酯＋戊唑醇：防治黄瓜白粉病、炭疽病，番茄早疫病，水稻稻瘟病、稻曲病、纹枯病，西瓜炭疽病，香蕉黑星病、叶斑病，辣椒炭疽病，马铃薯早疫病，柑橘树炭疽病、疮痂病，苹果树斑点落叶病、褐斑病。

唑菌胺酯（pyraclostrobin）

$C_{19}H_{18}ClN_3O_4$，387.82，175013-18-0

化学名称 N-｛2-［1-(4-氯苯基)-1H-吡唑-3-基氧甲基］苯基｝N-甲氧基氨基甲酸甲酯

其他名称 百克敏，吡唑醚菌酯，Headline，Insignia，Cabrio，Attitude。

理化性质 纯品外观为白色至浅米色无味结晶体。熔点63.7～65.2℃；蒸气压（20～25℃）$2.6×10^{-8}$ Pa；溶解度（20℃，g/100mL）：水 0.00019，正庚烷 0.37，甲醇 10，乙腈≥50，甲苯、二氯甲烷≥57，丙酮、乙酸乙酯≥65，正辛醇 2.4，DMF＞43；正辛醇/水分配系数：K_{ow} lg$P$4.18（pH6.5）；原药外观为暗黄色，有萘味液体。稳定性：纯品在水溶液中光解半衰期 0.06d（1.44h）；制剂常温贮存：20℃时 2 年稳定。

毒性 唑菌胺酯原药急性 LD_{50}（mg/kg）：大鼠经口＞5000、经皮＞2000；对兔皮肤有刺激性，对兔眼睛无刺激性；对动物无致畸、致突变、致癌作用。

作用特点 唑菌胺酯是一种线粒体呼吸抑制剂。它通过阻止细胞色素 b 和 c1 间电子传递而抑制线粒体呼吸作用，使线粒体不能产生和提供细胞正常代谢所需要的能量，最终导致细胞死亡。唑菌胺酯具有较强的抑制病菌孢子萌发的能力，对叶片内菌丝生长也有很好的抑制作用，其持效期较长，并且具有潜在的治疗活性。该化合物在叶片内向叶尖或叶基传导及熏蒸作用较弱，但在植物体内的传导活性较强。总之，唑菌胺酯具有保护作用、治疗作用、内吸传导性和耐雨水冲刷性能，且应用范围较广。虽然唑菌胺酯对所测试的病原菌耐药性株系均有抑制作用，但它的使用还应以推荐剂量并同其他无交互抗性的杀菌剂在桶中现混现用或者直接应用其混剂，并严格限制每个生长季节的用药次数，以延缓抗性的发生和发展。

适宜作物与安全性 主要用于防治小麦、水稻、花生、葡萄、蔬菜、香蕉、柠檬、咖啡、果树、核桃、茶树、烟草和观赏植物、草坪及其他大田作物上的病害。该化合物不仅毒性低，对非靶标生物安全，而且对使用者和环境均安全友好。在推荐使用剂量下，绝大部分试验结果表明对作物无药害，但对极个别美洲葡萄和梅品种在某一生长期有药害。

防治对象 可有效地防治由子囊菌纲、担子菌纲、半知菌类和卵菌纲真菌引起的作物病害，如小麦叶枯病、颖枯病、叶锈病、条锈病，同时兼治大麦叶枯和网纹病，葡萄白粉病、霜霉病、黑腐病、枝枯病、番茄和马铃薯早疫病、晚疫病、白粉病、叶枯病及豆类病害等。

使用方法 喷雾。防治黄瓜白粉病、霜霉病的用药量（乳油商品量）为 20~40mL/亩，加水稀释后于发病初期均匀喷雾，一般喷药 3~4 次，间隔 7d 喷 1 次药。防治香蕉黑星病、叶斑病的有效成分浓度为 83.3~250mg/kg（稀释倍数为 1000~3000 倍），于发病初期开始喷雾，一般喷药 3 次，间隔 10d 喷 1 次药，喷药次数视病情而定。

注意事项 对鱼类高毒，药械不得在池塘等水源和水体中洗涤，施药残液不得倒入水源和水体中。

第七章

生物杀菌剂

灭瘟素（blasticidins）

$$C_{17}H_{26}N_8O_5，422.44，19396-06-6$$

化学名称 4-[3-氨-1-甲基胍基戊酰胺基]-1-[4-氨基-2-氧代-1-(2*H*)-嘧啶基]-1,2,3,4-四脱氧-*β*-D-赤己-2-烯吡喃糖醛酸。

其他名称 稻瘟散，杀稻瘟菌素 S，布拉叶斯。

理化性质 灭瘟素游离碱及成品盐酸盐或硫酸盐呈白色针状结晶，易溶于水和醋酸，室温下每 8mL 水可溶 1g；难溶于无水甲醇、乙醇、丙醇、丙酮、氯仿、乙醚、乙烷、苯等有机溶剂，盐酸盐微溶于甲醇。在偏酸（pH 值 2.0～3.0，0 或 5.0～7.0）时稳定，而在 pH 值 4.0 左右和 pH 值 8.0 以上容易分解，熔点为237～238℃。

毒性 灭瘟素纯碱式结晶对小白鼠的经口 LD_{50} 为 22.5mg/kg 体重，制成盐酸盐后，胃毒毒性大为降低，LD_{50} 为 158mg/kg；苄基氨基磺酸盐（灭瘟素商品的有效成分）LD_{50} 为 53.5mg/kg，皮肤涂抹毒性较小，月桂醇基磺酸盐对小白鼠急性经皮 LD_{50} 为 220mg/kg，对大白鼠急性经口，游离碱 LD_{50} 为 $26.5\sim39.0$mg/kg，复盐 LD_{50} 为 158.4mg/kg，对鱼类和贝类的毒性很小（鲤鱼 8.7mg/L 会致死），约是滴滴涕的 $1/2000\sim1/100$。对水稻易产生药害，对人畜的急性毒性较大，高于春雷霉素、井冈霉素和多抗霉素，对人眼尤为敏感，入眼会引起结膜炎，皮肤接触后则会出疹子，毒性低于有机汞类杀菌剂，且可逆，对人体其他器官未发现有明显的毒性反应。

作用特点　灭瘟素具有预防、治疗作用和内吸活性，施于水稻等作物后，能经内吸传导到植物体内，显著地抑制稻瘟病菌蛋白质的合成，影响菌丝生长，还能使肽键拉长，影响转移肽转移酶的活性，对一些病毒也有效，可以破坏病毒体核酸的形成。灭瘟素是一种含有碳、氢、氧、氮四种元素，化学性质较稳定而化学结构很复杂的内吸性强的碱，药物从病原菌的侵入口和伤口渗透，附着在水稻植株上的灭瘟素容易被日光分解，落到水田中的易被土壤表面吸附，不会污染地下水，耐雨水冲刷，易被微生物分解，残效期为 1 周左右，不会污染环境和造成残留。

适宜作物与安全性　水稻。推荐剂量下对作物安全。

防治对象　灭瘟素对真菌、细菌均有一定的防效，主要防治水稻稻瘟病，包括苗瘟、叶瘟、稻颈瘟等，还可以防治水稻条纹病毒病、水稻胡麻叶斑病、小粒稻核病和烟草花叶病。

使用方法　防治水稻稻瘟病，苗瘟发病前至发病初期，用2%可湿性粉剂 $500\sim1000$ 倍液喷雾，间隔7d再施药一次；防治叶瘟在苗期至孕稻期开始施药；防治稻颈瘟在开始孕稻期或根据病情施药，施药 $1\sim2$ 次。

注意事项　不可与强碱性物质混用；防治稻瘟病浓度不能超过 49mg/L，必须严格控制；防治烟草花叶病，浓度为 0.05mg/L 可有效抑制烟叶内 50% 的病毒增殖，浓度超过 2mg/L 会产生药害；番茄、茄子、芋头、豆科、十字花科作物、桑等对其敏感，尤其不能用于籼稻；晴天露水干后施药，24h 内遇雨应重新喷施，喷药时应注意戴口罩和防护眼睛，如误入眼可用清水或 2.0% 硼砂水冲洗；灭瘟素毒性大，与食物、饲料分开放置，剩余药液不可乱倒；放置于通风干燥处。

多抗霉素（polyoxins）

$C_{17}H_{25}N_5O_{13}$，507.41，19396-06-6

化学名称 5-(2-氨基-5-O-氨基甲酰基-2-脱氧-L-木质酰胺基)-1-(5-羧基-1,2,3,4-四氢-2,4-氧嘧啶-1-基)-1,5-脱氧-β-D-别呋喃糠醛酸。

其他名称 多氧霉素，宝丽安，polyoxin D，Kakengel，Polyoxin Z，Stopic。

理化性质 无色结晶，熔点＞190℃（分解），水中溶解度＜100mg/L（20℃，锌盐），在丙酮和甲醇中溶解度＜200mg/L（20℃锌盐）。

毒性 大鼠急性经口 LD_{50}＞9600mg/kg（雄，雌），大鼠经皮 LD_{50}＞750mg/kg，大鼠急性吸入 LC_{50}（4h，mg/L）：雄2.44，雌2.17，对野鸭无毒，鲤鱼 LC_{50}（48h）＞40mg/L，水蚤 LC_{50}（3h）＞40mg/L。

作用特点 属农用抗生素类杀菌剂，具有保护和治疗作用。多抗霉素主要干扰病菌的细胞内壁几丁质的合成，抑制病菌产生孢子和扩大病斑，病菌芽管与菌丝接触药剂后局部膨大、破裂而不能正常发育，导致死亡。杀菌谱广，具有良好的内吸传导性，低毒无残留。

适宜作物与安全性 小麦、水稻、番茄、西瓜、烟草、棉花、甜菜、苹果、梨、葡萄、草莓、人参、月季、菊花等植物，对环境、天敌和植物安全。

防治对象 防治小麦白粉病、纹枯病，水稻纹枯病，棉花立枯病、褐斑病，烟草赤星病，番茄灰霉病、叶霉病、菌核病，黄瓜霜霉病、白粉病、西瓜枯萎病，甜菜褐斑病，苹果斑点落叶病、白粉病、腐烂病，梨树腐烂病，草莓灰霉病、芽枯病、白粉病，葡萄灰霉病，人参黑斑病，月季和菊花白粉病等。

使用方法

（1）防治禾本科作物病害　①防治小麦白粉病、纹枯病，发病初期用3％可湿性粉剂100～200倍液喷雾；②防治水稻纹枯病，发病前期用10％可湿性粉剂800～1500倍液，间隔10～12d喷施一次。

（2）防治蔬菜、果树病害　①防治番茄晚疫病、灰霉病，黄瓜霜霉病、白粉病，草莓灰霉病等，发病初期用10％可湿性粉剂500～800倍液喷雾；②防治西瓜枯萎病，发病初期用0.3％可湿性粉剂80～100倍液灌根；③防治草莓芽枯病，草莓现蕾后，用10％可湿性粉剂1500倍液喷雾，间隔7d喷一次，连喷2～3次；④防治草莓白粉病，发病前至发病初期用10％可湿性粉剂1000～1200倍液喷雾，间隔5～7d，连喷2～3次，可兼防灰霉病；⑤防治苹果轮纹病，用10％可湿性粉剂1000倍液喷雾；⑥防治苹果斑点落叶病，发病初期用10％可湿性粉剂1000～1500倍液喷雾，间隔12d喷施一次，共喷施4次；⑦防治梨树灰斑病、黑斑病，发病初期用3％可湿性粉剂50～200倍液喷雾。

（3）防治其他作物病害　①防治棉花立枯病、褐斑病，发病初期用3％可湿性粉剂100～200倍液喷雾；②防治甜菜褐斑病、立枯病，发病初期用10％可湿性粉剂600～800倍液喷雾；③防治烟草赤星病、晚疫病，发病初期用3％可湿性粉剂200倍液喷雾；④防治烟草炭疽病，发病初期用1.5％可湿性粉剂400倍液喷雾；⑤防治人参黑斑病、锈病、白粉病、圆斑病等，播种前将可能带菌种子用10％可湿性粉剂5000倍液浸种1h，发病前至发病初期用10％可湿性粉剂1500倍液喷雾，重病田可用10％可湿性粉剂1000倍液喷雾，间隔7d，连喷2～3次；⑥防治花卉白粉病、霜霉病，发病初期用3％可湿性粉剂150～200倍液喷雾；⑦防治茶树茶饼病，发病初期用3％可湿性粉剂100倍液喷雾。

（4）防治水稻稻瘟病，发病初期用0.3％多抗霉素水剂150～

200mL/亩，具有较好的防治效果。

（5）防治番茄灰霉病，发病初期用 1.5％多抗霉素可湿性粉剂300～400 倍液喷雾，间隔 7d，连喷 3～4 次或者用 3％多抗霉素可湿性粉剂 800 倍液，间隔 7d，连喷 3～4 次。

（6）防治水稻稻瘟病和褐变穗，在水稻孕穗期和齐穗期用3.5％多抗霉素水剂 80mL/亩＋2％加收米液剂 80mL/亩喷雾。

（7）防治苹果斑点落叶病，3％多抗霉素水剂 800～1000 倍液喷雾，对该病具有较好的防治效果。

（8）防治苹果轮纹病，发病初期用 30％多菌灵·多抗霉素可湿性粉剂 800～1000 倍液喷雾，间隔 10d，防治效果显著。

（9）防治黄瓜白粉病，发病初期用 10％多抗霉素可湿性粉剂80g/亩喷雾，间隔 10 天，防效显著。

注意事项　不能与酸、碱农药混用；全年用药次数不超过 3次，避免耐药性产生；密封放置阴凉处。

相关复配制剂如下。

① 多抗霉素＋福美双：防治黄瓜霜霉病、马铃薯晚疫病。

② 多抗霉素＋代森锰锌：防治苹果树斑点落叶病。

嘧啶核苷类抗生素

化学名称　嘧啶核苷。

其他名称　120 农用抗菌素（TF-120），抗霉菌素 120，农抗 120。

理化性质　白色粉末，熔点 165～167℃（分解），易溶于水，不溶于有机溶剂，在酸性和中性介质中稳定，在碱性介质中不稳定。

毒性　属低毒杀菌剂。120-A 和 120-B 小鼠急性静脉注射LD_{50}分别为 124.4mg/kg 和 112.7mg/kg，粉剂对小白鼠腹腔注射LD_{50} 为 1080mg/kg，兔经口亚急性毒性试验无作用剂量为 500mg/（kg·d）。

作用特点　属广谱抗菌素，具有预防和治疗作用。嘧啶核苷类抗菌素能直接阻碍病原菌的蛋白质合成，导致病原菌死亡，并刺激作物生长。对多种植物病原菌有强烈的抑制作用。

适宜作物与安全性 小麦、水稻、棉花、番茄、黄瓜、西瓜、甜椒、大白菜、花生、韭菜、烟草、苹果、草莓等，推荐剂量下对作物安全。

防治对象 能够防治小麦、烟草、蔬菜、果树、花卉等的白粉病，水稻和玉米的纹枯病，蔬菜和果树炭疽病，蔬菜枯萎病，尤其对瓜类白粉病、小麦白粉病、花卉白粉病和小麦锈病有较好防效。还可防治棉花枯萎病、黄萎病，烟草白粉病，番茄晚疫病，花生叶斑病等。

使用方法

（1）禾谷类作物

① 防治小麦锈病，发病初期用 2％水剂 500mL/亩对水 100kg 喷雾，间隔 15～20d 再施一次；

② 防治水稻炭疽病、纹枯病，发病初期用 2％水剂 250～300mL/亩对水 100kg 喷雾。

（2）防治蔬菜、果树病害

① 防治黄瓜白粉病，发病初期用 2％水剂 500mL/亩对水 100kg 喷雾，间隔 7～15d 再施一次，连喷 4 次；

② 防治黄瓜、西瓜、甜椒枯萎病，发病前至发病初期用 2％水剂 130～200 倍液灌根，每穴灌 500mL 左右，间隔 5d 再灌一次，重病株可连灌 3～4 次；

③ 防治番茄晚疫病，发病初期用 6％水剂 90～120mL/亩对水 60kg 喷雾；

④ 防治大白菜黑斑病，发病初期用 2％水剂 400～800mL/亩对水 100kg 喷雾，间隔 15d 再施一次；

⑤ 防治韭菜灰霉病，4％水剂 500～600 倍液喷雾；

⑥ 防治韭菜（黄）黑根病、花椰菜黑根病，4％水剂 100 倍液浸种；

⑦ 防治苹果白粉病，发病初期用 4％水剂 400 倍液喷雾；

⑧ 防治苹果炭疽病、轮纹病、葡萄白粉病，发病初期用 4％水剂 800 倍液喷雾，间隔 15d 再施一次；

⑨ 防治草莓白粉病，发病初期用2％水剂100倍液喷雾。

（3）防治其他作物病害

① 防治棉花枯萎病、黄萎病，用2％水剂100倍液，播种前处理土壤；

② 防治烟草白粉病，发病初期用4％水剂400倍液喷雾；

③ 防治花生叶斑病，用2％水剂75～100倍液拌种；

④ 防治月季花白粉病，发病初期用4％水剂600～800倍液喷雾，间隔15～20d再施一次，连喷3次。

（4）防治水稻纹枯病，在病害始盛期用4％嘧啶核苷类抗生素水剂250～300g/亩，用水量40kg/亩，间隔7d，连喷3次。

（5）防治芍药灰霉病，4％嘧啶核苷类抗菌素水剂800倍液，防效显著。

（6）防治甜瓜、黄瓜白粉病，发病初期用4％嘧啶核苷类抗菌素水剂140g/亩，对水40kg喷雾，间隔5～7d，连喷2～3次。

（7）防治番茄晚疫病、黄瓜霜霉病，发病初期用4％嘧啶核苷类抗生素水剂500～100倍液喷雾，防效显著。

注意事项　不可与碱性农药混用；施药时注意安全；存放在干燥阴凉处；不可与食物及日用品一起储存和运输。

相关复配制剂如下。

① 嘧啶核苷类抗菌素＋井冈霉素：防治水稻稻曲病、水稻纹枯病。

② 嘧啶核苷类抗菌素＋苯醚甲环唑：防治苹果树斑点落叶病。

春雷霉素（kasugamycin）

$C_{14}H_{25}N_3O_9$，379.36，6980-18-3

化学名称　［5-氨基-2-甲基-6-(2,3,4,5,6-五羟基环己基氧代)四氢吡喃-3-基］氨基-α-亚胺乙酸。

其他名称　春日霉素，Kasumin（加收米），加瑞农，加收热必。

理化性质　春雷霉素是由肌醇和二基己糖的二糖类物质，是一种由链霉菌产生的弱碱性抗生素。春雷霉素盐酸盐纯品，呈白色针状或片状结晶，易溶于水，水溶液呈浅黄色，不溶于醇类、脂类（乙酯）、乙酸、三氯甲烷、氯仿、苯及石油醚等有机溶剂，在pH4.0～5.0的酸性溶液中稳定，碱性条件下不稳定，易被破坏失活（失效）。

毒性　原粉大鼠急性经口 LD_{50} 为 22000mg/kg，小鼠为21000mg/kg，急性经皮 LD_{50} 大鼠＞4000mg/kg，小鼠＞10000mg/kg，没有刺激性，每日以 100mg/kg 喂养大鼠 3 个月没有引起异常，对大鼠无致畸、致癌性，不影响繁殖。对人畜、鱼类和环境都非常安全。

作用特点　春雷霉素属于氨基配糖体物质，是放线菌产生的代谢产物，具有预防和治疗作用，有很强的内吸性。春雷霉素能与70s核糖核蛋白体的30s部分结合，抑制氨基酰 t-RNA 和 mRNA-核糖核蛋白复合体的结合，干扰菌体酯酶系统的氨基酸的代谢，抑制蛋白质合成，可使菌丝药后膨大变形、停止生长、横边分枝、细胞质颗粒化，从而达到控制病斑扩展和新病灶出现的效果。春雷霉素在植株体外的杀菌力弱，保护作用差，但对植物的渗透力强，能被植物很快内吸并传导至全株，对植株体内革兰阳性和阴性细菌有抑制作用。耐雨水冲刷，持效期长。

适宜作物与安全性　水稻、番茄、黄瓜、白菜、辣椒、芹菜、菜豆、甜菜、柑橘、香蕉、猕猴桃等。对作物安全。安全间隔期：番茄、黄瓜收获前 7 天，水稻收获前 21 天停止施药。

防治对象　主要防治水稻稻瘟病，包括苗瘟、叶瘟、穗颈瘟、谷瘟，也可用于防治烟草野火病、蔬菜、瓜果等多种细菌和真菌性病害，如番茄叶霉病、黄瓜细菌性角斑病、黄瓜枯萎病、甜椒褐斑病、白菜软腐病、柑橘溃疡病、辣椒疮痂病、芹菜早疫病等，有报道称对棉苗炭疽病、立枯病和铃病等也有效果。

使用方法

（1）防治水稻稻瘟病，发病前至发病初期，用 6％可湿性粉剂

40～50g/亩对水 40～50kg 喷雾。

（2）防治蔬菜病害

① 防治番茄叶霉病，黄瓜细菌性角斑病、枯萎病，发病初期，用 2% 液剂 500 倍液喷雾，间隔 7d 喷施一次，连喷 3 次；

② 防治白菜软腐病，发病初期用 2% 可湿性粉剂 400～500 倍液喷雾，间隔 7～8d 喷施一次，连喷 3～4 次；

③ 防治辣椒疮痂病，发病初期用 2% 液剂 100～130mL/亩对水 60～80kg 喷雾，间隔 7d 喷施一次，连喷 2～3 次；

④ 防治芹菜早疫病，发病初期用 2% 液剂 100～120mL/亩对水 60～80kg 喷雾；

⑤ 防治菜豆晕疫病，发病初期用 2% 液剂 100～130mL/亩对水 60～80kg 喷雾；

⑥ 防治甜菜褐斑病，发病初期用 2% 水剂 300～400 倍液喷雾。

（3）防治果树病害

① 防治柑橘溃疡病，发病初期用 4% 可湿性粉剂 600～800 倍液喷雾；

② 防治香蕉叶鞘腐烂病，香蕉抽蕾 7d 时用 2% 水剂 500 倍液喷雾，2 周后在喷施一次，发病重时用 2% 水剂 + 25% 丙环唑乳油 1000 倍液喷雾；

③ 防治猕猴桃溃疡病，新梢萌芽到新叶簇生期用 6% 可湿性粉剂 400 倍液，间隔 10 天喷一次，连喷 2～3 次。

（4）防治番茄灰霉病，6% 春雷霉素可湿性粉剂 800 倍液，间隔 7d，连喷 3～4 次。

（5）防治水稻稻穗瘟病，用 2% 春雷霉素可湿性粉剂 100～120g/亩，在禾苗大胎破口期和齐穗期各施一次，具有较好的防治效果。

（6）防治水稻稻瘟病，发病前或发病初期用 21.2% 春雷霉素·氯苯酞可湿性粉剂 97.5～120g/亩，药液量 60kg/亩，间隔期 7～10d，连续施药 2～3 次，对稻瘟病有良好的防效。

（7）防治柑橘溃疡病，用 47% 春雷霉素·王铜可湿性粉剂 500～750 倍液，具有良好的防治效果，或者在 3 月下旬至 4 月上句柑橘春梢抽梢现蕾期用 47％春雷霉素·王铜可湿性粉剂 255.3g/亩，每株用药液量 1L 左右，叶面均匀喷雾，将药液均匀喷布于叶片正反面及果面上，间隔 30d 左右施药一次，共喷 3～4 次。

注意事项 不能与碱性农药混用；施药后 5～6h 遇雨对药效无影响，8h 后遇雨应该补喷；防治水稻稻瘟病喷洒均匀，药量要足；对大豆、菜豆、豌豆、葡萄、柑橘、苹果有轻微药害，使用时应注意；喷药是要遵守农药安全使用操作，如接触皮肤可用肥皂、清水洗净，如误服可饮大量盐水催吐；存放于阴凉干燥处。

春雷霉素可以和多种杀菌剂混用，相关复配制剂如下。

① 春雷霉素＋咪鲜胺锰盐：防治烟草赤星病。

② 春雷霉素＋三环唑：防治水稻稻瘟病。

③ 春雷霉素＋王铜：防治柑橘树溃疡病。

④ 春雷霉素＋硫黄：防治水稻稻瘟病。

⑤ 春雷霉素＋稻瘟灵：防治水稻稻瘟病。

⑥ 春雷霉素＋多菌灵：防治辣椒炭疽病。

井冈霉素 （jiangangmycin）

$C_{20}H_{35}NO_{13}$，497.5，37248-47-8

化学名称 葡萄井冈羟胺或 N-[(1S)-(1,4,6/5)-3-羟甲基-4,5,6-三羟基-2-环己烯][O-β-D-吡喃葡萄糖基-(1-3)-1S-(1,2,4/3,5)-2,3,4-三羟基-5-羟甲基环己基胺]。

其他名称 有效霉素，病毒光，纹闲，纹时林，Validacin，Valimon。

理化性质 井冈霉素是由吸水链霉菌井冈变种产生的水溶性抗生素葡萄糖核苷类化合物。制剂外观为棕色透明液体，无臭味。纯品为白色粉末，无固定熔点，95～100℃软化，约在 135℃分解，易溶于水，可溶于甲醇、二氧六环、二甲基甲酰，微溶于乙醇，不溶于丙酮、氯仿、苯、石油醚等有机溶剂，吸湿性强，在 pH4～5 的水溶液中稳定，在 0.1mL 硫酸中 105℃经 10h 分解，能被多种微生物分解而失活。

毒性 属低毒杀菌剂。纯品对大、小鼠急性经口 LD_{50} 均大于 20g/kg，大、小鼠皮下注射 LD_{50} 均大于 15g/kg，大鼠静脉注射 LD_{50} 为 25g/kg，小鼠静脉注射 LD_{50} 为 10g/kg，用 5g/kg 涂抹大鼠皮肤无中毒反应。大鼠 90 天喂养试验，无作用剂量 10g/kg 以上，鲤鱼 LD_{50}＞40mg/L。对人畜低毒。

作用特点 属内吸性很强的农用抗生素，具有保护和治疗作用。病菌菌丝接触到井冈霉素后，能很快被菌体细胞吸收并在菌体内传导，干扰和抑制菌体细胞正常生长发育，其防病效果也可能是自身的抑菌作用和诱导植株产生抗性防卫反应协同作用的结果。井冈霉素是防治水稻纹枯病的特效药，50mg/L 浓度的防效可达 90% 以上，持效期可达 20 天，不会引起药害，还可防治水稻稻曲病。

适宜作物与安全性 禾本科作物、棉花、黄瓜、蔬菜、豆类、人参、柑橘等。对作物和环境安全。安全间隔期 14 天。

防治对象 能够防治水稻纹枯病，麦类纹枯病，玉米穗腐病，黄瓜、棉花、豆类、蔬菜、人参等的立枯病。

使用方法

(1) 防治禾本科作物病害

① 麦类纹枯病，用 5% 水剂 600～800mL 拌种 100kg，对少量水均匀喷在麦种上，边喷边拌，拌匀后堆闷几小时再播种，当病株率达到 30% 左右时用 5% 水剂 100～150mL/亩对水 60～75kg 喷雾，重病田间隔 15～20d 再喷一次；

② 防治水稻纹枯病，发病率达到 20% 左右开始施药，用 5% 可溶性粉剂 100～150g/亩对水 75～100kg 喷雾，间隔 10d 再喷一次；

③ 防治水稻稻曲病，孕穗期用 5% 水剂 100～150mL/亩对水 50～75kg 喷雾；

④ 防治玉米纹枯病，发病初期用 20%可溶性粉剂 200g/亩对水 75kg 喷雾；

⑤ 防治玉米穗腐病，玉米大喇叭口期用 20%可溶性粉剂 200g/亩制成药土点心叶。

（2）防治其他作物病害

① 防治棉花立枯病，播种后用 5%水剂 500～1000 倍液灌根，3L/m² 苗床；

② 防治黄瓜立枯病，播种后用 5%水剂 1000～2000 倍液浇灌苗床，3～4L/m² 苗床；

③ 防治草坪褐斑病，发病初期用 20%可溶性粉剂 500～1000 倍液喷雾；

④ 防治蔬菜、豆类、人参、柑橘苗立枯病，播种后用 10%水溶性粉剂 1000～2000 倍液浇灌土壤。

（3）防治水稻纹枯病，用 20%井冈霉素 75g/亩＋阿维·苏可湿性粉剂 100g，对水 50kg/亩均匀喷雾，防治效果显著。

（4）防治水稻稻曲病，用 10%井冈霉素·蜡质芽孢杆菌悬浮剂 150g/亩，分别于孕穗破口前 8d 和破口期施药，兼治纹枯病。

注意事项　可与多种杀虫剂混用；施药要注意安全，按照操作规程配药；存放于干燥阴凉处，注意防霉、防腐、防冻；不可与食品和日用品一起运输储存；施药后 4h 遇雨不影响药效；避免长期大量使用，以免产生耐药性。

井冈霉素可以和多种杀菌剂混用，相关复配制剂如下。

① 井冈霉素＋戊唑醇：防治水稻稻曲病、水稻纹枯病。

② 井冈霉素＋枯草芽孢杆菌：防治水稻稻曲病。

③ 井冈霉素＋三唑酮＋三环唑：防治水稻稻曲病、水稻稻瘟病、水稻纹枯病。

④ 井冈霉素＋多菌灵＋三环唑：防治水稻稻瘟病、水稻纹枯病。

⑤ 井冈霉素＋杀虫双：防治水稻纹枯病、水稻二化螟。

⑥ 井冈霉素＋多菌灵：防治水稻稻瘟病。

⑦ 井冈霉素＋三唑酮：防治水稻稻曲病、水稻纹枯病。

⑧ 井冈霉素＋己唑醇：防治水稻纹枯病、小麦纹枯病。

⑨ 井冈霉素＋蜡质芽孢杆菌：防治水稻稻曲病、水稻纹枯病、小麦赤霉病、小麦纹枯病、水稻稻瘟病。

⑩ 井冈霉素＋烯唑醇：防治水稻稻曲病。

⑪ 井冈霉素＋硫酸铜：防治水稻纹枯病。

⑫ 井冈霉素＋三环唑＋烯唑醇：防治水稻稻曲病、水稻稻瘟病、水稻纹枯病。

⑬ 井冈霉素＋羟烯腺嘌呤：防治水稻纹枯病。

⑭ 井冈霉素＋嘧啶核苷类抗菌素：防治水稻稻曲病、水稻纹枯病。

⑮ 井冈霉素＋菇类蛋白多糖：防治水稻纹枯病。

链霉素 （streptomycin）

$C_{21}H_{39}N_7O_{12}$，581.57，57-92-1

化学名称 2,4-二胍基-3,5,6-三羟基环己基-5-脱氧-2-O-(2-脱氧-2-甲氨基-α-L-吡喃葡萄基)-3-C-甲酰-β-L-来苏戊呋喃糖苷。

其他名称 农用硫酸链霉素，细菌清，溃枯宁，细菌特克，Agri-step，Chemform，dihydrostreptomycin，Embamycin，Gerox，Hokkomycin，Kumiaimycin，Phytomycin，Rimosin，Spikspray，Strepeen，Streptomycine，Streycinsulfate，Takedamycin。

理化性质 工业品为三盐酸盐，白色无定形粉末，有吸湿性，易溶于水，不溶于大多数有机溶剂，在 pH 值 3.7 时稳定，醛基还原为醇，即得双氢链霉素，有抗菌活性。

毒性 鼷鼠急性经口 LD_{50} 为 9g/kg，原药对大鼠急性经口

$LD_{50} > 10000mg/kg$，急性经皮 $LD_{50} > 10000mg/kg$，可引起皮肤过敏反应，对人畜低毒，对鱼类及水生生物毒性很小，属低毒农药。

作用特点　属抗生素类杀菌剂，具有治疗作用。链霉素是放线菌所产生的代谢产物，具有很好的内吸性，能渗透到植物体内，并传导到其他部位，杀菌谱广，特别是对细菌性病害。

适宜作物与安全性　水稻、烟草、黄瓜、番茄、大白菜、甘蓝、甜椒、菜豆、柑橘、大蒜等。对作物和环境安全。

防治对象　能够防治多种作物细菌性病害，如水稻白叶枯病、细菌性条斑病，烟草野火病、青枯病，黄瓜细菌性角斑病，大白菜软腐病，甘蓝黑腐病，甜椒疮痂病、软腐病，番茄溃疡病、青枯病等，对一些真菌病害也有一定防治作用。

使用方法

（1）防治蔬菜病害

① 防治黄瓜细菌性角斑病，发病初期用72％水溶性粉剂14～28g/亩，对水75kg喷雾，间隔7～10d，连喷2～3次；

② 防治番茄、甜椒青枯病，发病前用72％可溶性粉剂2800～7200倍液灌根，药液量为0.25kg/株，间隔6～8d，连灌2次；

③ 防治大白菜软腐病，甘蓝黑腐病，甜椒疮痂病、软腐病，菜豆细菌性疫病、火烧病，发病初期用72％可溶性粉剂3600倍液喷雾，间隔7～10d，连喷2～3次；

④ 防治番茄溃疡病，移栽时用72％可溶性粉剂3500倍液灌根，药液量为150mL/株；

⑤ 防治大蒜软腐病，发病前至发病初期用72％可溶性粉剂1500～2000倍液喷雾，间隔10d，连喷2～3次。

（2）防治其他作物病害

① 防治水稻白叶枯病、细菌性条斑病、烟草野火病，发病初期用72％水溶性粉剂14～28g/亩，对水75kg喷雾，间隔10d，连喷2～3次；

② 防治烟草青枯病，发病初期用72％可溶性粉剂1000～2000倍液喷雾；

③ 防治柑橘溃疡病，发病初期用72％可溶性粉剂5000～7000倍液喷雾，间隔7～10d，连喷3～4次；

④ 防治李树褐腐病，发病初期用72％可溶性粉剂3000倍液喷雾。

（3）防治魔芋软腐病，72％农用链霉素可溶性粉剂2000倍液灌根，间隔10d，连灌3次。

（4）防治柑橘溃疡病，用72％农用链霉素可溶性粉剂1000倍液＋80％大生可湿性粉剂600倍液，均匀喷雾，具有较好的防效。

（5）防治柑橘溃疡病，发病初期用72％可溶性粉剂40～60g/亩，对水100kg/亩均匀喷雾，间隔10d，连喷3次。

（6）防治芦笋茎枯病，用农用硫酸链霉素5000倍液喷雾，间隔7d，连喷3次。

注意事项　不可与碱性农药或污水混合使用；可与抗生素农药、有机磷农药混用；按说明配药施药，浓度一般不超过220mg/kg；喷药后8h内遇雨应晴天后补喷；存放于阴凉干燥处。

宁南霉素（ningnanmycin）

$C_{16}H_{23}N_7O_8$

化学名称　1-(4-肌氨酰胺-L-丝氨酰胺-4-脱氧-β-D-吡喃葡萄糖醛酰胺）胞嘧啶。

其他名称　菌克毒克，植旺。

理化性质　游离碱为白色粉末，熔点为195℃（分解），易溶于水，可溶于甲醇，微溶于乙醇，难溶于丙酮、乙酯、苯等有机溶剂，pH值3.0～5.0较为稳定，在碱性时易分解失活。制剂外观为褐色液体，带酯香，无臭味，沉淀＜2％，pH值3.0～5.0，遇碱易分解。

毒性　小鼠急性经口 LD_{50}＞5492mg/kg，急性经皮 LD_{50}＞

1000mg/kg。

作用特点　属广谱性抗生素杀菌剂，具有预防和治疗作用。宁南霉素是一种胞嘧啶核苷肽，对多种病害有良好防治效果，并能促进作物生长，具有抗雨水冲刷、毒性低的特点。

适宜作物与安全性　小麦、水稻、烟草、蔬菜、果树、花卉等作物。对作物和环境安全。

防治对象　能够防治多种作物病毒、真菌和细菌性病害，如水稻条纹叶枯病，烟草花叶病，大豆根腐病，黄瓜白粉病，番茄病毒病，瓜类白粉病、病毒病，苹果落叶斑点病，香蕉束顶病、花叶心腐病，棉花黄萎病，油菜菌核病等。并具有调节作物生长作用。

使用方法

（1）防治黄瓜、瓜类、豇豆等作物的白粉病，发病前至发病初期用10％可溶性粉剂1000～1500倍液喷雾，间隔7d，连喷3次。

（2）防治烟草花叶病，用2％水剂250～400倍液喷雾，间隔7～10d，苗床上喷1～2次，旺长期喷2～3次。

（3）防治水稻条纹叶枯病，发病初期用2％水剂3000倍液喷雾，间隔7d，连喷2次。

（4）防治大豆根腐病，发病前至发病初期用2％水剂60～80mL/亩对水40～50kg喷雾。

（5）防治果树病害

① 防治苹果斑点落叶病，发病初期用2％水剂400～800倍液喷雾，间隔10d，连喷2次；

② 防治荔枝、龙眼霜霉病、疫霉病，发病初期用10％可溶性粉剂1000～1200倍液喷雾，间隔7～10d，连喷3～4次；

③ 防治桃树细菌性穿孔病，用8％宁南霉素水剂2000～3000倍液喷雾，间隔10d，连喷2～3次。

（6）防治番茄、辣椒、瓜类病毒病，香蕉束顶病，花叶心腐病，胡椒花叶病等，发病期或发病初期用2％水剂200～300mL/亩对水40～50kg喷雾，间隔7～10d，连喷3～4次。

（7）防治棉花黄萎病，棉花3叶期用2％水剂300倍液喷雾。

（8）防治油菜菌核病，油菜初花期至盛花期用2％水剂150～

250 倍液喷雾。

（9）防治黄瓜白粉病，发病初期用 10％宁南霉素可溶性粉剂 80g/亩喷雾，间隔 10 天，防效显著。

（10）防治棉花黄萎病，2％宁南霉素 100mL/7kg 拌种，出苗后用 2％宁南霉素 300 倍液（100mL/亩）喷施，分别在 3～4 片真叶期、6～8 片真叶期、7 月中旬棉花打顶完后用药，具有显著防效。

（11）防治小麦白粉病，用 4％宁南霉素水剂 400 倍液［100mg（a.i.）/kg］喷雾，有较好的防效。

（12）防治烟草病毒病，发病前或发病初期用 8％宁南霉素水剂用 3～4mL/亩，用水量 30kg/亩，均匀喷雾，间隔 7～10d，施 2～3 次。

注意事项　不可与碱性农药混用；在烟草上可与氧化乐果混用，药液浓度不可高于 100mg/L。

中生菌素（zhongshengmycin）

$C_{19}H_{34}O_7N_6$，502.0，861228-39-9

化学名称　1-N-苷基链里定基-2-氨基-L-赖氨酸-2-脱氧古罗糖胺。

其他名称　中生霉素，农抗 751，克菌康。

理化性质　纯品为糖苷类抗生素，水剂为深褐色，粉剂为浅黄色，无异味。

毒性　1％工业品经口及经皮大鼠 LD_{50} 均大于 10000mg/kg，98％纯品雄性小鼠经口 LD_{50} 为 316mg/kg，雌性小鼠 LD_{50} 为 237mg/kg，对大鼠皮肤和眼睛无刺激，无致畸、无致突变、无亚慢性毒性。属于低毒类、低蓄积农药。

作用特点　属广谱、高效、低毒、无污染的农用抗生素杀菌剂。是一种担子链霉菌海南变种产生的碱性、水溶性 N-糖苷类物质，可抑制病原菌菌体蛋白质的合成，并能使丝状真菌畸形，抑制孢子萌发和杀死孢子，通过抑制病原细菌蛋白质肽键生成，最终导致细菌死亡，可刺激植物内植保素及木质素的前体物质生成，从而提高植物的抗病能力。

适宜作物与安全性　水稻、黄瓜、番茄、西瓜、青椒、白菜、菜豆、大姜、苹果、杏等，对作物和环境安全。

防治对象　能够防治多种细菌及真菌引起的病害，如水稻白叶枯病，黄瓜细菌性角斑病，番茄青枯病，青椒疮痂病，白菜软腐病，菜豆细菌性疫病，苹果落叶斑点病、轮纹病、炭疽病等。

使用方法

（1）防治蔬菜病害

① 防治黄瓜细菌性角斑病，发病初期用 3％可湿性粉剂 80～120g/亩对水 40～50kg 喷雾；

② 防治番茄青枯病，发病初期用 3％可湿性粉剂 600～800 倍液喷雾；

③ 防治青椒疮痂病，发病初期用 3％可湿性粉剂 50～100g/亩喷雾；

④ 防治白菜软腐病，在白菜苗期和莲座期用 3％可湿性粉剂 500～800 倍液喷雾；

⑤ 防治菜豆细菌性疫病，发病初期用 3％可湿性粉剂 300～600 倍液喷雾；

⑥ 防治姜瘟病，发病初期用 3％可湿性粉剂 600～800 倍液灌根；

⑦ 防治芦笋茎枯病，发病初期用 3％可湿性粉剂 50～100g/亩对水 40～50kg 喷雾。

（2）防治水稻白叶枯病，发病初期用 3％可湿性粉剂 120～180g/亩对水 40～50kg 喷雾。

（3）防治苹果斑点落叶病、轮纹病、炭疽病，发病初期用 1％水剂 200～300 倍液喷雾，间隔 10～15d。

（4）防治杏叶穿孔病，4 月中下旬，用 1％水剂 300～400 倍液喷雾，间隔 15～20d，连喷 5～6 次。

（5）防治柑橘溃疡病，发病初期用 3％可湿性粉剂 800～1000 倍液喷雾。

（6）另据报道，防治水稻细菌性条斑病，发病初期用 3％中生菌素可湿性粉剂 100g/亩，对水 60kg 喷雾，当病情严重间隔 7～10d 再施药一次，防治效果显著。

（7）防治苹果斑点落叶病，发病初期用 8％苯醚甲环唑·中生菌素可湿性粉剂 1500～2000 倍液，最佳使用浓度宜在 40～53.3mg/kg，间隔 15d，连喷 2 次。

（8）防治苹果轮纹病，在苹果落花后五天用 52％甲基硫菌灵·中生菌素可湿性粉剂 1000～1500 倍液采用树体喷雾法，间隔 15d，连喷 2 次。

（9）防治苹果轮纹病，用 53％多菌灵·中生菌素可湿性粉剂 1000～2000 倍液喷雾，间隔 10～14d，连喷 2～3 次。

（10）防治柚子溃疡病，用 1％中生菌素水剂 300 倍液喷雾，间隔 10d，连喷 2 次。

（11）防治西瓜枯萎病，定植期用 3％中生菌素水剂 800 倍液＋50％多菌灵可湿性粉剂 500 倍液灌根，每穴 0.25kg 药水，连灌 4 次。

（12）防治糙皮侧耳细菌性褐斑病，用 3％中生菌素 37.5mg/L，具有很好地预防效果。

注意事项　不能与碱性农药混用；药剂要现配现用，不可久存。

木霉菌（*Trichoderma* sp.）

其他名称　生菌散，灭菌灵，特立克，木霉素，快杀菌。

理化性质　为半知菌亚门，丛梗孢目，丛梗孢科木霉菌属真菌，真菌活孢子不少于 1.5 亿/g，淡黄色至黄褐色粉末，pH 值 6～7。

毒性　大鼠急性经口 LD_{50}＞2150mg/kg，急性经皮 LD_{50}＞4640mg/kg，斑乌鱼 LD_{50}＞3200mg/kg。

作用特点　木霉素是一种生物制剂，以菌治菌，对蔬菜作物安全，无药害，无残留，不产生抗性，投资少，节省成本，经济效益高。

适宜作物与安全性　小麦、番茄、黄瓜、辣椒、油菜、白菜、葡萄、菜豆等作物，对作物和环境安全。

防治对象　对多种真菌性病害有很好的控制作用，如小麦纹枯病、根腐病，油菜菌核病，黄瓜、番茄、辣椒等作物霜霉病、灰霉病、根腐病、猝倒病、立枯病、白绢病、疫病，大白菜霜霉病，葡萄灰霉病等。

使用方法

（1）防治蔬菜病害　防治黄瓜、番茄灰霉病、霜霉病，发病初期用 2 亿活孢子/g 可湿性粉剂 125～250g/亩对水 40kg 喷雾，间隔 10d，连喷 2～3 次；

（2）防治大白菜霜霉病，发病初期用 1.5 亿活孢子/g 可湿性粉剂 200～300g/亩对水 50kg 喷雾；

（3）防治菜豆根腐病、白绢病，发病初期用 2 亿活孢子/g 可湿性粉剂 1500～2000 倍液灌根，药液量为 250mL/株，为防止阳光直射造成菌体活力降低，使药液与根部接触、吸附土壤，可先在病株周围挖穴，药液渗入后及时覆土；

（4）防治小麦纹枯病，用 1 亿活孢子/g 水分散粒剂 3～5kg 拌种 100kg，发病初期 50～100g/亩对水 60kg 灌根。

注意事项　不可与碱性农药混用。可与多种杀菌剂和杀虫剂混用，但不可久置；要在即将发病或发病初期使用；应在阴天或下午作业，避免阳光直射；施药后 8h 内遇雨应补喷；不可防治食用菌病害；存放于阴凉干燥处。

芽孢杆菌（*Bacillus* sp.）

其他名称

① 枯草芽孢杆菌又叫格兰，天赞好，力宝，Kodiak；

② 蜡质芽孢杆菌又叫叶扶力，叶扶力 2 号，BC752 菌株；

③ 多黏类芽孢杆菌又叫康地蕾得；

④ 地衣芽孢杆菌又叫"201"微生物。

理化性质

① 枯草芽孢杆菌微生物菌种，属革兰阳性菌，具内生孢子，为深褐色粉末，密度为 $0.49g/cm^3$，$50℃$时不稳定；

② 蜡质芽孢杆菌与假单孢菌形成混合制剂，外观为淡黄色或浅棕色乳液状，略有黏性，有特殊腥味，密度为 $1.08g/cm^3$，pH6.5～8.4，$45℃$以下稳定；

③ 多黏类芽孢杆菌淡黄褐色细粒，相对密度为 0.42，有效成分可在水里溶解；

④ 地衣芽孢杆菌原药外观为棕色液体，略有沉淀，沸点 $100℃$。

毒性

① 枯草芽孢杆菌大鼠急性经口 $LD_{50}>10000mg/kg$，急性经皮 $LD_{50}>4600mg/kg$；

② 蜡质芽孢杆菌小鼠急性经口 LD_{50} 为 175 亿活芽孢/kg，急性经皮 LD_{50} 为 36 亿活芽孢/kg；

③ 多黏类芽孢杆菌大鼠急性经口 $LD_{50}>5000mg/kg$，急性经皮 $LD_{50}>2000mg/kg$；

④ 地衣芽孢杆菌大鼠急性经口 $LD_{50}>10000mg/kg$，急性经皮 $LD_{50}>10000mg/kg$，对蜜蜂无毒害作用。

作用特点

① 枯草芽孢杆菌属于农用杀菌剂，是细菌性杀真菌剂，具有预防和治疗作用，通过竞争性生长繁殖而占据生存空间，阻止病原真菌生长，在植物表面迅速形成一层高密保护膜，保护作物免受病原菌侵害，同时可分泌抑菌物质，抑制病菌孢子发芽和菌丝生长；

② 蜡质芽孢杆菌属农用杀菌剂，通过体内的 SOD 酶调节作物细胞微生境，维持细胞正常的生理代谢和生化反应，提高抗逆性，加速生长，提高产量和品质，对人畜和天敌安全，对环境安全；

③ 多黏类芽孢杆菌属于微生物农药，对植物细菌性青枯病有良好防效；

④ 地衣芽孢杆菌属于微生物杀菌剂，是地衣芽孢杆菌利用培养基发酵而成的细菌性防病制剂。

使用方法

① 枯草芽孢杆菌　防治水稻稻瘟病，发病初期用 1000 亿 cuf/g 可湿性粉剂 90～180g/亩对水 40～50kg 喷雾；防治棉花黄萎病，用 10 亿 cuf/g 可湿性粉剂 1：(10～15) 拌种，生长期发病前，用 10 亿 cuf/g 可湿性粉剂 75～100g/亩对水 40～50kg 喷雾；防治黄瓜灰霉病，发病初期用 1000 亿 cuf/g 可湿性粉剂 40～60g/亩对水 40～50kg 喷雾；防治黄瓜白粉病，发病初期用 1000 亿 cuf/g 可湿性粉剂 60～80g/亩对水 40～50kg 喷雾；防治草莓白粉病、灰霉病，发病初期用 1000 亿 cuf/g 可湿性粉剂 30～50g/亩对水 40～50kg 喷雾。

② 蜡质芽孢杆菌可防治茄子青枯病，发病前至发病初期用 300 亿 cuf/g 可湿性粉剂 100～300 倍液灌根；防治姜瘟病，用 8 亿 cuf/g 可湿性粉剂 0.2～0.3g/kg 浸泡姜种 30min，发病初期用 400～600g/亩对水 40～50kg 灌根；用 70 亿 cuf/mL 水剂 20～40mL/亩对水 40～50kg 喷雾，可调节水稻生长；300 亿 cuf/g 可湿性粉剂 15～20g 拌种 1kg，生长期用 100～150g/亩对水 40～50kg 喷雾，可用于油菜增产、抗病和壮苗。

③ 多黏类芽孢杆菌可防治番茄、辣椒、茄子、烟草青枯病，用 0.1 亿 cfu/g 细粒剂 300 倍液浸种，发病前用 0.1 亿 cfu/g 细粒剂 16～20kg/亩灌根。

④ 地衣芽孢杆菌防治烟草赤星病、黑胫病，发病初期用 1000IU/mL 水剂 6～10mL/亩喷雾；防治黄瓜霜霉病，发病初期用 80IU/mL 水剂 150～300mL/亩对水 40～50kg 喷雾；防治西瓜枯萎病，发病初期用 80IU/mL 水剂 250～500 倍液灌根。

注意事项

① 枯草芽孢杆菌　应密封避光，低温 15℃储藏；不能与含铜物质、乙蒜素和链霉素等杀菌剂混用，保质期 1 年；

② 蜡质芽孢杆菌应存放于阴凉干燥处，避免高温（50℃造成菌体死亡），避免阳光暴晒，为活菌制剂，保质期 2 年。

荧光假单胞杆菌（*Pseudomonas fluorescen*）

其他名称　青萎散，消蚀灵

理化性质　制剂外观灰色粉末，pH 值 6.0～7.5。

毒性　属低毒农药，大鼠急性经口 $LD_{50}>5000mg/kg$，急性经皮 $LD_{50}>5000mg/kg$，对家兔眼睛和皮肤无刺激。

作用特点　属农用杀菌剂，具有防病和菌肥的作用。通过拮抗细菌的营养竞争，位点占领等保护植物免受病菌侵染。能够催芽，壮苗，促进植物生长。

适宜作物与安全性　小麦、番茄、烟草等作物，对作物和环境安全。

防治对象　能有效防治小麦因病害引起的烂种、死苗及中后期的干株、白穗，对小麦全蚀病有较好防效。

使用方法

（1）防治番茄青枯病，发病初期用 10 亿/mL 水剂 80～100 倍液灌根；

（2）防治小麦全蚀病，用 15 亿/g 水分散粒剂 1000～1500g 拌种 1kg；

（3）防治烟草青枯病，用 3000 亿/g 粉剂 500～700g/亩对水 40～80kg 泼浇；

（4）另据报道，防治茄子青枯病，发病初期用 55 亿个/g 可湿性粉剂 2000～3000 亿个/亩，均匀喷雾，间隔 7d，连喷 2 次，具有较好的防效。

注意事项　可与杀虫剂、杀菌剂混用；避免阳光直射；灌根时顺垄进入根区。

第八章
其他类杀菌剂

百菌清 (chlorthalonil)

$$C_8Cl_4N_2, 265.9, 1897-45-6$$

化学名称 2,4,5,6-四氯-1,3-苯二腈。

其他名称 达科宁，大克灵，打克尼尔，克劳优，四氯异苯腈，顺天星一号，霉必清，桑瓦特，Bravo，Colonil，Rover，Danconil，Forturf，Termil，Dacotech。

理化性质 纯品百菌清为白色无味结晶，熔点 250～251℃；溶解性 (20℃，g/kg)：丙酮 20，苯 42，二甲苯 80，环己酮 30，四氯化碳 4，氯仿 19，DMF 40，DMSO 20。

毒性 百菌清原药急性 LD_{50} (mg/kg)：大鼠经口、经皮＞10000；对兔眼睛轻微刺激性；以 60mg/kg 剂量饲喂大鼠两年，未发现异常现象；对动物无致畸、致突变、致癌作用；对鱼类有毒。

作用特点 百菌清是广谱、保护性杀菌剂，其作用机理是能与真菌细胞中的 3-磷酸甘油醛脱氢酶发生作用，与该酶中含有半胱氨酸的蛋白质相结合，从而破坏该酶活性，使真菌细胞的新陈代谢受破坏而失去生命力。百菌清不进入植物体内，只在作物表面起保护作用，对已侵入植物体内的病菌无作用，对施药后新长出的植物部分亦不能起到保护作用。药效稳定，残效期长。药效适用范围宽，不易诱发病菌产生耐药性。

适宜作物与安全性　花生、马铃薯、小麦、水稻、玉米、棉花、香蕉、苹果、番茄、黄瓜、西瓜、甘蓝、花椰菜、菜豆、芹菜、甜菜、洋葱、莴苣、胡萝卜、辣椒、蘑菇、草莓、茶树、柑橘、桃、烟草、草坪、橡胶树等。

防治对象　用于防治麦类、水稻、玉米、果树、蔬菜、花生、马铃薯、茶叶、橡胶、花卉等作物的多种真菌性病害，如甘蓝黑斑病、霜霉病、菜豆锈病、灰霉病及炭疽病，芹菜叶斑病，马铃薯晚疫病、早疫病及灰霉病，番茄早疫病、晚疫病、叶霉病、斑枯病，各种瓜类上的炭疽病、霜霉病等。

使用方法

（1）防治蔬菜霜霉病、白粉病、炭疽病、灰霉病、早疫病、晚疫病　用75％可湿性粉剂600～800倍喷雾，隔10d用药1次，连续2～3次。大棚和温室作物病害防治使用烟剂。

（2）防治麦类赤霉病　在破口期每亩用75％可湿性粉剂70～100g，加水50kg喷雾。

（3）防治茶树炭疽病、茶饼病、网饼病　在发病初期用75％可湿性粉剂800～1000倍液喷雾。

（4）防治瓜类白粉病、蔓枯病、叶枯病及疮痂病　在病害初期，每次每亩用75％可湿性粉剂150～225g，加水50～75L喷雾。

（5）防治果树霜霉病、白粉病，葡萄炭疽病、果腐病，桃褐病，苹果炭疽病、叶斑病，柑橘疮痂病　用75％可湿性粉剂800～1000倍液喷雾。

（6）防治玉米大斑病　发病初期，每亩每次用75％可湿性粉剂110～140g，对水40～50L喷雾，以后每隔5～7天喷药1次。

（7）防治橡胶树炭疽病　发病初期，用75％可湿性粉剂500～800倍液喷雾。

注意事项

（1）对皮肤和眼睛有刺激作用，少数人有过敏反应、引起皮炎。

（2）不能与石硫等碱性农药混用。

（3）梨、柿对百菌清较敏感，不可施用。

（4）高浓度对桃、梅、苹果会引起药害。

（5）苹果落花后20d的幼果期不能用药，会造成果实锈斑。

（6）对玫瑰花有药害。

（7）与杀螟硫磷混用，桃树易发生药害。

（8）与克螨特、三环锡等混用，茶树可能产生药害。

（9）对鱼类及甲壳类动物毒性较大，应防止药液流入鱼塘。

百菌清可以和多种杀菌剂混用，相关复配制剂如下。

① 百菌清＋霜脲氰：防治黄瓜霜霉病。

② 百菌清＋烯酰吗啉：防治黄光霜霉病。

③ 百菌清＋异菌脲：防治番茄灰霉病。

④ 百菌清＋戊唑醇：防治小麦白粉病。

⑤ 百菌清＋福美双：防治葡萄霜霉病。

⑥ 百菌清＋代森锰锌：防治番茄早疫病。

⑦ 百菌清＋腐霉利：防治番茄灰霉病。

⑧ 百菌清＋三乙膦酸铝：防治黄瓜霜霉病。

⑨ 百菌清＋多菌灵＋福美双：防治苹果树轮纹病。

⑩ 百菌清＋甲霜灵：防治黄瓜霜霉病。

⑪ 百菌清＋霜脲氰：防治黄瓜霜霉病。

⑫ 百菌清＋硫黄：防治黄瓜霜霉病。

⑬ 百菌清＋福美双＋福美锌：防治黄瓜霜霉病。

⑭ 百菌清＋咪酰胺＋三唑酮：防治橡胶树白粉病、橡胶树炭疽病。

⑮ 百菌清＋琥胶肥酸铜：防治黄瓜霜霉病。

⑯ 百菌清＋醚菌酯：防治番茄早疫病、辣椒炭疽病、西瓜蔓枯病。

⑰ 百菌清＋精甲霜灵：防治黄瓜霜霉病。

⑱ 百菌清＋双炔酰菌胺：防治黄瓜霜霉病。

⑲ 百菌清＋嘧霉胺：防治番茄灰霉病。

敌磺钠 （fenaminosulf）

H₃C—N—⟨benzene ring⟩—N=N—SO₂ONa / H₃C

$C_8H_{10}N_3NaO_3S$，251.2，140-56-7

化学名称　对二甲氨基苯重氮磺酸钠。

其他名称　敌克松，地可松，地爽，diazoben，Dexon，Lesan，Bayer 5072，Bayer 22555。

理化性质　纯品为淡黄色结晶。工业品为黄棕色无味粉末，约200℃分解。25℃水中溶解度为 20～30g/L；溶于高极性溶剂，如二甲基甲酰胺、乙醇等，不溶于苯、乙醚、石油。水溶液呈深橙色，见光易分解，可加亚硫酸钠使之稳定，它在碱性介质中稳定。

毒性　属中等毒性杀菌剂。纯品大鼠急性经口 LD_{50} 75mg/kg，豚鼠经口 LD_{50} 150mg/kg，大鼠经皮 LD_{50} ＞100mg/kg。鲤鱼 LC_{50} 1.2mg/L，鲫鱼 LC_{50} 2mg/L。对皮肤有刺激作用。95％敌克松可溶性粉剂雄性大鼠急性经口 LD_{50} 68.28～70.11mg/kg，雌大鼠经口 LD_{50} 66.53mg/kg。75％敌克松可溶性粉剂雄大鼠经口 LD_{50} 75.86～77.86mg/kg，雌大鼠经口 LD_{50} 73.89mg/kg。

作用特点　内吸性杀菌剂，具有一定内吸渗透作用，以保护作用为主，也具有良好的治疗效果。施药后经根、茎吸收并传导，是较好的种子和土壤处理剂。遇光易分解。

适宜作物与安全性　蔬菜、甜菜、菠萝、烟草、棉花等。

防治对象　防治白粉病、疫病、黑斑病、炭疽病、稻瘟病、稻恶苗病、锈病、猝倒病、霜霉病、立枯病、根腐病和茎腐病，以及小麦网腥黑穗病、腥黑穗病等。

使用方法　可用于种子和土壤处理，也可进行茎叶喷施。

（1）烟草黑胫病　用95％可溶性粉剂 350g/亩与 15～20kg 细土拌匀，也可用95％可溶性粉剂 500 倍稀释液喷洒在烟苗茎基部及周围土面，用药液 100kg/亩，每隔15d喷药 1 次，共喷 3 次。

（2）水稻苗期立枯病、黑根病、烂秧病　用95％可湿性粉剂 0.93kg/亩，对水泼浇或者喷雾。

（3）甜菜立枯病、根腐病　用95％可溶性粉剂500～800g拌100kg种子。

（4）松杉苗木立枯病、黑根病　每100kg种子用95％可溶性粉剂147.4～368.4g拌种。

（5）蔬菜病害中大白菜软腐病，番茄绵疫病、炭疽病，黄瓜、冬瓜、西瓜等的枯萎病、猝倒病和炭疽病　用95％可湿性粉剂183.3～366.7g/亩，对水喷雾或者泼浇。

（6）小麦、粟、马铃薯病害　95％可溶性粉剂220g拌种100kg。

（7）棉花苗期病害　用95％可湿性粉剂500g拌100kg种子。

（8）西瓜、黄瓜立枯病、枯萎病　用95％可溶性粉剂200～267g/亩，对水泼浇或者喷雾。

注意事项

（1）敌磺钠能与碱性农药与农用抗生素混用。

（2）敌磺钠毒性较大，已被欧盟禁用。

（3）在日光照射下不稳定，应在避光、通风、干燥、阴凉处贮存。

（4）使用时不可饮食和吸烟，避免吸入粉尘和接触皮肤，工作完毕后须用温肥皂水洗去污染物。

（5）制剂最好现配现用，可先加少量水混匀，再加水稀释。

（6）发现中毒后应迅速用碱性液体洗胃或清洗皮肤，并对症治疗。

相关复配制剂如下。

① 敌磺钠＋福美双＋甲霜灵：防治水稻苗床立枯病。

② 敌磺钠＋福美双：防治水稻苗期立枯病。

③ 敌磺钠＋硫黄：防治番茄猝倒病、番茄立枯病。

氯硝胺（dicloran）

$C_6H_4Cl_2N_2O_2$，207.02，99-30-9

化学名称 2,6-二氯-4-硝基苯胺。

其他名称 ditranil，Allisan，Botran，Dicloroc。

理化性质 黄色结晶体，熔点195℃。溶解性：水中6.3mg/L（20℃），丙酮34，二噁烷40，氯仿12，乙酸乙酯19，苯4.6，二甲苯3.6。稳定性：对水解稳定（pH＝5～9），对氧化稳定，至300℃稳定，在水溶液（pH＝7.1）中半衰期41h（λ＞290nm）。

毒性 急性经口 LD_{50}（mg/kg）：大鼠＞4000；急性经皮 LD_{50}（mg/kg）：小鼠＞5000，兔＞2000。鱼毒性：LC_{50}（mg/L，96h）：虹鳟鱼1.6，金鱼32。

作用特点 是脂质过氧化剂，为广谱性农用杀菌剂。

防治对象 可防治甘薯、洋麻、黄瓜、莴苣、棉花、烟草、草莓、马铃薯等的菌核病，甘薯、棉花及桃子的软腐病，马铃薯和西红柿的晚疫病，杏、扁桃及苹果的枯萎病，小麦黑穗病，蚕豆花腐病。

使用方法 主要用于蔬菜、果树、观赏植物及大田作物的各种灰霉病、软腐病、菌核病等的防治。

注意事项 可与大多数杀虫剂、杀菌剂、波尔多液及石硫合剂等混配使用。

三苯基醋酸锡（fentin acetate）

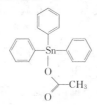

$C_{20}H_{18}O_2Sn$，409，900-95-3

化学名称 三苯基乙酸锡。

理化性质 白色无味结晶，20℃时水中溶解度28mg/L，不易溶于有机溶剂，工业品纯度为92～95％，含锡＞28％，在干燥条件下稳定，遇空气和光较易分解。

毒性 急性经口 LD_{50}（mg/kg）：大白鼠125，小白鼠93.3；急性经皮 LD_{50}（mg/kg）：大白鼠450，小白鼠350；刺激黏膜；

狗和豚鼠各喂 10mg/kg 两年，均无病变。

作用特点　为保护性杀菌剂。可有效防治多种作物病害，但没有内吸性。对一些水稻细菌性病害有较好的效果。对蔬菜病害、一些经济作物的病害都有防效，对稻田中的藻类及水蜗牛也有特殊作用。此外，对于某些害虫有一定的忌避和拒食作用，也可作为杀藻剂和杀软体动物剂使用。

适宜作物与安全性　防治马铃薯晚疫病，可提高产量 20%。防治甜菜褐斑病，提高产糖量 60%～80%。对水稻稻瘟病、稻曲病、条斑病也有较好防效。对洋葱黑斑病、芹菜叶枯病、菜豆炭疽病、咖啡的生尾孢病也都有很好的防效。防治大豆炭疽病、黑点病、褐纹病、紫斑病与多菌灵混用，药效很好。对福寿螺、藻类、水蜗牛有着特殊防效。

防治对象　防治甜菜褐斑病，马铃薯晚疫病，大豆炭疽病、黑点病、褐纹病、紫斑病。对水稻稻瘟病、稻曲病、条斑病、洋葱黑斑病、芹菜叶枯病、菜豆炭疽病、咖啡的生尾孢病有较好防效。对福寿螺、藻类、水蜗牛有特殊防效。

使用方法

（1）防治甜菜褐斑病　用 20%可湿性粉剂 125～159g，对水喷雾。

（2）防治马铃薯早疫病和晚疫病　每亩用 45%可湿性粉剂 34～40g，对水喷雾。

（3）防治水稻田福寿螺　每亩用 20%可湿性粉剂 100～134g，与一定量的细土拌匀，撒于田间。

（4）防治水稻田水绵　每亩用 25%可湿性粉剂 108～125g，与一定量的细土拌匀，撒于田间。

注意事项

（1）不能与农药油剂和乳油制剂混用。

（2）葡萄、园艺植物、温室植物和部分水果对其较敏感，易出现药害。

三苯基氢氧化锡 (fentin hydroxide)

$C_{18}H_{16}OSn$, 367.01, 76-87-9

化学名称 苯基氢氧化锡。

理化性质 白色结晶，熔点 118～120℃，溶解性 (20℃)：水 1mg/L (pH＝7)，乙醇 10g/L，二氯甲烷 171g/L，乙醚 28g/L，丙酮 50g/L，苯 41g/L。稳定性：室温下黑暗中稳定，加热到 45℃ 以上脱水，日光下缓慢分解，在紫外线下加速分解。

毒性 急性经口 LD_{50} (mg/kg)：大白鼠 171 (雄)，110 (雌)，小白鼠 93.3 (雄)，209 (雌)；急性经皮 LD_{50} (mg/kg)：大白鼠 1600。狗和豚鼠各喂 10mg/kg 两年，均无病变。

作用特点 为多位点抑制剂，非内吸性杀菌剂，具保护和治疗作用，能够阻止病原孢子萌发，抑制病原菌的代谢，特别是能够抑制病原菌的呼吸作用。

适宜作物与安全性 可防治马铃薯晚疫病、甜菜叶斑病以及大豆真菌病害。

防治对象 为非内吸保护性杀菌剂，能有效防治对铜类杀菌剂敏感的一些菌类和甜菜褐斑病、马铃薯晚疫病。

使用方法 可用于防治马铃薯晚疫病、甜菜叶斑病以及大豆真菌病害。防治马铃薯晚疫病，每亩用 50％悬浮剂 100～125mL，对水喷雾。

注意事项

(1) 不能与强酸性农药混用。

(2) 不可与油剂等液体制剂混用。

(3) 番茄和苹果较敏感，容易产生药害。

(4) 直接喷雾使用时一般不会产生药害，但在喷雾液中添加铺展剂、黏着剂、表面活性剂，则可能导致药害。

乙膦铝 （fosetyl-aluminium）

$$\left[\begin{array}{c} H_3CH_2CO \\ \\ H \end{array} \begin{array}{c} O \\ \parallel \\ P \\ \end{array} O \right]_3 Al$$

$C_6H_{18}AlO_9P_3$，354.1，39148-24-8

化学名称　三乙基膦酸铝。

其他名称　三乙膦酸铝，疫霉灵，疫霜灵，膦酸乙酯铝，霉疫净，霉菌灵，双向灵，藻菌磷，乙膦铝，aluminium，phosthyl-Al，Aliette，Fosetyl，Chipco。

理化性质　纯品为白色晶体，工业品为白色粉末，熔点＞300℃。溶解度（20℃）：水 120g/L，乙腈＜80mg/L，难溶于一般有机溶剂。原药及工业品常温下稳定，遇强酸强碱易分解。

毒性　大鼠急性经口 LD_{50} 5800mg/kg，小鼠急性经口 LD_{50} 3700mg/kg，小鼠急性经皮 LD_{50}＞3200mg/kg，兔＞2000mg/kg。以 5000mg/kg 剂量饲料喂养大鼠 3 个月，无不良影响。在试验条件下未发现致畸、致突变、致癌现象。

作用特点　乙膦铝为内吸性杀菌剂，植物吸收药液后上下传导，兼有保护和治疗作用。

适宜作物与安全性　是一种广谱内吸性有机磷杀菌剂，适用于多种真菌引起的病害，对霜霉属、疫霉属病原真菌引起的病害具有较好的防效。对人畜无毒，对鱼、蜜蜂低毒，较安全。

使用方法

（1）各种蔬菜霜霉病　用 40％可湿性粉剂 200～300 倍液，于发病初期开始，每隔 10 天左右喷 1 次，共喷 2～5 次。

（2）西红柿晚疫病、轮纹病、黄瓜疫病、茄子绵疫病　用 40％可湿性粉剂 200～300 倍液，于发病初期每隔 7 天喷 1 次，连喷 3 次。

注意事项

（1）连续长期使用容易产生耐药性。

（2）不能与强酸、强碱性药剂混用。

（3）可与代森锰锌、克菌丹、灭菌丹等混合使用，或与其他杀菌剂轮换使用。

（4）本品易吸潮结块，贮存时应封严，并保持干燥。

（5）黄瓜、白菜在使用浓度偏高时，易产生药害。

（6）病害产生耐药性时，不应随意增加使用浓度。

氯喹菌灵

$C_{18}H_{12}Cl_3CuO_3N_4$，502.5，41948-85-0

化学名称　N-(2-苯并咪唑基)-氨基甲酸甲酯-5,7 二氯-8-羟基喹啉铜（Ⅱ）。

理化性质　黄绿色晶体粉末，熔点 318～320℃（分解）。

作用特点　主要是对稻瘟病菌有良好的防效。

防治对象　主要是镰孢菌、葡萄孢菌、稻瘟病菌等。

双胍盐（双胍辛乙酸盐）（iminoctadine）

$C_{24}H_{53}N_7O_6$，535.7，39202-40-9

化学名称　$1,1'$-亚氨基二（辛基亚甲基）双胍，双-(8-胍基辛基）胺。

其他名称　派克定，培福朗，别腐烂，百可得，谷种定，Panoctine，guanoctine，Befran，guazatine。

理化性质　白色结晶，熔点 143～144℃。溶解度：易溶于水 754g/L；稍溶于大多数有机溶剂，乙醇 117g/L。对光及酸性、碱性介质稳定，在强酸中易分解。

毒性　急性经口 LD_{50}（mg/kg）：大白鼠 300～326，小白鼠 400。急性经皮 LD_{50}（mg/kg）：大白鼠 1500，兔 1100。对皮肤和眼睛有轻微刺激，对皮肤无过敏性。狗和豚鼠各喂 10mg/kg 两年，均无病变。

作用特点　双胍辛乙酸盐是一种局部渗透性强，预防和治疗兼具的杀真菌剂，对病菌真菌的形成有良好的抑制作用，其作用方式主要是抑制病菌类脂的生物合成，抑制菌丝的伸长。

适宜作物与安全性　双胍盐主要用于黑麦、大麦、小麦、水稻、大豆、菜豆、马铃薯、黄瓜、甜菜、玉米、甘蔗、花生、菠萝等，具有广谱的杀菌效果。

防治对象　对收获后的蔬果常发病害进行防治，在果树休眠期施用，以防治苹果树腐烂病、花腐病，麦类雪腐病、腥黑穗病，葡萄黑痘病，芦笋茎枯病，柑橘储藏期病害，对柑橘青霉病、绿霉病和酸腐病效果更好。小麦颖枯病、叶枯病、网腥黑穗病、黑麦网斑病，稻瘟病、稻苗立枯病，花生、大豆圆斑病，同时也可进行木材防腐。对防治储藏期的柑橘病害非常有效，可防治白孢意大利青霉、指状青霉、柑橘链格孢等。

使用方法　主要用于处理种子，剂量为 600～800g（a.i.）/100kg。

（1）防治苹果斑点落叶病，发病初期 10～15d，喷 40%可湿性粉剂 800～1000 倍液 1 次，连喷 5～6 次；防治苹果树腐烂病，在苹果树休眠期（3 月下旬），用 25%水剂 250～1000 倍液全树喷雾，并喷洒树干和树枝，7 月上旬进行第 2 次施药，用大毛刷蘸取 25%水剂 100 倍药液，均匀涂抹苹果树干及侧枝，反复涂抹几次，尤其是伤疤处，以确保病疤周围，药液附着周密。

（2）防治高粱黑穗病，用 25%水剂 200～300mL 拌种 100kg；防治小麦腥黑穗病，播种前 1 天，用 25%水剂 200～300mL 拌种 100kg。

（3）防治西瓜蔓枯病，发病初期，用 40%可湿性粉剂 800～1000 倍液喷雾；防治黄瓜白粉病，发病初期，用 40%可湿性粉剂 1000～2000 倍液喷雾。

（4）从番茄开花期或发病初期，进行番茄灰霉病防治，用 40%可湿性粉剂对水 30～50kg/亩进行常规喷雾，7～10d 喷 1 次，连喷 3～4 次。

（5）对葡萄灰霉病喷 40％可湿性粉剂 1500～2500 倍液，对梨黑星病、轮纹病、灰星病、黑斑病、葡萄炭疽病，桃白粉病、黑星病、柿炭疽病、落叶病、灰霉病等对其喷洒 40％可湿性粉剂 1000～1500 倍液。猕猴桃果实软腐病，草莓炭疽病、白粉病，西瓜蔓枯病、白粉病、炭疽病等喷洒 40％可湿性粉剂 1000 倍液。

（6）防治柑橘青霉病和绿霉病，采收当天，将果实浸于 40％可湿性粉剂 1000～2000 倍液 1min，捞出晾干，室温下贮藏；防治生菜灰霉病、菌核病，可用 40％可湿性粉剂 1000 倍液。

（7）防治芦笋茎枯病，在采笋后，用 40％可湿性粉剂 800～1000 倍液喷洒或涂抹新生的 5～10cm 的嫩芽，生长初期的芦笋，每 2～3d 施药 1 次，在笋叶长成期每 7d 喷 1 次。

注意事项

（1）本产品的原材料之一的双胍辛胺是具有很好的杀菌活性的杀菌剂，但由于对实验动物急性吸入毒性高和慢性毒性问题已被撤销登记使用。

（2）本品有刺激作用，应避免药液接触皮肤和眼睛。若不慎将药液溅入眼中或皮肤上，应立即用清水冲洗。如误服中毒，应催吐后静卧，并马上送医治疗。如患者伴有血压下降症状时，必须对症采取适当的措施，但此药剂无特效解毒剂。

（3）本品可能对笋嫩茎造成轻微弯曲，但对母茎生长无影响。

（4）不可在苹果落花后 20d 之内喷洒，以免造成锈果。

（5）避免接触玫瑰花等花卉。

（6）药剂应储存在远离食物、饲料和儿童接触不到的地方。

溴硝醇（bronopol）

$$HOH_2C—\overset{\overset{Br}{|}}{\underset{\underset{NO_2}{|}}{C}}—CH_2OH$$

$C_3H_6BrNO_4$，200，52-51-7

化学名称　2-溴-2-硝基-1,3-丙二醇。

其他名称　溴硝丙二醇，拌棉醇，Bronotak，Bronocot。

理化性质　纯品为无色至浅黄棕色固体，熔点 130℃。蒸气压

1.68mPa（20℃）。水中溶解度（22℃）250g/L。有机溶剂中溶解度（23～24℃，g/L）：乙醇500，异丙醇250，与丙酮、乙酸乙酯互溶，微溶于二氯甲烷、苯、乙醚中，不溶于正己烷和石油醚。

毒性 急性经口 LD_{50}（mg/kg）：大鼠180～400，小鼠250～500，狗250。大鼠急性经皮 LD_{50} ＞1600mg/kg。大鼠急性吸入 LC_{50}（6h）＞5mg/L。对兔眼睛和皮肤有中度刺激。野鸭急性经口 LD_{50} 510mg/kg，虹鳟鱼 LC_{50}（96h）20mg/L。

作用机制与特点 是一种杀细菌剂，主要是破坏细胞膜抑制脱氧酶的活性。

适宜作物与安全性 可有效地防治植物病原真菌引起的病害，也可防治水稻恶苗病，棉花黑臂病、细菌性凋枯病等，方便使用，药效稳定。

防治对象 主要是水稻恶苗病、棉花黑铃病，细菌性角斑病等。

使用方法 防治水稻恶苗病防效高，用药成本低而且使用方便。可用于处理棉花种子，对于由棉花角斑病菌所引起的黑铃病或细菌性角斑病效果显著。防治水稻恶苗病，用20％可湿性粉剂200～250倍液浸种。

注意事项 不可与碱性农药混用。

叶枯酞（tecloftalam）

$C_{14}H_5Cl_6NO_3$，447.91，76280-91-6

化学名称 3,4,5,6,-四氯-N-(2,3-二氯苯基)酞氨酸或 2′,3,3′,4,5,6,-六氯酞氨酸。

理化性质 纯品为白色粉末，熔点198～199℃。蒸气压8.16×10^{-3}mPa（20℃）。溶解度：水中14mg/L（26℃）；有机溶剂中（g/L）：丙酮25.6，苯0.95，二甲基甲酰胺162，二氧六环64.8，乙醇19.2，乙酸乙酯8.7，甲醇5.4，二甲苯0.16。见光或紫外线分解，强酸性介质中水解，碱性或中性环境中稳定。

毒性 急性经口 LD_{50}（mg/kg）：雄大鼠 2340，雌大鼠 2400，雄小鼠 2010，雌小鼠 2220；急性经皮 LD_{50}（mg/kg）：大鼠 > 1500，小鼠 > 1000mg/kg。无"三致"。大鼠急性吸入 LC_{50}（4h）> 1.53mg/L。鲤鱼 LC_{50}（48h）30mg/L。

作用特点 叶枯酞有预防和治疗作用，可以抑制病原菌在植株中繁殖速度，减弱细菌的致病力，甚至对从植株上分离后的细菌亦有一定时间的残效，但不能杀灭水稻白叶枯病菌。细菌接触药剂的时间越长，损害越小。即使是水稻白叶枯病严重发生的田块，叶枯酞亦有很高的药效和稳定的控制作用。用药 2d，即可观察到病菌数量减少；用药后 3d，病菌繁殖则明显受控；用药 20d 后，病菌数降到未用药对照区的 1/10。

适宜作物与安全性 在适当的剂量下使用，对作物安全，主要作用于水稻，在土壤和作物中残留量低于其检出限量 0.01mg/kg。

防治对象 主要用于防治水稻白枯病，可有效抑制细菌繁殖，控制大面积的病害，是一种高效、低毒、低残留的杀菌剂。

使用方法 在水稻抽穗前 10 天首次用药，在一周后第 2 次用药，来防治水稻白叶枯病。预防台风、潮水爆发带来的病害，可用 10% 可湿性粉剂 1000～2000 倍液，在爆发前或恰在爆发时增加施药。

防治水稻白枯病，最好在水稻抽穗前 10d 首次用药，1 周后第二次用药。如果在最适时间施药，以 50mg/L 的浓度即可达到 100mg/L 的防治效果。推荐用量为 300～400g/m² 或 10% 可湿性粉剂（药液浓度为 50～100mg/L），喷洒药液量为 1200～1500L/m²。1% 粉剂使用药粉量为 30～40kg/m²。

注意事项

（1）药剂应放在通风阴凉处；

（2）施药时，不许吃东西，施药后要洗手，洗脸；

（3）不能与 Cu^{2+} 和 Ca^{2+} 等制剂混合使用；

（4）不能在养鱼塘洗药桶，勿将空瓶丢在养鱼塘内。

乙蒜素 （ethylicin）

$C_4H_{10}O_2S_2$，154.2，682-91-7

化学名称 乙基硫代磺酸乙酯。

其他名称 抗菌剂 401，抗菌剂 402，四零二。

理化性质 纯品为无色液体，工业品为微黄色油状液体，具有类似大蒜臭味，可溶于多种有机溶剂，水中溶解度 1%～2%，加热至 130～140℃易分解。

毒性 乙蒜素属于中等毒性，成品有腐蚀性，能强烈刺激皮肤和黏膜。

作用特点 乙蒜素是一种广谱性杀菌剂，主要用于种子处理，或茎叶喷施。乙蒜素是大蒜素的乙基同系物，其杀菌机制是分子结构中的基团和菌体分子中含—SH 的物质反应，从而抑制菌体正常代谢。乙蒜素杀菌作用迅速，具有超强的渗透力，快速抑制病菌的繁殖，杀死病菌，起到治疗和保护作用，同时乙蒜素可以刺激植物生长，经它处理后，种子出苗快，幼苗生长健壮，对多种病原菌的孢子萌发和菌丝生长有很强的抑制作用。

适宜作物与安全性 乙蒜素可有效地防治枯、黄萎病，甘薯黑斑病，水稻烂秧，恶苗病，大麦条纹病以及多种棉花苗期病害，同时使用范围广泛，可以防治 60 多种真菌、细菌引起的病害；可以用于作物块根防霉保鲜剂，也可作为兽药，为家禽、家畜、鱼、蚕等治病，甚至可以作为工业船只表面的杀菌、除藻剂等。其使用安全，可以作为植物源仿生杀菌剂，不产生耐药性，无残留危害，使用后在作物上残留期很短，在草莓中的残留半衰期仅 1.9 天，黄瓜中 1.4～3.5 天，水稻中 1.4～2.1 天，与作物亲和力强，使用了半个世纪，每亩用量变化不大。

防治对象 可有效抑制玉米大小斑病、黄叶，小麦赤霉病、条纹病、腥黑穗病，西瓜慢枯病，西瓜苗期病害，番茄灰霉病、青枯病，黄瓜苗期绵疫病、枯萎病、灰霉病、黑星病、霜霉病，棉花立枯病、枯萎病、黄萎病，水稻稻瘟病、白叶枯病、恶苗病、烂秧病、纹枯病，白菜软腐病，姜瘟病，辣椒疫病及草莓、白术、人参、香蕉、苹果、葡萄、梨树、茶叶、马蹄、花卉、花生、大豆、芝麻等作物上的多种病害，效果显著。

使用方法 广谱性杀菌剂，对多种作物的病原菌有强烈的抑制作用。能够刺激作物生长，防治甘薯黑斑病、水稻烂秧、稻瘟病、稻恶苗病、麦类腥黑穗病、棉苗病害，也可用于种子处理、叶面喷洒或灌根，经处理的稻种、棉种薯块，具有出苗快，壮苗，烂苗少等优点。

（1）防治水稻烂秧、恶苗、瘟病，用80%乳油6000～8000倍液浸种，籼稻浸2～3天，粳稻浸3～4天，捞出催芽播种。

（2）防治小麦腥黑穗病，用80%乳油8000～10000倍液浸种24h；防治大麦条纹病，用80%乳油2000倍液浸种24小时后捞出播种；防治青稞大麦条纹病，每100kg种子用80%乳油10mL，加少量水，湿拌。

（3）防治葡萄及核果类果树根癌病，在刮除病瘤后，伤口用80%乳油200倍液涂抹。

（4）防治油菜霜霉病，发病初期，用80%乳油5500～6000倍液喷雾。

（5）防治大豆紫斑病，用80%乳油50mL对水250kg，浸种1h。

（6）防治棉花枯、黄萎病，用80%乳油1000倍液浸种半小时，浸泡时药液温度持续在55～60℃。

（7）防治苹果银叶病，发病初期，用80%乳油50mL加水250～400kg喷雾，视树冠大小喷足药液；防治苹果树叶斑病，发病初期，用80%乳油800～1000倍液喷雾。

（8）防治甘薯黑斑病，用80%乳油2000～2500倍液浸种10min，或用4000～4500倍液浸薯苗基部10min；防治甘薯烂窖，100kg鲜薯用80%乳油12.5～17.5g对水1～1.5kg，喷洒在稻草或稻壳上，然后再加一层未喷药的稻草或谷壳，上面放鲜薯，在上面盖上麻袋之类的物品并密闭，自行熏蒸3～4天即可拿去覆盖物，进行敞窖。

（9）防治黄瓜细菌性角斑病，发病初期，用41％乳油70～80mL/亩对水 40～50kg 喷雾；防治黄瓜霜霉病，发病初期，用30％乳油70～90mL 对水 40～50kg 喷雾。

（10）防治桃树流胶病，于桃树休眠期，用80％乳油100 倍液涂抹。

（11）防治苜蓿炭疽病和茎斑病，用30％乳油2000 倍液浸种24h，然后播种，生长期发病，用30％乳油5000 倍液喷雾。

注意事项

（1）施药人员应该十分注意防止接触皮肤，如有污染应及时清洗，必要时用硫代硫酸钠敷。乙蒜素属中等毒杀菌剂，对皮肤和黏膜有强烈的刺激作用。

（2）经乙蒜素处理过的种子不能食用或作饲料，棉籽不能用于榨油。

（3）乙蒜素不能和碱性农药混用，浸过药液的种子不得与草木灰一起存放，以免影响药效。

（4）施药后各种工具要注意清洗，包装物要及时回收并妥善处理，药剂应密封贮存于阴凉干燥处，运输和贮藏应有专门的车皮和仓库，不得与食物及日用品一起运输和储存。

相关复配制剂如下。

① 乙蒜素＋三唑酮：防治黄瓜枯萎病、苹果树轮纹病、棉花枯萎病、水稻稻瘟病。

② 乙蒜素＋杀螟丹：防治水稻干尖线虫病、水稻恶苗病。

③ 乙蒜素＋氨基寡糖素：防治棉花枯萎病。

硫酸铜

$$CuSO_4 \cdot 5H_2O$$

化学名称 五水硫酸铜。

其他名称 cupric sulfate，Blue Vihing，蓝矾，胆矾。

理化性质 纯品为蓝色结晶，无臭。相对密度为 2.29，易溶于水，100g 水中能溶解硫酸铜的量为：0℃，14.8g；10℃，17.3g；20℃，20g；30℃，25g；50℃，33.5g；100℃，77.4g。

硫酸铜在空气中因逐渐风化失去部分结晶水而褪色,加热至 45℃ 失去 2 分子结晶水,110℃ 失去 4 分子结晶水,258℃ 时失去全部结晶水,变成白色无水硫酸铜粉末,吸潮后还可恢复为蓝色含水结晶,但这些变化,不会影响其质量,在过于潮湿的条件下,硫酸铜也会潮解,但不影响药效。硫酸铜的水溶液为蓝色酸性溶液,游离硫酸含量不超过 0.25%,在水中的不溶物含量不大于 0.45%。

毒性 对人、畜毒性中等,对黏膜有腐蚀作用,对皮肤刺激严重。大鼠急性吸入 LC_{50} 1.48mg/L。人口服 1～2g 可引起中毒,10～20g 能危及生命,但少剂量 0.2～0.5g 可作催吐剂,大白鼠急性经口 LD_{50} 为 300mg/kg,对鱼类高毒。NOEL 值:在饲养试验中,大鼠 500mg/kg 饲料体重减轻;1000mg/kg 饲料对肝脏、肾及其他器官有伤害。对鸟比对其他动物毒性低。最低致死量:鸽子 1000mg/kg,鸭子 600mg/kg,水蚤 LC_{50}(14 天)2.3mg/L,对蜜蜂无毒。

作用特点 铜离子被萌发的孢子吸收,当达到一定浓度时,就可以杀死孢子细胞,从而起到杀菌作用,但此作用仅限于阻止孢子萌发。硫酸铜水溶液具有广谱保护杀菌活性,对蔬菜及多种经济作物上的真菌和细菌病害具有较好的防治效果,对锈病和白粉病等防治效果差。

适宜作物与安全性 蔬菜、果树、水稻、麦类、马铃薯、经济作物等。

防治对象 小麦褐色雪腐病、腥黑穗病,大麦褐斑病、坚黑穗病、柑橘黑点病、白粉病、疮痂病、溃疡病,马铃薯晚疫病、夏疫病、番茄疫病、鳞纹病、青枯病、辣椒疫病,茄子黄萎病、黄瓜枯萎病、瓜类霜霉病、炭疽病,水稻纹枯病、烂秧病、水稻秧苗绵腐病。

使用方法 浸种、灌根及喷雾。

(1)防治黄瓜霜霉病,发病前,用 96% 结晶粉、肥皂和水配制成皂液,配制硫酸铜:肥皂:水溶液(比例为 1:4:800),喷雾防治;

(2)防治黄瓜枯萎病、番茄青枯病、茄子枯萎病及辣椒疫病,发病前，用 27.12％悬浮剂 500 倍液灌根，每株用药液 250mL；

（3）防治马铃薯晚疫病，发病前，用 27.12％悬浮剂 500～1000 倍液喷雾；

（4）防治番茄晚疫病，发病前，用 27.12％悬浮剂 100 倍液涂抹病斑，3～5 天涂抹一次；

（5）防治大麦褐斑病、坚黑穗病、小麦腥黑穗病等，用 27.12％悬浮剂 250～500 倍液喷雾；

（6）防治水稻烂秧病和绵腐病，可用 27.12％悬浮剂 500～1000 倍液浸种。

注意事项

（1）严格按照农药安全规定使用此药，避免药液或药粉直接接触身体，如果药液不小心溅入眼睛，应立即用清水冲洗干净并携带此药标签去医院就医；

（2）此药应储存在阴凉和儿童接触不到的地方；

（3）如果误服要立即送往医院治疗；

（4）施药后各种工具要认真清洗，污水和剩余药液要妥善处理保存，不得任意倾倒，以免污染鱼塘、水源及土壤；

（5）搬运时应注意轻拿轻放，以免破损污染环境，运输和储存时应有专门的车皮和仓库，不得与食物和日用品一起运输，应储存在干燥和通风良好的仓库中；

（6）铜制剂皂液应现配现用，不能存放，以免引起沉淀而失效；

（7）储运时严防受潮和日晒，不能受雨淋，不能与种子、食物和饲料混放，已经浸种处理的种子不能食用和饲料；

（8）经口中毒，立即催吐，洗胃，可服蛋白质解救，解毒剂为依地酸二钠钙，并配合对症治疗；

（9）梨、桃、李对硫酸铜敏感，易产生药害，慎用；

（10）硫酸铜与铁会发生化学反应，所以装药剂的容器、配制溶液及使用的工具，都不能是铁器；

（11）硫酸铜不易溶解，使用前应先配制成水溶液再稀释。

硫酸铜可以和多种杀菌剂混用，相关复配制剂如下。

① 硫酸铜＋井冈霉素 A：防治水稻纹枯病。

② 硫酸铜＋三十烷醇：防治番茄病毒病。

③ 硫酸铜＋腐殖酸：防治苹果树腐烂病。

④ 硫酸铜＋盐酸吗啉胍：防治番茄病毒病。

⑤ 硫酸铜＋速灭威：防治旱地（棉花田）蜗牛。

⑥ 硫酸铜＋羟烯腺嘌呤＋烯腺嘌呤：防治辣椒病毒病、烟草病毒病。

⑦ 硫酸铜＋混合脂肪酸：防治番茄病毒病、烟草花叶病毒病。

氢氧化铜

$$Cu(OH)_2$$

化学名称　氢氧化铜。

其他名称　克杀多，杀菌得，Kocide，可杀得，冠菌乐，菌标，冠菌清，绿澳铜。

理化性质　纯品为蓝色粉末或蓝色凝胶，水中溶解度（pH7，25℃）2.9mg/L，在冷水中不可溶，热水中可溶，易溶于氨水溶液，不溶于有机溶剂。性质稳定，耐雨水冲刷。50℃以上脱水，140℃分解。

毒性　原药大鼠急性经口 LD_{50} ＞1g/kg，兔急性经皮 LD_{50} ＞3160mg/kg，大鼠急性吸入 LC_{50}（4h）＞2mg/L（空气）。对兔眼睛有较强的刺激性，对兔皮肤有中度刺激性。急性经口 LD_{50}：山齿鹑 3400mg/kg，野鸭＞5000mg/kg，山齿鹑和野鸭饲喂 LC_{50}（8d）＞10000mg/L，鱼毒 LC_{50}：虹鳟鱼（24h）0.08mg/L，大翻车鱼（96h）＞180mg/L，对蜜蜂无毒。

作用特点　氢氧化铜通过铜离子被萌发的孢子吸收，累积到一定浓度时，使孢子细胞的蛋白质凝固，就可以杀死孢子细胞，从而起到杀菌作用。同时铜离子还能使细胞中某种酶受到损坏，因而阻碍了代谢作用的正常运行。氢氧化铜是广谱性的保护性无机铜类杀菌剂。

适宜作物与安全性　十字花科蔬菜、水稻、菜豆、花生、番茄、茄子、芹菜、葱类、辣椒、胡萝卜、茶树、黄瓜、葡萄、马铃薯、西瓜、柑橘、香瓜等。

防治对象 十字花科蔬菜黑斑病、十字花科蔬菜黑腐病、烟草野火病、人参黑斑病、大蒜叶枯病和病毒病、苹果斑点落叶病、花生叶斑病、柑橘疮痂病、柑橘树脂病、柑橘溃疡病、柑橘脚腐病、葡萄黑痘病、葡萄白粉病、葡萄霜霉病、水稻白叶枯病、水稻细菌性条斑病、水稻稻瘟病、水稻纹枯病、芹菜细菌性斑点病、芹菜早疫病、芹菜斑枯病、胡萝卜叶斑病、茄子早疫病、茄子炭疽病、茄子褐腐病、菜豆细菌性疫病、葱类紫斑病、葱类霜霉病、辣椒细菌性斑点病、香瓜霜霉病、香瓜网纹病、马铃薯早疫病、马铃薯晚疫病、花生叶斑病、黄瓜细菌性角斑病、茶树炭疽病、茶树网饼病、芍药灰霉病、西瓜蔓枯病、西瓜细菌性果斑病、梨黑星病、梨黑斑病等。

使用方法 喷雾或浸种。

（1）防治西瓜蔓枯病，发病初期，用 53.8% 干悬浮剂 1000 倍液喷雾，用药时间宜在下午 3 点以后，气候条件不适宜时，应少量多次使用，间隔 7～10 天 1 次；

（2）防治西瓜细菌性果斑病，用 1500 倍液浸种 10h，用清水冲洗干净催芽；

（3）防治烟草野火病，发病前，用 57.6% 干粒剂 1800～2500 倍液喷雾；

（4）防治葡萄霜霉病、黑痘病等，用 53.8% 干悬浮剂 800～1000 倍液喷雾，在 75% 落花后进行第 1 次用药，间隔 10～15 天用药 1 次，雨季到来时或果实进入膨大期，间隔 7～10d 用药 1 次，连续用药 3～4 次；

（5）防治番茄溃疡病、早疫病及晚疫病，在发病前，用 53.8% 干悬浮剂 800～1000 倍液喷雾，间隔 7 天再用药 1 次；

（6）防治白菜软腐病、白斑病等，在大白菜莲座期，用 53.8% 干悬浮剂 800～1000 倍液喷雾；

（7）防治水稻细菌性条斑病、稻瘟病、白叶枯病、纹枯病和稻曲病等，发病前，用 53.8% 干悬浮剂 1000 倍液喷雾，间隔 7～10 天再用药 1 次，连续用药 2 次；

（8）防治黄瓜细菌性角斑病和霜霉病，发病前至发病初期，用

77％可湿性粉剂 800～1000 倍液喷雾；

（9）防治西瓜、甜瓜炭疽病，在秧苗嫁接成活后，用 53.8％干悬浮剂 1000 倍液喷雾；

（10）防治大蒜病毒病和叶枯病，发病前，用 25％悬浮剂 300～500 倍液喷雾；

（11）防治马铃薯青枯病，用 77％可湿性粉剂 500～600 倍液浸种；

（12）防治芍药灰霉病，发病前，用 77％可湿性粉剂 500 倍液喷雾；

（13）防治人参黑斑病，发病初期，用 53.8％干悬浮剂 500 倍液喷雾；

（14）防治香蕉叶斑病，发病前，用 53.8％干悬浮剂 800 倍液喷雾。

注意事项

（1）严格按照农药安全规定使用此药，避免药液或药粉直接接触身体，如果药液不小心溅入眼睛，应立即用清水冲洗干净并携带此药标签去医院就医；

（2）此药应储存在阴凉和儿童接触不到的地方；

（3）如果误服要立即送往医院治疗；

（4）施药后各种工具要认真清洗，污水和剩余药液要妥善处理保存，不得任意倾倒，以免污染鱼塘、水源及土壤；

（5）搬运时应注意轻拿轻放，以免破损污染环境，运输和储存时应有专门的车皮和仓库，不得与食物和日用品一起运输，应储存在干燥和通风良好的仓库中；

（6）阴雨天或有露水时不能喷药，高温高湿气候条件慎用；

（7）对鱼类及水产动物有毒，避免药液污染水源；

（8）对蚕有毒，不宜在桑树上使用，需单独使用，避免与其他农药混用，不能与遇碱分解的药剂混用；

（9）不能与石硫合剂及遇铜易分解的农药混用；

（10）施药时宜在作物发病前或发病初期使用，发病后期效果较差，开花期慎用；

（11）用药时穿防护服，避免药液接触身体，切勿吸烟或进食，勿让儿童接触药剂，切勿将废液倒入水系，或在水系中洗涮盛放该药液的空容器；

（12）用于对铜离子敏感的作物需进行小试，在苹果、梨开花期和幼果期严禁用此药，桃、李等对铜离子敏感的作物禁止使用此药，柑橘上使用 77％可湿性粉剂浓度不应低于 1000 倍液否则易产生药害。

相关复配制剂如下。

氢氧化铜＋多菌灵：防治西瓜枯萎病。

碱式硫酸铜

$$CaSO_4Cu (OH)_2 \cdot 5H_2O$$

化学名称　碱式硫酸铜。

其他名称　铜高尚，绿信，得宝，杀菌特，绿得宝，保果灵。

理化性质　原药为浅蓝色黏稠流动浊液，悬浮率＞90％，pH 6～8，在常温条件下能稳定的贮存 3 年，可以任意比例与水混合形成相对稳定的悬浊液。

毒性　大鼠急性经口 LD_{50}＞2450mg/kg，小鼠急性经口 LD_{50}＞2370mg/kg，大鼠急性经皮 LD_{50}＞5000mg/kg；30％悬浮剂大鼠急性经口 LD_{50} 为 511～926mg/kg，大鼠急性经皮 LD_{50}＞10000mg/kg，对蚕有毒。

作用特点　碱式硫酸铜为广谱性杀菌剂，作用原理与其他无机铜类杀菌剂相似：碱式硫酸铜在病原菌入侵植物细胞时分泌的酸性物质或植物体自身在代谢过程中分泌的酸性液体作用下转变为可溶物，产生的少量铜离子进入病原菌细胞后，使细胞的蛋白质凝固，铜离子还能使细胞中某些酶受到破坏阻碍了病原菌正常的代谢作用。另外，铜离子还能与细胞质膜上的阳离子进行交换从而使得病原菌中毒。

适宜作物与安全性　蔬菜、果树、花卉及经济作物，如水稻、烟草、番茄、茄子、绿豆、柑橘、草莓、苹果、梨等。

防治对象　马铃薯晚疫病、番茄灰霉病、番茄早疫病、番茄晚疫病、芹菜斑点病、芹菜斑枯病、苹果斑点落叶病、苹果轮纹病、苹果炭疽病、绿豆白粉病、桃炭疽病、草莓灰霉病、草莓叶斑病、草莓黄萎病、草莓芽枯病、草莓白粉病、葱类霜霉病、葱类紫斑病、葱类白尖病、菜豆炭疽病、菜豆细菌性疫病、黄瓜细菌性角斑病、黄瓜蔓枯病、黄瓜霜霉病、黄瓜炭疽病、白菜软腐病、莴苣霜霉病、水稻稻曲病、葡萄霜霉病、葡萄黑腐病等。

使用方法　喷雾。

（1）防治菜豆锈病、莴苣霜霉病、茄子绵疫病、黄瓜蔓枯病、黄瓜细菌性角斑病等，用 30% 悬浮剂 400～500 倍液喷雾，间隔 10～15 天喷 1 次；

（2）防治番茄早疫病、番茄灰霉病、葱类霜霉病、葱类紫斑病、葱类白尖病等，发病前，用 30% 悬浮剂 400～500 倍液喷雾，间隔 10～15 天喷 1 次；

（3）防治马铃薯晚疫病、辣椒炭疽病、芹菜斑枯病、芹菜斑点病等，用 30% 悬浮剂 400～500 倍液喷雾，间隔 10～15 天喷 1 次；

（4）防治草莓灰霉病、草莓叶斑病、草莓黄萎病、草莓芽枯病等，发病前，用 30% 悬浮剂 400～500 倍液喷雾，间隔 10～15 天喷 1 次；

（5）防治葡萄霜霉病、葡萄黑腐病，发病前至发病初期，用 30% 悬浮剂 400～500 倍液喷雾，间隔 10～15 天喷 1 次；

（6）防治梨黑星病，发病前至发病初期，用 80% 可湿性粉剂 700～800 倍液喷雾，间隔 10～15 天喷 1 次；

（7）防治苹果轮纹病、炭疽病、斑点落叶病，用 30% 悬浮剂 400～500 倍液喷雾，间隔 20 天喷 1 次；

（8）防治绿豆白粉病，发病前，用 30% 悬浮剂 400～500 倍液喷雾，间隔 10～15 天喷 1 次；

（9）防治水稻稻曲病，发病前，用 27.12% 悬浮剂 70～80mL/亩对水 40～50kg 喷雾间隔 10～15 天喷 1 次；

（10）防治烟草赤星病，用 30% 悬浮剂 500 倍液喷雾。

注意事项

（1）严格按照农药安全规定使用此药，避免药液或药粉直接接触身体，如果药液不小心溅入眼睛，应立即用清水冲洗干净并携带

此药标签去医院就医；

（2）此药应储存在阴凉和儿童接触不到的地方；

（3）如果误服要立即送往医院治疗；

（4）施药后各种工具要认真清洗，污水和剩余药液要妥善处理保存，不得任意倾倒，以免污染鱼塘、水源及土壤；

（5）搬运时应注意轻拿轻放，以免破损污染环境，运输和储存时应有专门的车皮和仓库，不得与食物和日用品一起运输，应储存在干燥和通风良好的仓库中；

（6）经口中毒，立即催吐洗胃。解毒剂为依地酸二钠钙，并配合对症治疗；

（7）该药剂的防治效果关键在于适时用药和喷雾要均匀，提早防治，定期防治，喷药前要求将药液搅拌均匀，喷洒时要使植物表面附着均匀，使用时间宜在 6～8 月间使用，可代替波尔多液；

（8）不宜在早上有露水、阴雨天气或刚下过雨后施药；

（9）温度高时使用浓度要低，以防药害，作物花期使用此药易产生药害，不宜使用；

（10）对蚕有毒，不宜在桑树上使用；

（11）该药剂悬浮性差，贮存后会出现分层现象，用时应摇匀，避免浓度不均而产生的降低药效或产生药害；

（12）用于对铜离子敏感的作物需进行小面积实验，再大面积使用；

（13）不能与石硫合剂及遇铜易分解的农药混用；

（14）该药剂是保护性杀菌剂，所以在发病前和发病初期使用，防治病原菌的侵入或蔓延。

氧化亚铜

Cu_2O

化学名称　氧化亚铜。

其他名称　铜大师，靠山，copper Sandoz。

理化性质　结晶为红色的八面体，相对密度为 6.0，熔点为 1235℃，可溶于水、盐酸、氯化铵、氢氧化铵，微溶于硝酸，不溶于酒精。在干燥条件下稳定，在高湿及潮气中易被氧化形成氧化铜。

毒性　大鼠急性经口 LD_{50} 为 1.4g/kg，急性经皮 $LD_{50} > 4g/kg$，对兔皮肤和眼睛有轻微刺激作用。对鱼类低毒，LC_{50} 水蚤 0.06mg/L。LC_{50}（48h，mg/L）成年金鱼 150，幼金鱼 60。

作用特点　氧化亚铜是一种广谱保护性杀菌剂，兼具有一定的治疗作用，铜离子与真菌或细菌体内蛋白质中的巯基、羧基及羟基等基团相互作用时，可抑制菌丝生长，破坏病原菌繁殖机构，达到杀菌的目的，可有效地预防作物的真菌及细菌性病害。

适宜作物与安全性　苹果、水稻、黄瓜、西瓜、番茄、辣椒、甜椒、芹菜、葡萄、荔枝、棉花、樱桃、柑橘等。

防治对象　苹果轮纹病、苹果斑点落叶病、柑橘溃疡病、西瓜蔓枯病、西瓜炭疽病、辣椒疫病、黄瓜细菌性角斑病、黄瓜霜霉病、番茄早疫病、芹菜斑枯病、葡萄黑腐病、葡萄霜霉病、荔枝霜疫霉病、棉花枯萎病、柑橘疮痂病、樱桃褐斑病、水稻纹枯病、水稻稻曲病等。

使用方法　拌种、喷雾。

（1）防治芹菜斑枯病，发病前至发病初期，用 86.2% 水分散粒剂 1000 倍液喷雾，间隔 10 天喷 1 次，连续喷 2～3 次；

（2）防治荔枝霜疫霉病，发病前，用 86.2% 水分散粒剂 1500 倍液喷雾；

（3）防治棉花枯萎病，用 86.2% 可湿性粉剂以 0.8∶1000 拌种，起到预防作用；

（4）防治柑橘疮痂病，发病前至发病初期，用 86.2% 可湿性粉剂 800 倍液喷雾，间隔 7～12 天喷 1 次；

（5）防治水稻纹枯病，发病前至发病初期，用 86.2% 可湿性粉剂 25～35g/亩对水 40～50kg 喷雾；

（6）防治水稻稻曲病，发病前至发病初期，用 86.2% 可湿性粉剂 2000 倍液喷雾；

（7）防治苹果轮纹病，在发病前，用 86.2% 水分散粒剂 3000 倍液喷雾；

（8）防治葡萄霜霉病，在 6 月份至 8 月份期间，用 86.2% 可湿性粉剂 1000～1200 倍液喷雾，间隔 10～12 天喷药 1 次，视病情连续用药 3～4 次；

(9) 防治番茄早疫病，发病前，用 86.2％可湿性粉剂 1000～1200 倍液喷雾。

注意事项

(1) 严格按照农药安全规定使用此药，避免药液或药粉直接接触身体，如果药液不小心溅入眼睛，应立即用清水冲洗干净并携带此药标签去医院就医；

(2) 此药应储存在阴凉和儿童接触不到的地方；

(3) 如果误服要立即送往医院治疗；

(4) 施药后各种工具要认真清洗，污水和剩余药液要妥善处理保存，不得任意倾倒，以免污染鱼塘、水源及土壤；

(5) 搬运时应注意轻拿轻放，以免破损污染环境，运输和储存时应有专门的车皮和仓库，不得与食物和日用品一起运输，应储存在干燥和通风良好的仓库中；

(6) 如误服，服用解毒剂为 1％亚铁氧化钾溶液，症状严重时可用 BAL（二巯基丙醇）；

(7) 该药剂的防治效果关键在于适时用药和喷雾要均匀，提早防治，定期防治，喷药前要求将药液搅拌均匀，喷洒时要使植物表面附着均匀；

(8) 不宜在早上有露水、阴雨天气或刚下过雨后施药，低温潮湿气候条件下慎用；

(9) 用于对铜离子敏感的作物需进行小面积实验，再大面积使用；

(10) 禁止在果树花期及幼果期使用本品；

(11) 高温季节在保护地蔬菜上最好在早、晚喷施，在黄瓜、菜豆等作物上使用时不能直接喷洒在生长点及幼茎上，以免产生药害；

(12) 不可与强碱或强酸性农药混用。

氧氯化铜

$$3Cu(HO)_2 \cdot CuCl_2$$

化学名称 氧氯化铜。

其他名称　菌物克，禾益万克，王铜。

理化性质　蓝绿色粉末，熔点 300℃（分解），水中溶解度（pH7，20℃）小于 10^{-5} mg/L，溶解于稀的酸性溶液，并同时分解，形成 Cu^{2+} 盐，溶于氨水，形成络合离子。稳定性：在中性介质中稳定，在碱性介质中受热易分解形成氧化铜。

毒性　按我国农药分级标准属低毒农药。大鼠急性经口 LD_{50} 为 1700~1800mg/kg，大鼠急性经皮 LD_{50}＞2000mg/kg，大鼠急性吸入 LC_{50}（4h）＞30mg/L；水蚤 LC_{50}（24h）3.5mg/L；鲤鱼 LC_{50}（48h）2.2mg/kg。

作用特点　氧氯化铜是具有保护性的无机铜类杀菌剂，在作物发病前使用，可对作物上的多种真菌和细菌性病害有效果。氧氯化铜喷到作物的表面，形成一层保护膜，在一定湿度条件下，释放出的铜离子被萌发的孢子吸收后，铜离子在孢子细胞内积累，当达到一定浓度时，就可以杀死孢子细胞，从而起到预防病害的作用。

适宜作物与安全性　马铃薯、水稻、柑橘、花生、苹果、麦类、番茄、瓜类、辣椒、芦荟、荔枝、葡萄、槟榔、荔枝、烟草等。

防治对象　黄瓜细菌性角斑病、番茄早疫病、番茄青枯病、花生叶斑病、马铃薯晚疫病、马铃薯夏疫病、水稻纹枯病、水稻白叶枯病、黄瓜霜霉病、西瓜霜霉病、西瓜炭疽病、西瓜枯萎病、柑橘黑点病、柑橘白粉病、柑橘疮痂病、柑橘溃疡病、葡萄霜霉病、葡萄白粉病、芦荟炭疽病、苹果轮纹病、荔枝花穗干枯病、辣椒疫病、烟草野火病等。

使用方法　淋根、喷雾。

（1）防治烟草野火病，发病前，用 47%可湿性粉剂 2500 倍液喷雾；

（2）防治芦荟炭疽病，发病前，用 30%悬浮剂 600 倍液喷雾；

（3）防治槟榔细菌性条斑病，发病前，用 30%悬浮剂 500 倍液喷雾；

（4）防治水稻稻曲病，在破口前 7 天与破口期两次施药，用 30%悬浮剂 300~400g/亩对水 40~50kg 喷雾；

（5）防治番茄早疫病，发病初期，用 47％可湿性粉剂 700～800 倍液喷雾；

（6）防治番茄青枯病，定植后，发病前，用 30％悬浮剂 1000 倍液淋根；

（7）防治辣椒疫病，发病前，用 37.5％悬浮剂 700～1000 倍液喷雾；

（8）防治花生叶斑病，发病前，用 47％可湿性粉剂 90～120g/亩对水 40～50kg 喷雾；

（9）防治西瓜枯萎病，发病前，用 50％可湿性粉剂 400～600 倍液喷雾；

（10）防治葡萄霜霉病及葡萄白粉病，发病前，用 30％悬浮剂 500 倍液喷雾；

（11）防治黄瓜细菌性角斑病，发病前至发病初期，用 57.6％干粒剂 1000 倍液喷雾；

（12）防治西瓜枯萎病，发病前，用 50％可湿性粉剂 500 倍液喷雾。

注意事项

（1）严格按照农药安全规定使用此药，避免药液或药粉直接接触身体，如果药液不小心溅入眼睛，应立即用清水冲洗干净并携带此药标签去医院就医；

（2）此药应储存在阴凉和儿童接触不到的地方；

（3）如果误服要立即送往医院治疗；

（4）施药后各种工具要认真清洗，污水和剩余药液要妥善处理保存，不得任意倾倒，以免污染鱼塘、水源及土壤；

（5）搬运时应注意轻拿轻放，以免破损污染环境，运输和储存时应有专门的车皮和仓库，不得与食物和日用品一起运输，应储存在干燥和通风良好的仓库中；

（6）与春雷霉素的混剂对苹果、葡萄、大豆和藕等作物的嫩叶敏感，使用时一定要注意浓度；

（7）避免在高温下使用过高的浓度喷雾，同时也要避免在阴湿天气或露水未干前施药，宜在下午 4 点后喷药；

（8）该药剂不能与石硫合剂等碱性药剂混用；

（9）该药剂保存时间较长时会发生轻微的分层现象，使用前摇匀；

（10）用于对铜离子敏感的作物（特别在白菜、豆类等）需进行小面积实验，再大面积使用；

（11）施药后24h内如果遇到大雨，应重喷。

波尔多液

$$Cu_4Ca_3(SO_4)_4 \cdot (HO)_6 \cdot nH_2O$$

化学名称　硫酸铜-石灰混合液。

其他名称　Comac，Nutra-Spray，Bordocop。

理化性质　外观为极细小的蓝色颗粒，粒径≤40μm的粒子含量为100%，粒子≤5μm的粒子含量为80%。不溶于水，难溶于普通溶剂如：酮类、酯类、烃和氯代烃，易溶于氨水形成络合物。遇强酸或强碱易发生变化，受热分解为氧化铜。波尔多液使用硫酸铜、生石灰和水配制成的天蓝色黏稠状悬浮液，碱性，储存时间长就能形成沉淀，并产生结晶，逐渐变质失效。波尔多液对金属有腐蚀作用。

毒性　大鼠急性经口 LD_{50} >4000mg/kg（可湿性粉剂），对蚕的毒性大，对人、畜低度，但人经口大量吞入时能引起致命的胃肠炎。

作用机制与特点　波尔多液是具有保护作用的广谱性杀菌剂，对多种作物的真菌和细菌性病害都有效果，不具有内吸活性和治疗作用。波尔多液喷洒在作物的表面后，以微粒状附着在作物的表面，经空气、水分、二氧化碳、作物自身和病原菌分泌物的综合作用下，逐渐释放出的铜离子被萌发的孢子吸收后，在病原菌孢子细胞内逐渐积累，当达到一定的浓度时，就可以杀死孢子细胞，从而起到杀菌作用。

适宜作物与安全性　辣椒、油菜、马铃薯、豌豆、蔬菜、苹果、柑橘、瓜类、梨、葡萄、水稻、小麦、茶树等。

防治对象　水稻纹枯病、水稻白叶枯病、水稻叶枯病、水稻胡麻叶斑病、小麦雪腐病、大豆霜霉病、大豆炭疽病、大豆黑痘病、柑橘疮痂病、柑橘溃疡病、柑橘黑点病、柑橘炭疽病、柿炭疽病、柿绵疫病、柿角斑落叶病、苹果黑点病、苹果褐斑病、苹果赤星病、梨轮纹病、梨斑点病、萝卜霜霉病、萝卜黑腐病、萝卜炭疽病、葡萄晚疫病、葡萄黑痘病、葡萄霜霉病、葡萄褐斑病、甘蓝霜霉病、菜豆角斑病、菜豆炭疽病、烟草低头病、烟草炭疽病、瓜类炭疽病、瓜类霜霉病、瓜类黑星病、瓜类蔓枯病、番茄褐纹病、番茄炭疽病、番茄绵疫病、茶树白星病、茶树赤叶枯病、茶树茶饼病、茶树炭疽病、葱霜霉病、葱锈病、洋葱霜霉病、洋葱锈病、棉花角斑病、枣树炭疽病、枣树锈病、芹菜斑枯病、芹菜斑点病等。

使用方法 喷雾。

（1）防治黄瓜病害（如黄瓜疫病病、黄瓜蔓枯病），用 1：0.5：（240～300）（硫酸铜、生石灰、水）的波尔多液喷雾；

（2）防治黄瓜霜霉病，用 80％可湿性粉剂 700～800 倍液喷雾；

（3）防治辣椒炭疽病，用 80％可湿性粉剂 400 倍液喷雾；

（4）防治芹菜斑枯病和芹菜斑点病，用 1：0.5：200（硫酸铜、生石灰、水）的波尔多液喷雾；

（5）防治苹果病害（如苹果炭疽病、苹果轮纹病、苹果早期落叶病），幼果期喷 0.5％倍量式波尔多液，以后可换 0.5％等量式波尔多液；

（6）防治枣树病害（如枣树炭疽病、枣树锈病），在枣树开花前，喷施 1：3：400 的波尔多液，7 月初枣果进入膨大期后，喷施 1：2：300 的波尔多液可防治枣缩果病、炭疽病等；

（7）防治平菇黏菌，用 1：0.5：100（硫酸铜、生石灰、水）的波尔多液直接喷洒，间隔 7 天喷 1 次，一般 1～2 次；

（8）防治黄瓜细菌性角斑病、黄瓜炭疽病、番茄早疫病、番茄晚疫病、番茄晚疫病、番茄灰霉病、番茄叶霉病、番茄斑枯病、番茄溃疡病、马铃薯晚疫病、茄子绵疫病、茄子褐纹病、甜椒炭疽病、甜椒软腐病、甜椒疮痂病等，用 1：1：200（硫酸铜、生石灰、水）的波尔多液喷雾；

（9）防治苹果树病，用 80％可湿性粉剂 300～500 倍液喷雾。

注意事项

（1）严格按照农药安全规定使用此药，避免药液或药粉直接接触身体，如果药液不小心溅入眼睛，应立即用清水冲洗干净并携带此药标签去医院就医；

（2）此药应储存在阴凉和儿童接触不到的地方；

（3）如果误服要立即送往医院治疗；

（4）施药后各种工具要认真清洗，污水和剩余药液要妥善处理保存，不得任意倾倒，以免污染鱼塘、水源及土壤；

（5）搬运时应注意轻拿轻放，以免破损污染环境，运输和储存时应有专门的车皮和仓库，不得与食物和日用品一起运输，应储存在干燥和通风良好的仓库中；

（6）药液要做到随配随用，使用时要不断搅拌；

（7）在病原菌侵入前或发病初期使用，如果用药时间偏迟，就会明显降低药效；

（8）宜在晴天露水干后用药，对铜耐力较弱的作物，不宜在低温、阴潮天气及多雨的天气使用，避免引起药害；

（9）对蚕毒性大，桑园附近不宜使用；

（10）水果蔬菜在收获前 15～20 天不能使用，以免引起污染；

（11）收获物上如果有残留药液斑渍（天蓝色），可先用稀醋酸洗去，再用清水洗净后食用；

（12）该药剂不能与石硫合剂等碱性药剂混用，也不能与酸性农药混用，要求两次施药间隔期至少在 15 天以上；

（13）有些作物对铜离子或石灰敏感，易产生药害，对铜离子敏感的作物有小麦、大豆、苹果、梨、白菜等，对石灰敏感的有马铃薯、茄科、葫芦科、葡萄等，因此要针对不同的作物的敏感性，选用不同的配比量，以减弱药害因子的作用；

（14）在高温干旱的条件下，对石灰敏感的作物特别容易产生药害，对桃、梨、杏、梅、李、小麦、大豆、菜豆、莴苣等，则不宜使用波尔多液，其他幼嫩作物的耐铜力也较弱，使用时要注意；

（15）用过波尔多液的喷雾器，要及时用清水洗净；

（16）喷施波尔多液的作物上在 7～10 天内不宜喷施代森锌；

（17）喷施机油乳剂 30 天内也不宜喷洒波尔多液。

相关复配制剂如下。

① 波尔多液＋代森锰锌：防治番茄早疫病、黄瓜霜霉病、柑橘溃疡病、葡萄白腐病、葡萄霜霉病、苹果树斑点落叶病、苹果树轮纹病。

② 波尔多液＋霜脲氰：防治黄瓜霜霉病。

③ 波尔多液＋甲霜灵：防治黄瓜霜霉病。

石硫合剂

$$CaS_x$$

化学名称　多硫化钙。

其他名称　石灰硫黄合剂，基得，达克快宁，速战，可隆，Lime sulfur（ESA，JMAF）。

理化性质　石硫合剂是一种褐色液体，具有较强的臭鸡蛋味。呈碱性反应，在空气中特别是高温及日光照射下易被氧化，储存时应避光密闭。石硫合剂的主要成分是五硫化钙，并含有多种硫化物及少量的硫酸钙与亚硫酸钙。相对密度为 1.28。

毒性　石硫合剂按我国农药毒性分级标准属低毒农药，对人的皮肤具有强烈的腐蚀性，并对人的眼睛和鼻子具有刺激性。45％的固体对雄性大鼠急性经口 LD_{50} 为 619mg/kg，雌大鼠的急性经口 LD_{50} 为 501mg/kg，家兔急性经皮 LD_{50} ＞5000mg/kg。

作用特点　石硫合剂可作为保护性杀菌剂，喷洒在植物表面后，其中的多硫化钙在空气中经氧气、水和二氧化碳的影响发生化学变化，形成微小的硫黄颗粒而起到杀菌作用。石硫合剂呈碱性，能够侵蚀昆虫蜡质皮层，可杀蚧壳虫等具有较厚蜡质层的害虫和一些螨类。

适宜作物与安全性　小麦、蔬菜、苹果、梨、葡萄、柑橘、桃、栗等。

防治对象　蔬菜白粉病、柑橘疮痂病、柑橘黑点病、柑橘溃疡病、桃叶缩病、桃胴枯病、桃黑星病、柿黑星病、柿白粉病、栗锈病、栗芽枯病、小麦锈病、小麦白粉病、小麦赤霉病、苹果炭疽病、苹果白粉病、苹果花腐病、苹果黑星病、梨白粉病、梨黑斑病、梨黑星病、葡萄白粉病、葡萄黑痘病、葡萄褐斑病、葡萄毛颤病等。另外防治害虫方面，石硫合剂能防治落叶果树蚧壳虫、矢尖蚧、梨叶螨、赤螨、柑橘螨、黄粉虫、茶赤螨、桑蚧、蔬菜赤螨以及棉花、小麦作物上的红蜘蛛等，还能用于防治家畜寄生螨等。

使用方法　喷雾。

（1）在落叶果树如苹果、桃等果园清园时，喷洒石硫合剂可以防治多种病害及害虫，在秋后或早春树芽萌发前，用45％固体30～50倍液喷雾，首先对全树进行喷施，然后重点喷施2年生以上枝干；

（2）防治小麦锈病、白粉病，在早春使用0.5波美度，在后期使用0.3波美度，冬季气温低，一般应用15波美度涂抹果树，果树生长时期防治病害及蚧壳虫等，使用0.3～0.5波美度药液喷洒；

（3）防治苹果炭疽病、花腐病、轮纹病、桃疮痂病、梨黑斑病、柿炭疽病、柑橘疮痂病、溃疡病等，用5波美度稀释液在冬季或早春涂树干、喷洒，能兼治越冬虫、卵和蚧，用原液消毒刮治的伤口，可减少有害病菌的侵染，防止腐烂病、溃疡病的发生；

（4）防治麦类锈病及麦类白粉病，在发病刚开始时用药，用45％固体150倍液喷雾，喷药液50kg/亩；

（5）防治茶树害虫，用45％固体150倍液喷雾，防治茶园害螨，用45％固体150倍液喷雾；

（6）防治苹果树白粉病，发病初期，用45％固体10～20倍液喷雾；

（7）防治葡萄白粉病，冬芽吐露褐色茸毛时，用2～3波美度，在展叶后喷0.2～0.3波美度，必须注意浓度不可过高，易产生药害；

（8）防治葡萄炭疽病等，发芽前，用3波美度加0.2％～0.3％五氯酚钠；

（9）防治黄瓜叶部病害，发病初期，用45％结晶100倍液喷雾；

（10）防治黄连白粉病，发病前至发病初期，用0.2～0.3波美度喷雾，隔7～10天喷雾1次，连喷3～4次；

（11）防治大白菜、小白菜、油菜等白菜类白粉病，发病初期，用45%固体220倍液喷雾；

（12）防治烟草青枯病，发病初期，用2～3波美度石硫合剂，隔10天再喷一次，共喷2次；

（13）防治草坪锈病、玫瑰锈病，在生长季节用0.2～0.3波美度喷雾；

（14）防治哈密瓜白粉病，在发病初期，用45%结晶200倍液，发病严重时，用100倍液喷雾，间隔7天再喷1次；

（15）防治核桃树白粉病，发病初期，用1波美度喷雾；

（16）防治桑炭疽病、白粉病，分别在夏季后和冬季，用4～5波美度涂树干或喷洒树干，药剂不可接触嫩芽和幼叶；

（17）观赏植物蚧壳虫、白粉病，发病前，用45%固体110倍液喷雾；

（18）防治果树萌芽初期病害及蚧壳虫等，用2～3波美度喷雾，生长时期使用0.3～0.5波美度药液喷洒；

（19）防治苹果树红蜘蛛，在苹果萌芽前，用45%固体20～30倍液喷雾；

（20）防治柑橘红蜘蛛、蚧壳虫和锈壁虱，在早春，用45%固体180～300倍液喷雾。

石硫合剂的配置过程：石硫合剂是由石灰、硫黄加水熬制而成的。其原料比例有多种，以生石灰∶硫黄∶水为1∶（1.5～2）∶（10～18）的配合量防治效果最好，常用的配合量还有1∶2∶10或1∶1.5∶15。称出的洁白块状生石灰放在瓦锅或铁锅中，先洒入少量水使生石灰消解成粉末，然后再加入少量水将生石灰粉调成糊状，接着把称好的硫黄粉慢慢地加入石灰浆中，使之混合均匀，最后将全量水加入，并记下锅内水位线，然后熬煮，从沸腾时开始计时，保持沸腾45～60min（熬制过程中损失的水量在反应时间最后的15min以前用热水补足），此时，锅内溶液呈深红棕色（老酱油色），随后用4～5层纱布滤去渣滓，滤液即为澄清酱油色石硫合剂母液。最后，用波美比重计测量其冷却后的浓度，要求浓度应达到23～25波美度以上。

注意事项

（1）严格按照农药安全规定使用此药，避免药液或药粉直接接触身体，如果药液不小心溅入眼睛，应立即用清水冲洗干净并携带此药标签去医院就医。

（2）此药应储存在阴凉和儿童接触不到的地方。

（3）如果误服要立即送往医院治疗。

（4）施药后各种工具要认真清洗，污水和剩余药液要妥善处理保存，不得任意倾倒，以免污染鱼塘、水源及土壤。

（5）搬运时应注意轻拿轻放，以免破损污染环境，运输和储存时应有专门的车皮和仓库，不得与食物和日用品一起运输，应储存在干燥和通风良好的仓库中。

（6）熬制石硫合剂必须用瓦锅或生铁锅，不能用铜锅或铝锅，否则易腐蚀损坏。

（7）石硫合剂的使用浓度随气候条件及防治时期确定。冬季气温低，植株处于休眠状态，使用浓度可高些；夏季气温高，植株处于旺盛生长时期，使用浓度宜低。在果树生长期，不能随意提高使用浓度，否则极易产生药害。一般情况下，石硫合剂的使用浓度，在落叶果树休眠期为3～5波美度；在旺盛生长期以0.1～0.2波美度为宜，在果园长期使用石硫合剂，最终将使病虫产生耐药性，而且使用浓度越高耐药性形成越快，因此，在果园使用石硫合剂，应与其他高效低毒药剂轮换、交替使用。

（8）对硫较敏感的作物如豆类、马铃薯、黄瓜、桃、李、梅、梨、杏、葡萄、番茄、洋葱等易产生药害，不宜使用，苹果树使用后会增加枝枯型腐烂病的发生，也不宜使用。可采取降低浓度和减少喷药次数，或选择安全时期用药以避免产生药害，组织幼嫩的作物易被烧伤。使用时温度越高，药效越好，但药害亦大。

（9）在用过石硫合剂的植物上，间隔10～15天后才能使用波尔多液等碱性农药。先喷波尔多液的，则要间隔20天后才可喷洒石硫合剂。

（10）本药最好随配随用，长期储存易产生沉淀，挥发出硫化氢气体，从而降低药效。

（11）必须储存时，应储存于小口陶瓷坛中（如硫酸坛、酒坛），并在原液表面加一层煤油再加盖密封，以防吸收空气中的水分和二氧化碳而分解失效，储存后使用应重新测定其波美度。

（12）柑橘采收前 45～60 天、落叶果树采果前 1 个月不宜喷施，以免造成果面药斑。一般情况下，冬季对梨、杏、柿、桃、葡萄、柑橘等果树使用石硫合剂，不会发生药害。果树休眠期和早春萌芽前，是使用石硫合剂的最佳时期，但忌随意提高使用浓度。

（13）石硫合剂为碱性，不能与有机磷类及大多数怕碱农药混用，也不能与松脂合剂、铜制剂、油乳剂、肥皂、波尔多液混用。

（14）使用前要充分搅匀，长时间连续使用易产生药害，夏季高温 32℃以上，春季低温 4℃以下时不宜使用。

（15）要熬制出高质量的石硫合剂，在实践中人们将熬制石硫合剂的经验总结为"锅大、火急、灰白、粉细、一口气煮成老酱油色母液"。同时应注意：首先，要选用优质的石灰和硫磺。石灰要用洁白、质轻、成块状的生石灰，含杂质太多或已风化吸湿的石灰不宜使用；硫磺的质量一般是比较稳定的，但成块的硫磺必须磨碎成粉状，硫磺粉粒越细越有利于反应的进行。第二，要掌握的熬制过程火力和反应时间。火力要足而稳，以保证锅内药液大面积持续沸腾，时间要恰到好处，太短则反应不完全，得到的母液浓度低，反应时间过长，过分搅拌（尤其反应后期）反应生成的多硫化钙又会被氧化破坏，反而降低了母液的质量。

参　考　文　献

[1] 韩德乾.农药科学使用指南.北京：金盾出版社，2000.

[2] 纪明山.生物农药手册.北京：化学工业出版社，2012.

[3] 刘长令.世界农药大全：杀菌剂卷.北京：化学工业出版社，2008.

[4] 石得中.中国农药大辞典.北京：化学工业出版社，2008.

[5] 时春喜.农药使用技术手册.北京：金盾出版社，2009.

[6] 虞秩俊.农药应用大全.北京：中国农业出版社，2008.

[7] 袁会珠.农药使用技术指南.北京：化学工业出版社，2011.

[8] 袁会珠.农药应用指南.北京：中国农业科学技术出版社，2011.

[9] 张玉聚.世界农药新品种技术大全.北京：中国农业科学技术出版社，2010.

索　引

二、农药英文名称索引

A

Abarit 229
Abound 254
AC 336379 57
ACR 3651 114
Acrobat 57
Acylon 43
acylpicolide 140
Afugan 249
Agri-step 277
Agrocit 200
albendazole 234
Aliette 296
Alios 227
Allegro 259
Allisan 293
Alto 163
aluminium 296
amicarthiazol 219
Amiral 148
Amistar 254
Amistar Admire 254
amobam 32
Amoban 32
Anchor 51
AN-619-F 163
Anvil 176
Aprix 262
Apron 43

Apron 35SD 43
Apron XL 46
Arasan 18
Arbortriute 200
Arcado 91
Armour 186
Arpege 188
Ascurit 229
ASN 371-F 51
Aspor 24
Atemi 163
Attitude 263
Award 191
azaconazole 190
azoxystrobin 254

B

Bacillus sp. 284
BAFS 220F 132
Banner 185
Banner 169
Banol Turf Fungicide 39
BAS 352 83
B1ascide 161
BAS 352F 83
Basitac 54
Bavistin 195
Baycor 153
Bayer 78418 250
Bayer 22555 291

Bayer 5072　291

Bayer 6588　148

Bayfidan　151

Bay KWG 0599　153

Bay K WG 0519　151

Bayleton　148

Bay MEB 6447　148

Bay NTN 19701　79

Baytan　151

Beam　161

Befran　297

benalaxyl　48

benalaxyl-M　50

Benit　192

Benlate　200

benomyl　199

benthiavalicarb-isopropyl　40

benthiazole　217

Beret　223

Biallor　163

Bialor　163

Biloxazol　153

Bim　161

Bioguard　201

bismerthiazol　214

bitertanol　153

blasticidins　265

Bleu　43

Bloc　124

Blue Vihing　304

Bordocop　317

boscalid　115

Botran　293

Bravo　288

Bromazil　204

bromuconzole　239

Bronocot　299

bronopol　299

Bronotak　299

BUE0620　189

Buonjiorno　188

bupirimate　144

Busan　217

C

Cabrio　263

Calixin　132

Candit　259

Cantus　116

captafol　105

captan　87

carbendazim　194

cardboxin　70

Carmazine　26

carpropamid　90

Cela W524　137

Censor　244

Cercobin　241

Cercobin-M　35

CGA 64250　185

CGA 142705　223

CGA 64250　169

CGA 48988　43

Charisma　237

G

H

trichlamide 102

Trichoderma sp. 283

tricyclazole 161

tridemorph 132

trifloxystrobin 261

triflumizole 207

Trifmine 207

triforine 136

Trimanin Dithane M 45 26

Trimidal 229

Trimidal 126

Trimiol 126

triticonazole 227

Tuco 39

U

UHF 8615 211

Unix 117

UR 0003 211

V

Validacin 274

Valimon 274

Vamin 53

Vangard 192

Vaspact 186

Vigil 185

vinclozolin 83

Vitavax 70

Vondcaptan 87

W

Win 91

WL22361 103

WL 127294 57

X

XF 779 154

Z

zarilamid 56

ZEB 24

Zerlate 22

zhongshengmycin 281

zineb 24

ziram 22

zoxamide 109

化工版农药、植保类科技图书

书　号	书　名	定价
122-18414	世界重要农药品种与专利分析	198.0
122-18588	世界农药新进展（三）	118.0
122-17305	新农药创制与合成	128.0
122-18051	植物生长调节剂应用手册	128.0
122-15415	农药分析手册	298.0
122-16497	现代农药化学	198.0
122-15164	现代农药剂型加工技术	380.0
122-15528	农药品种手册精编	128.0
122-13248	世界农药大全——杀虫剂卷	380.0
122-11319	世界农药大全——植物生长调节剂卷	80.0
122-11206	现代农药合成技术	268.0
122-10705	农药残留分析原理与方法	88.0
122-17119	农药科学使用技术	19.8
122-17227	简明农药问答	39.0
122-18779	现代农药应用技术丛书——植物生长调节剂与杀鼠剂卷	28.0
122-18891	现代农药应用技术丛书——杀菌剂卷	29.0
122-19071	现代农药应用技术丛书——杀虫剂卷	28.0
122-11678	农药施用技术指南（二版）	75.0
122-12698	生物农药手册	60.0
122-15797	稻田杂草原色图谱与全程防除技术	36.0
122-14661	南方果园农药应用技术	29.0
122-13875	冬季瓜菜安全用药技术	23.0
122-13695	城市绿化病虫害防治	35.0
122-09034	常用植物生长调节剂应用指南（二版）	24.0
122-08873	植物生长调节剂在农作物上的应用（二版）	29.0
122-08589	植物生长调节剂在蔬菜上的应用（二版）	26.0
122-08496	植物生长调节剂在观赏植物上的应用（二版）	29.0
122-08280	植物生长调节剂在植物组织培养中的应用（二版）	29.0
122-12403	植物生长调节剂在果树上的应用（二版）	29.0
122-09867	植物杀虫剂苦皮藤素研究与应用	80.0
122-09825	农药质量与残留实用检测技术	48.0

书　号	书　名	定价
122-09521	螨类控制剂	68.0
122-10127	麻田杂草识别与防除技术	22.0
122-09494	农药出口登记实用指南	80.0
122-10134	农药问答(第五版)	68.0
122-10467	新杂环农药——除草剂	99.0
122-03824	新杂环农药——杀菌剂	88.0
122-06802	新杂环农药——杀虫剂	98.0
122-09568	生物农药及其使用技术	29.0
122-09348	除草剂使用技术	32.0
122-08195	世界农药新进展(二)	68.0
122-08497	热带果树常见病虫害防治	24.0
122-10636	南方水稻黑条矮缩病防控技术	60.0
122-07898	无公害果园农药使用指南	19.0
122-07615	卫生害虫防治技术	28.0
122-07217	农民安全科学使用农药必读(二版)	14.5
122-09671	堤坝白蚁防治技术	28.0
122-06695	农药活性天然产物及其分离技术	49.0
122-02470	简明农药使用手册	38.0
122-05945	无公害农药使用问答	29.0
122-18387	杂草化学防除实用技术(第二版)	38.0
122-05509	农药学实验技术与指导	39.0
122-05506	农药施用技术问答	19.0
122-05000	中国农药出口分析与对策	48.0
122-04825	农药水分散粒剂	38.0
122-04812	生物农药问答	28.0
122-04796	农药生产节能减排技术	42.0
122-04785	农药残留检测与质量控制手册	60.0
122-04413	农药专业英语	32.0
122-04279	英汉农药名称对照手册(第三版)	50.0
122-03737	农药制剂加工实验	28.0
122-03635	农药使用技术与残留危害风险评估	58.0
122-03474	城乡白蚁防治实用技术	42.0

书　号	书　名	定价
122-03200	无公害农药手册	32.0
122-02585	常见作物病虫害防治	29.0
122-02416	农药化学合成基础	49.0
122-02178	农药毒理学	88.0
122-06690	无公害蔬菜科学使用农药问答	26.0
122-01987	新编植物医生手册	128.0
122-02286	现代农资经营丛书——农药销售技巧与实战	32.0
122-00818	中国农药大辞典	198.0
122-01360	城市绿化害虫防治	36.0
5025-9756	农药问答精编	30.0
122-00989	腐植酸应用丛书——腐植酸类绿色环保农药	32.0
122-00034	新农药的研发—方法·进展	60.0
122-09719	新编常用农药安全使用指南	38.0
122-02135	农药残留快速检测技术	65.0
122-07487	农药残留分析与环境毒理	28.0
122-11849	新农药科学使用问答	19.0
122-11396	抗菌防霉技术手册	80.0

如需以上图书的内容简介、详细目录以及更多的科技图书信息，请登录www.cip.com.cn。

邮购地址：(100011) 北京市东城区青年湖南街 13 号，化学工业出版社

服务电话：010-64518888，64518800（销售中心）

如有农药、植保、化学化工类著作出版，请与编辑联系。联系方法 010-64519457，jun8596@gmail.tom.